软件自动化测试 实战解析

基于 Python3 编程语言

徐西宁 编著

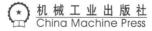

机械工业出版社
China Machine Press

图书在版编目（CIP）数据

软件自动化测试实战解析：基于Python3编程语言/徐西宁编著 . -- 北京：机械工业出版社，2021.7
（软件工程技术丛书）
ISBN 978-7-111-68561-6

I. ①软⋯ Ⅱ. ①徐⋯ Ⅲ. ①软件－测试－自动化 Ⅳ. ① TP311.55

中国版本图书馆 CIP 数据核字（2021）第 125401 号

软件自动化测试实战解析：基于 Python3 编程语言

出版发行：机械工业出版社（北京市西城区百万庄大街 22 号　邮政编码：100037）
责任编辑：赵亮宇　　　　　　　　　　　　　责任校对：马荣敏
印　　刷：三河市宏达印刷有限公司　　　　　版　　次：2021 年 7 月第 1 版第 1 次印刷
开　　本：186mm×240mm　1/16　　　　　　印　　张：22
书　　号：ISBN 978-7-111-68561-6　　　　　定　　价：89.00 元

客服电话：（010）88361066　88379833　68326294　　投稿热线：（010）88379604
华章网站：www.hzbook.com　　　　　　　　　　　读者信箱：hzit@hzbook.com

序 一

明代学者林希元有云："自古圣贤之言学也，咸以躬行实践为先，识见言论次之"，强调实践是第一位的，而著书立说次之。唯有经过实践总结而成的书，方能为读者提供更强大的指导。本书的作者是一位长期奋战在编码一线的"老码农"，他把他多年的实践经验转化为了这样一本书，这不是一本空洞无物的 Python 语法教程，也不是一本纸上谈兵的软件测试教程，它更像是 Python 在软件测试领域的实战兵法。

在读完本书之后，我被本书的文字深深打动了，惊叹于作者在技术精湛之外，竟然有如此出色的文笔。不同于技术类图书的八股文风，读这本书，感觉像是有一个坐在你身边的码农，向你讲述他对 Python 的理解，对软件测试乃至软件工程的理解。本书使用了许多古今中外现实生活中的例子，生动有趣地陈述枯燥的知识点。本书的另外一个特点就是如庖丁解牛，刀法精准，在正确的位置下刀。比如，对于如何安装 Python 这样的操作，作者几乎只字未提，因为本书默认读者是具备这样的能力的。所以，阅读本书，就像在看一部精彩的动作片，从开场的第一分钟开始就从头打到尾，以至于观众全程都不愿意离场。

"人生苦短，请用 Python"。现如今，Python 已经广泛地应用于 Web 开发、人工智能、数据分析、网络爬虫、游戏开发、云计算、自动化测试与运维等众多领域。熟练地掌握 Python，意味着极大地提升工程中的生产效率。也正是因为 Python 大流行，现在市面上的 Python 书籍可以说是汗牛充栋，但是，这些书籍中的绝大多数仍然采用了平铺直叙式的语法讲解方式。本书的结构则非常新颖，它采用迭代螺旋的方式，把 Python 的理论原理和实践技巧一个台阶一个台阶地往上提升。比如本书在第 2 章讲完 Python 的基础语法结构后，第 3~5 章分别是 PyTest 入门、Selenium 入门和实战 12306 之入门；第 6 章进行 Python 进阶，之后，第 7 ~ 9 章又对 PyTest、Selenium 和 12306 进行进阶学习；第 10 章再对 Python 的高级特性进行讲解；第 11 章在此基础上总结测试框架；第 12 章则第 3 次对 12306 案例进行迭代提升。这种迭代推进、螺旋上升的方式，非常符合人类的思维习惯，毕竟我们掌握任何一门新技术，都不是一蹴而就的。回想起来，我在学习 Linux 内核及其他技术时，也同样是反反复复地跟同一个知识点"死磕"。但是在不同的阶段，随着自身技术深度和广度的增加，对同一事物的理解也会完全不一样。技术高手几乎都会对同一关键的技术点进行反复研究，正是这种不懈的"执拗"，才拉开了高手和一般程序员间的差距。

非常高兴看到多年好友徐西宁老师的这本书出版，相信本书必然会为促进 Python，尤其是 Python 在软件测试领域的工程实践应用、提升一线开发人员的实战水平起到巨大的作用。

——宋宝华，知名 Linux 技术专家

序 二

  自动化测试是软件工程中最有价值的环节之一，需要有更多的高质量技术分享传播给更多人。老徐是一个能做会讲的全栈工程师，技术功底深厚，表达能力强，且极有耐心，是理想的技术书籍作者人选。

  本书的主要内容是关于软件自动化测试的，作为一个全栈工程师，老徐是从更高的角度来讲解测试自动化，将编程语言、软件测试、软件工程、面向对象设计、团队协作和软件应用场景讲解得清晰而透彻。在文字描述上，本书尽量规避了"正确"但晦涩的专业术语表达，而是尽量用生活化的场景来生动讲解，这让本书在保持高技术水准的同时，也非常有特色。值得推荐！

——张国强，中科创达战略合作顾问

前　　言

对于任何一支软件工程团队来说，软件测试都是必须认真对待的环节。自动化测试由于能够减少重复人工劳动、提高测试执行效率、加快软件发布速度，成为软件工程团队努力追求的目标。

Python 是一种强大而简洁的编程语言。因为功能强大、适用面广，它在众多领域得到了广泛的应用；因为语法简洁、容易上手，它受到了许多人的青睐，其中就包括软件测试工程师。

在实际工作中，有很多测试工程师会做简单的 Web UI 测试，会用 Python 写脚本把一些重复的操作自动化，会用 PyTest 测试框架的基本功能来写测试用例，这些都在一定程度上减少了手工重复劳动，这是值得肯定的。但是作为工程师，我们追求的是更高效，而不是更熟练，我们需要不断学习和思考如何更好地实施自动化测试。本书用 Python3 作为演示语言，讲解如何实施系统、高效、可靠、易于理解和管理的软件自动化测试。

本书的内容分为三个大的板块。

第一个板块，从最基础的部分讲起，让基础薄弱的工程师对测试和编程语言有基本的认识，可以用 Python 把一些常见的编程需求实现出来。在此基础上，我们开始了解 PyTest 测试框架的基础用法，以及如何用 Selenium 来做简单的 Web UI 自动化测试。通过这个板块的学习，测试工程师有能力把一些简单的测试工作用代码来实现，减少手工重复劳动的比重，做到一定程度的测试自动化，这是对自动化测试工程师的入门要求。

第二个板块，夯实 Python 语言基础，讲解更深入的 PyTest 和 Selenium 特性，演示如何应用这些知识来改进测试用例的编写，改善测试框架，让测试自动化更加高效。通过对这个板块的学习，测试工程师对编程语言和测试工具会有更深入的了解，从而更高效地进行测试自动化的工作，开始有能力针对产品特性来设计自动化测试框架，这是工程团队对中级测试工程师的一般要求。

第三个板块，介绍 Python 的高级特性、面向对象的思想、自动化测试工具和框架的高级特性、设计思路、存在的问题和限制及其改进思路、工程团队的高质量协作、实际项目中的最佳实践等更深入的内容。这部分包含了实战中提炼出来的大量经验和总结。通过对这个板块的学习，测试工程师可以向高级工程师和架构师方向迈出坚实的一步。具备这样的技术能力和思维方式后，测试工程师可以在整个软件工程团队中起到非常积极的作用，而不只限于测试团队。

每个板块的末尾都有一个实战章节，所有的实战章节都围绕同一个测试场景展开，前后衔接呼应，有很强的延续性。每个实战章节都是针对相应的技术水平而设计的，读者可以非常直观地看到代码和设计如何随着技术水平的提升而改进。

本书尽量用生活化的场景来描述编程场景，避免正确但是晦涩的表达，避免直接抛出结论，而是用实战项目来演示软件开发和测试的思路，用简单可行的思路引导读者去一步步尝试和验证，最终得到可以理解的结果。

编程语言和工具在不断快速演进，学习解决问题的思路远比直接学习结论重要。本书针对常见的编程和测试场景讲解 Python 的代码实现，但是不会事无巨细地列举所有的边角语言特性。同时，本书会尝试分析常见的代码和测试思路，分析其中的不足，提出改进思路，引导读者理解实际项目中的开发、测试和协作方式。在某些内容的讲解中，本书会尝试比较 Python 和其他主流编程语言（比如 Java），分析 Python 独特的语言特性，也会讲解 Selenium 和 PyTest 这样的测试框架和工具在项目实践中的问题，以及相应的解决思路。

对于相关的专业术语，本书会尽量用中文表达。但是有一些术语如果翻译成中文可能并不传神，在实际工作中也不常用，并不会帮助读者更好地理解它们的含义，对于这种情况，本书会直接用英文表达，详细介绍可参见后面的术语表。

本书希望读者有基本的编程和软件测试经验，更重要的是，要有在软件测试的职业道路上走得更远的意愿。

在写作本书的准备过程中，我得到了许多朋友的帮助和鼓励，这让我下定决心动笔，逐步厘清写书的思路，完善自己的知识体系，直至最终成书。

谨以此书，致谢宋宝华、张国强、刘勃、黄巍、王录华、卢鹏、刘涛、何昭然、曾昭毅、邱鹏、周宇、刘阳、李洁、刘静、甘露、Bryan Turner、Jeff Strater、Daniel Toms、任俊、刘保良、刘春涛、刘志鹏、郝洛玫、周丽、李真真、徐欣、陈然、张翔、张立兵、刘军、杨文镕等亲友，感谢你们在技术和职业发展上对我的帮助和鼓励。谨以此书，致谢我的"铁匠铺"篮球队的队友们，因为有你们多年的陪伴和鼓励，我才对锻炼身体没有懈怠，才能以良好的身体状态持续投入编程和写书的世界中。谨以此书，向我的父母、岳父母、兄嫂、姐姐和姐夫致谢，你们的言传身教给了我努力的方向。谨以此书，向我的儿子致远和女儿致雅表达感激，在陪伴你们成长的过程中，我的内心也成长了。谨以此书，向我的秀外慧中的"大当家"刘璐致以无尽感激，因为有你无怨无悔的付出和全力支持，我才能把工作之余本应该陪伴家人的时间腾挪出来，花费一年多的时间写完这本书。最后，对为本书做出巨大贡献的策划朱捷老师致以深深的谢意，因为有你从专业的角度不断给我中肯的反馈，我才能不断完善和打磨书稿，竭力为读者呈现有质量的内容。

　　限于篇幅，我无法一一列举所有想要感谢的人，但我一直心怀感恩，这些年里，我从你们身上学会了很多，收获了很多，是你们激励我不断前行，努力跟上你们的脚步。

　　本书基于我的学习和工作经验总结而成，但是因为现实世界里的软件项目多种多样，而我本人受限于所涉及的项目类型和技术视野，加之时间仓促，书中难免有错误和疏漏，恳请广大读者批评指正。我的邮箱是 mac.xxn@outlook.com，欢迎大家和我讨论相关的技术问题，我会非常乐意和大家交流分享。

目　　录

序一

序二

前言

第1章　软件测试基础·············1

1.1　什么是软件测试·············1

1.2　软件测试的类型·············2

　　1.2.1　按测试对象的颗粒度划分·······2

　　1.2.2　按内部逻辑的透明度划分·······3

　　1.2.3　按执行阶段划分···········4

　　1.2.4　按执行方式划分···········4

1.3　敏捷开发模式··············5

1.4　测试经济学··············6

　　1.4.1　测试是必需的吗··········6

　　1.4.2　放弃追求完美···········7

　　1.4.3　关注核心功能···········8

　　1.4.4　等价类划分············8

　　1.4.5　边界值分析············9

　　1.4.6　用机器取代人工·········10

1.5　自动化测试不容易··········12

1.6　本章小结··············12

第2章　Python 入门·········13

2.1　世界上最好的两种编程语言·······13

2.2　别问我怎么安装············14

2.3　解释器是什么············14

2.4　初识变量··············16

2.5　函数基础··············17

2.6　代码缩进和代码块··········18

2.7　字符串···············19

　　2.7.1　拼接和格式化··········21

　　2.7.2　下标访问············22

　　2.7.3　更多常见操作··········23

2.8　数值类型··············26

　　2.8.1　数值类型的基本运算·······27

　　2.8.2　浮点数的常见运算········29

2.9　布尔值和条件判断··········32

　　2.9.1　条件判断的组合·········33

　　2.9.2　条件判断的短路·········34

　　2.9.3　条件判断的链式表达·······35

2.10　日期和时间·············36

　　2.10.1　生成时间对象·········37

　　2.10.2　格式化日期字符串········38

2.11　list 基础·············39

　　2.11.1　下标访问···········40

　　2.11.2　插入元素···········40

　　2.11.3　删除元素···········41

　　2.11.4　简单排序···········42

　　2.11.5　更多常见操作·········43

　　2.11.6　遍历·············44

　　2.11.7　元素类型···········46

2.12　dict 基础·············47

　　2.12.1　读取·············48

　　2.12.2　插入和更新··········49

2.12.3 合并 ——— 50

2.12.4 删除 ——— 51

2.12.5 遍历 ——— 53

2.12.6 key 的选择 ——— 55

2.13 循环 ——— 56

2.13.1 while 循环 ——— 57

2.13.2 for 循环 ——— 58

2.13.3 多重循环 ——— 59

2.13.4 循环的终止 ——— 60

2.13.5 递归 ——— 63

2.14 异常 ——— 63

2.14.1 基本语法 ——— 64

2.14.2 异常的类型 ——— 67

2.14.3 捕获特定类型的异常 ——— 68

2.14.4 主动抛出异常 ——— 71

2.15 断言 ——— 72

2.15.1 assertion ——— 72

2.15.2 AssertionError ——— 73

2.15.3 assert ——— 73

2.16 pip 的基础用法 ——— 74

2.17 本章小结 ——— 76

第3章 PyTest 入门 ——— 77

3.1 框架是什么 ——— 77

3.2 测试框架 ——— 77

3.2.1 筛选测试源文件 ——— 77

3.2.2 筛选测试函数 ——— 78

3.2.3 测试函数的启动 ——— 79

3.2.4 成功还是失败 ——— 80

3.2.5 测试报告 ——— 80

3.2.6 测试前的环境配置 ——— 81

3.2.7 测试后的现场清理 ——— 81

3.2.8 核心功能的扩充 ——— 82

3.2.9 主流测试框架 ——— 82

3.3 PyTest 是什么 ——— 83

3.4 自动发现 ——— 84

3.4.1 自动发现测试源文件 ——— 84

3.4.2 自动发现测试函数 ——— 84

3.5 使用断言 ——— 85

3.6 测试结果解读 ——— 86

3.7 测试报告 ——— 88

3.8 本章小结 ——— 89

第4章 Selenium 入门 ——— 90

4.1 Selenium 是什么 ——— 90

4.1.1 Selenium IDE ——— 91

4.1.2 Selenium Grid ——— 97

4.1.3 Web Driver ——— 98

4.2 Selenium 的安装配置 ——— 99

4.3 用 Web Driver 驱动网页 ——— 100

4.4 页面元素的定位 ——— 102

4.4.1 简单定位 ——— 102

4.4.2 CSS 定位 ——— 107

4.5 页面元素的常见操作 ——— 108

4.6 本章小结 ——— 112

第5章 实战 12306 之入门篇 ——— 113

5.1 测试用例设计文档 ——— 113

5.2 代码实战 ——— 114

5.3 代码解析 ——— 116

5.3.1 审视测试逻辑 ——— 116

5.3.2 用变量澄清代码逻辑 ——— 117

5.3.3 DRY 原则 ……………… 118

5.3.4 改善代码可读性 ……… 120

5.4 本章小结 ………………… 122

第 6 章 Python 进阶 ………… 123

6.1 基本数据类型的深入了解 … 123

6.1.1 转义字符 …………… 123

6.1.2 字符串的不可变性 …… 124

6.1.3 深入了解布尔类型 …… 126

6.1.4 set ……………………… 128

6.1.5 tuple …………………… 131

6.1.6 整型数的设计很优秀 … 132

6.1.7 浮点数为什么算不准 … 133

6.1.8 Decimal，准！ ……… 134

6.2 深入了解函数 …………… 137

6.2.1 函数的调用 …………… 137

6.2.2 函数的返回 …………… 138

6.2.3 不支持函数重载 ……… 139

6.2.4 默认参数 ……………… 141

6.2.5 可变参数 ……………… 142

6.3 关于时间 ………………… 144

6.3.1 时间差 ………………… 144

6.3.2 UTC 时间 ……………… 146

6.4 面向对象基础 …………… 148

6.4.1 面向对象到底是什么意思 … 148

6.4.2 类和对象 ……………… 148

6.4.3 初始化函数 …………… 149

6.5 模块是什么 ……………… 151

6.6 高级排序 ………………… 153

6.6.1 list 的排序 …………… 153

6.6.2 dict 的排序 …………… 157

6.6.3 自定义对象序列的排序 … 159

6.7 复杂的遍历场景 ………… 160

6.7.1 一边遍历一边修改 …… 160

6.7.2 一边遍历一边删除 …… 162

6.8 文件和文件系统操作基础 … 165

6.8.1 路径的正确操作方式 … 165

6.8.2 文件系统的基本操作 … 168

6.8.3 文本文件的读 ………… 169

6.8.4 文本文件的写 ………… 170

6.8.5 文本文件的关闭 ……… 171

6.8.6 CSV 文件的读写 ……… 172

6.8.7 Excel 文件的读写 …… 174

6.9 浅拷贝与深拷贝 ………… 176

6.10 深入了解 import ………… 179

6.11 变量的作用域 …………… 182

6.12 局部变量和全局变量的冲突 … 185

6.13 __name__ 和 __main__ …… 186

6.14 注释 ……………………… 188

6.15 pip 的工程用法 ………… 190

6.16 本章小结 ………………… 192

第 7 章 PyTest 进阶 ………… 193

7.1 自动发现测试类 ………… 193

7.2 测试集合 ………………… 194

7.3 标记 ……………………… 195

7.3.1 忽略执行 ……………… 195

7.3.2 条件执行 ……………… 197

7.3.3 期待失败的发生 ……… 199

7.3.4 限时执行 ……………… 201

7.3.5 自定义标签 …………… 201

7.4 参数化测试 ……………… 204

7.5　测试用例的 ID ·················· 206

7.6　Fixture 初探 ··················· 207

7.7　PyTest 的插件机制·········· 209

　　7.7.1　Hook 函数 ·············· 209

　　7.7.2　PyTest 插件 ············ 210

　　7.7.3　多级 conftest 协同···· 210

　　7.7.4　第三方插件 ············ 212

7.8　本章小结 ······················ 213

第 8 章　Selenium 进阶 ········· 214

8.1　页面元素的 XPath 定位···· 214

8.2　页面元素的等待··············· 215

　　8.2.1　隐式等待 ················ 216

　　8.2.2　显式等待 ················ 216

8.3　Selenium 的局限 ············ 218

8.4　本章小结 ······················ 219

第 9 章　实战 12306 之进阶篇····· 220

9.1　PO 设计模式 ·················· 220

9.2　更有针对性的显式等待 ···· 223

9.3　更健壮的代码逻辑············ 224

9.4　函数单一职责原则············ 225

9.5　测试单一职责原则············ 226

9.6　本章小结 ······················ 227

第 10 章　Python 高阶 ········· 228

10.1　面向对象设计思想·········· 228

　　10.1.1　继承 ···················· 228

　　10.1.2　封装 ···················· 230

　　10.1.3　多态 ···················· 232

10.2　对类的深入了解············ 233

　　10.2.1　析构函数 ·············· 233

　　10.2.2　访问权限控制·········· 235

　　10.2.3　self 不是关键字······ 236

　　10.2.4　实例属性和类属性···· 239

　　10.2.5　成员方法和类方法···· 240

　　10.2.6　类方法和静态方法···· 242

10.3　重写 ··························· 244

　　10.3.1　如何重写 ·············· 244

　　10.3.2　重写中的代码复用···· 247

　　10.3.3　重写 __str__ 方法···· 249

　　10.3.4　重写运算符 ············ 249

10.4　深入了解函数··············· 252

　　10.4.1　函数也是一种对象···· 252

　　10.4.2　内嵌函数 ·············· 254

　　10.4.3　函数装饰器 ············ 255

　　10.4.4　不只是会装饰·········· 259

　　10.4.5　用 Property 装饰器改进设计····· 261

10.5　None 是什么 ················ 264

10.6　Enum 是什么 ·············· 265

10.7　Python 不支持常量········ 267

10.8　随机数据和时间戳·········· 268

10.9　自定义异常类型············ 270

10.10　需要用强类型吗·········· 271

10.11　日志 ··························· 272

10.12　本章小结 ·················· 277

第 11 章　测试框架的设计和 演进 ······· 278

11.1　代码的可读性··············· 278

　　11.1.1　统一的代码风格······ 279

　　11.1.2　丑陋的函数名·········· 280

11.1.3 糟糕的变量名 ·············· 282

11.2 友好的函数设计 ·············· 283

11.2.1 简洁的接口 ·············· 283

11.2.2 操作状态的处理 ·········· 285

11.2.3 不要过度设计 ············ 287

11.2.4 防呆 ·············· 288

11.3 有效管理测试资源 ·············· 290

11.3.1 封装微服务 ·············· 290

11.3.2 统一的资源入口 ·········· 295

11.3.3 资源的延迟加载 ·········· 296

11.3.4 保证资源的释放 ·········· 298

11.3.5 支持多环境测试 ·········· 300

11.3.6 容忍不稳定的测试环境 ····· 302

11.4 不要引入 getter 和 setter ······· 304

11.5 一次收集多个断言错误 ········· 306

11.6 日志的支持和改进 ············· 308

11.7 减少重复执行的负面影响 ······· 310

11.8 数据驱动测试的设计 ·········· 311

11.8.1 让 PyTest 支持中文 ID ······ 311

11.8.2 更优雅的参数化测试 ······· 314

11.8.3 用 YML 取代 JSON ·········· 316

11.8.4 面向对象的测试数据 ······· 317

11.9 接受一定程度的重复代码 ······· 319

11.10 本章小结 ·············· 320

第 12 章 实战 12306 之高阶篇 ··· 321

12.1 就近原则 ·············· 321

12.2 用 Enum 澄清设计意图 ·········· 322

12.3 支持链式表达 ·············· 324

12.4 简化函数名 ·············· 325

12.5 封装复杂逻辑 ·············· 326

12.6 单例设计模式 ·············· 328

12.7 异常和断言的使用场景的
区别 ·············· 331

12.8 测试用例的维护 ·········· 333

12.9 本章小结 ·············· 334

术语表 ·············· 335

参考文献 ·············· 336

后记 ·············· 337

## 第 1 章

软件测试基础

对于软件行业从业者来说，现在是一个好的时代，也是一个充满挑战的时代。

新的编程语言、工具和框架不断涌现，编程的门槛持续降低，这让更多的人能够更容易地进入软件行业，进行软件开发和测试的相关工作。但是，软件的业务场景千差万别，而且在快速变化，这要求软件工程师持续学习和思考。

高质量的软件开发从来就不是一件容易的事情，软件测试也一样。

1.1　什么是软件测试

软件测试是软件质量的度量过程，它对比软件的实际表现和设计预期，借此评估品质，判断软件是否满足质量要求。

软件测试从多种不同的角度来审视软件质量，及时发现和反馈软件中的问题，帮助项目平稳进展，降低交付风险，保证软件产品的质量，提高用户满意度。

测试工程师的主要工作内容如下：

1）了解待测试的软件产品，理解产品思路，理解"设计预期"。

2）设计详细、全面的测试计划和测试用例。

3）执行测试，找出软件产品实际表现和设计预期之间的差异，提供有效的信息帮助定位和解决问题。

4）提供全面的测试报告，及时反馈给团队供决策。

软件开发流程在不断地进化，软件测试的方法也在相应地演进，新的测试思路不断地被提出、验证、改进、迭代或抛弃，让人目不暇接。目前，主流的测试思路主要体现在如下几个方面：

1）尽早介入，而不是等到开发后期甚至到开发完成了才开始介入。

2）从小的单元开始测试，在确保"小单元"可以正确工作的前提下逐步加大测试对象的颗粒度。

3）与开发团队紧密合作，测试工作的重心不只是在于找到问题，更在于能帮助人们解决问题。

4）与软件开发流程保持一致，增量开发，增量测试。

5）用软件的思路去测试软件，实现测试自动化，提高测试执行的效率。

1.2 软件测试的类型

根据不同的角度，软件测试可以分为很多类型。针对不同的项目类型以及项目的不同阶段，测试团队需要选择不同类型的测试作为工作的重点。

1.2.1 按测试对象的颗粒度划分

软件系统日趋复杂，但是再复杂的软件也是由小的组件组合而成的，只有在确保小颗粒度的"零件"能正常工作的前提下，验证更大颗粒度的"整体"才有意义。

按被测试对象的颗粒度划分，测试可以大致分为三种类型：

- 单元测试（Unit Testing）。
- 集成测试（Integration Testing）。
- 系统测试（System Testing）。

单元测试的颗粒度最小，它针对最小可测单元（通常是单个函数或者单个类）来验证代码逻辑的正确性，通常由开发工程师完成，也有一些团队中由测试工程师完成或者由工程团队合作完成。

单元测试只专注于模块单元，不关注单元之间的交互。对于单元测试，通用的测试框架通常就足够应对，工程团队一般不会针对单元测试去单独开发业务测试框架。

集成测试的颗粒度比单元测试更大，它一般针对已经通过单元测试的模块，验证它们之间的交互，确保这些单元模块可以正确地协同工作。

集成测试比较灵活，它的颗粒度可以根据项目需要做相应的设计，可大可小，可以针对少数几个紧密相关的单元模块，也可以针对一个子系统中涉及的所有模块。如果把这些模块看作一个整体的话，它有自己的"边界"，在这个边界上，它需要一些来源产生它所需要的输入，然后生成相应的输出。我们需要模拟（mock）实际系统的输入，才能在不依赖外部系统的情况下进行相对独立的集成测试，让软件模块的开发和测试得以并行进行。我们需要尽力保证模拟输入的有效性，否则集成测试就没有意义。

系统测试的颗粒度最大，它是在集成测试完成之后，测试人员模拟用户实际使用场景对软件的整体功能进行测试。在系统测试中，所有相关的功能模块都已经就位，我们可以验证软件系统是否达到了设计预期。

系统测试是从用户的角度去测试，它关注的是软件整体功能是否和设计预期相符，不关注软件的内部实现。

1.2.2　按内部逻辑的透明度划分

在现代软件工程实践中，软件测试和软件开发的协作越发紧密，开发和测试的职责界限变得模糊，不再泾渭分明。测试人员需要对软件产品有清晰的认识，对产品架构和内部实现逻辑有一定了解，对软件实现中涉及的编程语言、工具、框架比较熟悉。

按照程序内部逻辑的透明度来划分，测试可以分为黑盒测试（Black-box Testing）和白盒测试（White-box Testing）。

黑盒测试，单纯从用户角度来测试，不管软件内部逻辑（或者说，假定测试人员不了解内部逻辑），只根据产品说明，看特定的输入是否可以产生预期的输出[2]。

白盒测试，按照代码内部实现逻辑来设计测试用例[2]，力求全方面地测试业务代码的内部实现逻辑。相对于黑盒测试，白盒测试可以测试程序内部逻辑分支、追踪日志、查询数据库、获取消息队列等程序逻辑的运行状态。

但是，不管是黑盒测试还是白盒测试，它们都有一定的局限性。

对于黑盒测试，由于软件内部实现逻辑不可见，因此即使测试得到了预期的值，我们也不能确定其逻辑的正确性。比如，对于一个简单的数学四则运算的程序，我们设计了如表 1-1 所示的测试用例。

表 1-1　黑盒测试设计范例

输　入	期待输出	注　解
1 加 1	2	加法运算
3 减 1	2	减法运算
1 乘以 2	2	乘法运算
2 除以 1	2	除法运算

如果程序的内部实现很"魔幻"，即不做运算，任何计算的结果都直接设定为 2，那么这个程序可以通过这些测试，但是显然它的实现逻辑是错误的，肯定不是一个可以接受的程序。

对于白盒测试，因为程序内部逻辑可见，我们可以设计测试用例，让每个逻辑分支都得到验证。但是，我们无法确认这些逻辑分支处理的是有意义的情况，无法确认这些逻辑的处理达到了设计预期，也无法确认是否有逻辑分支的缺失。

现代软件工程实践鼓励测试工程师结合黑盒和白盒测试，从用户的角度去设计测试用例，用白盒测试辅助确认内部逻辑。

1.2.3　按执行阶段划分

按照执行的时间阶段和目的来划分，测试可以大致分为冒烟测试（Smoke Testing）和回归测试（Regression Testing）。

冒烟测试的目的是验证一个新的软件版本是否稳定，是否值得继续后续更全面的测试。它一般是测试用例全集的一个小的子集，只覆盖软件的主要功能，能在较短的时间内执行完毕，快速得到测试结果，以决定后续流程走向。冒烟测试通常也称为版本验证测试。

回归测试的目的是确保对已有代码的改动或新功能的集成没有引入新的 bug、已有功能没有受到影响。回归测试会根据引入代码的影响范围来选择测试用例，有可能是测试用例的一个子集，也可能是整个测试用例全集。回归测试在软件测试过程中占很大的工作量比重。

回归测试在工程实践中并不容易做好，表现在以下几个方面：

1）执行成本。因为需要被反复执行，这需要花费大量的时间，也会消磨测试人员的耐心。

2）测试范围。随着软件产品变得更复杂，测试用例的数量变得更大，决定回归测试应该包含哪些测试用例变得越来越困难。

3）测试用例集合的维护。软件需要适应市场和客户需求，需要不断进化，比如，有一些早期设计的功能在后期可能被放弃，或者早期认为很重要的功能在后期变得不那么重要，这要求测试用例做相应的调整。但是在工程实践中，做好这一点很不容易，测试工程师往往更专注于保证回归测试顺利通过，而忘记了审视测试用例的有效性，忽视了回归测试集合的更新和维护。

4）项目历史传承。回归测试往往需要长期重复执行，时间跨度比较大。如果项目团队人员流动较大而工作交接没有做到位的话，一些测试用例的设计背景和意义可能会变得无人知晓，测试用例的更新和优先级重新评估变得非常困难。

这些问题需要从很多不同的角度去解决和改进。比如，有效的文档和工作交接，用自动化测试来代替手工测试，等等。

1.2.4　按执行方式划分

按照测试用例的执行方式来划分，软件测试可以分为手工测试（Manual Testing）和自动化测试（Automated Testing）。

手工测试，顾名思义是用人工手动方式来执行测试用例。在项目实践中，初级的手工测试主要是模拟用户行为操作图形界面。更深入的手工测试会涉及各种软件工具的使用，比如 HTTP 客户端工具、FTP 客户端工具、数据库客户端工具、Spark 控制台、文本比较工具、SSH 客户端和各种服务器命令行等。

手工测试最大的问题是执行的效率，在软件产品开发周期被不断压缩、版本发布越发频繁、时间总是不够用的背景下，这个问题变得越发突出。

自动化测试，是指用软件来自动执行测试任务。用软件的思路来测试软件，用机器和代码的力量替代人工重复劳动，这已经成为主流实践，也是本书讲解的重点。

1.3　敏捷开发模式

从 1953 年开始，中国启动了五年计划（现改称五年规划），以五年为一个周期，根据当时的国际国内形势制定规划，确定本周期的工作重心，然后针对规划开展工作。

党和国家无疑有更远大的目标，要让国家更强大，社会更和谐，人民更幸福，而五年规划是达成远大目标的方法，每个周期的规划都是针对当时的实际情况制定的，是在一个周期的时间长度内可执行的，每个周期都是往伟大使命迈进的坚实一步。这是一种迭代式的思路。

迭代是一种行之有效的思路，它不仅适用于国家规划，也适用于软件开发，敏捷（Agile）就是这样一种软件开发思路。敏捷是当前主流的软件开发模式，它是迭代式的，强调的是拥抱变化、小步快走、快速反馈和改进，这些思路比较适应当下需求多变的软件应用场景。

相对于传统的瀑布开发模式，敏捷模式对于参与项目的各方人员带来新的要求和挑战。产品经理需要积极研究用户需求，把需求转化为可行的产品思路，并且需要根据市场变化决定和调整需求的优先级；项目经理需要协调资源，把开发任务细分为可管理的粒度，追踪进度，帮助解决问题，保证项目进展顺利；开发工程师需要在软件架构上认真考虑，写出正确、强壮、易读、可重用、易扩展和重构的代码，当需求有变化时，能从容地做相应的代码调整；测试工程师需要深入理解产品思路，高质量地设计测试用例，高效率地执行测试用例，提供及时而可靠的测试执行报告，为产品决策提供支持。

相对传统的开发流程，敏捷开发流程对测试人员提出了更高的要求，具体体现在如下方面：

1）测试人员需要扮演好"用户代表"的角色。

2）虽然单元测试主要由开发工程师完成，但是在实际项目实践中，测试人员需要帮助测试代码覆盖率，以确保单元测试的完整性。

3）由于产品版本的频繁迭代，相应的冒烟测试和回归测试是必不可少的，手工执行数量庞大的测试用例变得非常困难。

4）频繁的迭代需要大量的集成测试。在有限的测试时间内，如何有效高效地完成大量集成测试，是敏捷测试中的重点，也是难点。

5）产品的系统测试、性能测试、安全测试等测试环节不是手工测试能轻易涵盖到的，自动化测试的重要性日益显现。

敏捷开发模式对整个软件工程团队都提出了挑战，其中也包括测试团队。如果测试团队不够敏捷，整个工程团队就无法做到真正的敏捷。

1.4　测试经济学

我疲惫地走在街头，饥肠辘辘，衣衫单薄，乌云阴沉，暴雨将至。我想要饱餐痛饮，鲜衣怒马，广厦数间庇风雨，但是翻开裤兜一看，能力之外的资本只有五元钱……

我想要的那么多，但是在掂量了钱包之后，我必须有所取舍，而且即使有足够的钱，我也需要权衡是先填饱肚子还是先买新衣服或者其他物品。这其实就是经济学的核心研究内容：在资源有限的前提下，人们如何用最低的成本获取最大的回报。

软件产品的开发也是一种经济行为 [2]。软件产品的成功，不仅体现在满足客户需求或者实现产品功能，也体现在合理控制预算、按时交付发布、维护成本低等方面。我们希望软件产品尽可能完美，但这不意味着软件测试要不计成本地去追逐这个目标，而是追求用尽可能小的代价尽可能多地找出软件产品可能出现的重要缺陷，这无疑体现了经济和成本的考量。

1.4.1　测试是必需的吗

在讨论软件测试最佳实践的时候，明星公司的做法得到广泛赞誉，比如微软有完善的软件测试流程，有大量优秀的测试工程师，还有更细分的软件测试开发工程师（Software Development Engineer in Test，SDET），这些工程师了解测试，也熟悉编程，技术全面，综合素质高，他们能做到极高质量的软件测试自动化和软件质量保证。

但是，对于大量小微软件公司而言，这是可望而不可即的。事实上，很多小微软件公司甚至没有专门的软件测试职位，测试的工作由开发工程师、产品经理甚至用户来完成。这些小微软件公司的做法看似"刀耕火种"，但是它们在市场上非常活跃，创造了大量优秀的软件产品，这是不是说明软件测试并不是软件工程中的必要因素？

不管是在传统瀑布式开发模式中，还是在当前主流的敏捷开发模式中，软件测试本身的必要性已被广泛讨论,在业界达成了共识。在很多软件团队中,没有专职的测试人员,是因为测试工作被其他角色分担了。对于软件工程来说,专职的测试角色不是必需的,但测试是必需的[1],因为这直接关系到软件产品的质量。如果质量问题会导致软件失去市场竞争力,或者会带来不能被忽视的经济损失,软件测试在软件工程中的必要性就更加明显。

1.4.2 放弃追求完美

有些软件的功能非常简单,比如简单的数学运算,或者统计用户输入字符的数量;有些软件的功能非常复杂,比如操作系统,或者汽车的自动驾驶算法等。

对于复杂的软件,因为它们有很高的复杂度,所以我们很容易理解它们为什么很难完美。

那么,对于特别简单的软件,我们是不是可以进行彻底的测试,保证它们是完美的呢?

这是不可能的!即使拥有无限的预算,我们也无法做到这一点。

我们来分析一个简单的程序:接受用户输入的字符串,统计其中的字符数量。比如,对于输入字符串 Python,统计结果为 6;对于 test,统计结果为 4……

要确保这个程序是完美的,我们就需要验证所有可能的输入。用户可能输入一个简单的字符,也可能输入整部《三国演义》,我们无法预知用户的输入是什么。用户输入字符的数量在理论上可以是任意一个自然数,而自然数的数量是无穷大的,我们无法把所有的情况都覆盖到。

如果把问题简化,限定用户最多只能输入 10 个字符,超过 10 个字符就告知用户无法处理,这种情况下,我们能否进行彻底的测试?

这也是不可能的!在用户输入超过 10 个字符的情况下,程序真的会告知用户无法处理吗?为了确认这一点,我们需要把所有超过 10 个字符的输入都覆盖到,确保程序会告知无法处理,而不是意外地返回一个错误的统计值。大于 10 的自然数仍然是无穷多的,我们还是无法把所有的情况都覆盖到。

如果我们把问题再度简化,只测试字符数量在 10 个以内的有效输入呢?

世界上有许多语言和文字,unicode 编码可以涵盖世界上所有语言的字符,包含字符的数量级大概是一百万。粗略地估算下来,用户输入字符数量为 1 个的情况,我们有 100 万个测试要验证;用户输入字符数量为 10 个的情况,我们有 100 万的 10 次方个测试要验证。只要有一个测试没有被覆盖到,我们就不能说在这种情况下程序可以正常工作,也就不敢说程序没有 bug。

在现实世界中，大部分软件程序比这个字符统计的程序要复杂得多，它们一定有 bug 没有被发现，或者有 bug 被发现了却没有被修复，它们肯定称不上完美，却仍然达到了较高的软件质量，这当然不是因为它们把测试做得非常彻底，而是因为放弃追求不切实际的完美，在预算范围内采用了合适的测试策略，得到较高的投资回报率。

1.4.3　关注核心功能

我们在买新车的时候，会对车进行非常细心的检查，刹车灯不亮、雨刮器有异响或者轮毂有轻微刮擦，都可能导致我们拒绝收车。

在买二手车的时候，情况就不一样了，因为我们会有充足的心理准备来接受不完美。面对一辆标价 5 万元的二手轿车，我们在验车的时候一定会重点验证发动机、变速箱、车架、转向机。至于空调是不是能制冷，我们可能会关注，但是不会过多影响我们的决定；车门上的车漆是否有色差，我们根本就不会花时间去看！

为什么买二手车的时候，我们变得不那么挑剔了？

是因为"穷"！

其实，我们还是挑剔的，只是因为预算有限，我们深知无法买到完美的车，所以我们会妥协。软件测试的思路也是这样的。我们无法保证软件产品的完美，在预算和资源有限的情况下，我们需要专注于软件的核心功能，保证核心功能得到良好的测试。

以字符统计的程序为例，如果它的主要用户是中国用户，那么我们可以重点测试中文和英文字符，而不需要花精力去测试程序对于亚美尼亚语字符的表现。在非核心功能的测试成本比较高的情况下更应该如此，否则，我们花费了宝贵的人力和时间，只是收获了用户可能并不太在乎的完美度，成本很高，收益很小，不值得。

合理的软件测试思路是把钱花在刀刃上，重点关注核心功能的测试，预算有限时应该如此，预算充足时同样应该如此。

1.4.4　等价类划分

我们已经知道，彻底的软件测试是不现实的，也是不经济的，我们只能通过有限的测试来尽可能多地找出潜在的产品缺陷，要做到这一点，测试的等价类划分是一种可行的思路。

我们可以把所有可能的输入进行归类划分，每个类别中的输入虽然不一样，但是从软件功能的角度看，它们在那个类别中是"等价"的，是没有差别的。我们在每个类别中挑选一个代表进行这个类别的测试，如果测试通过，我们可以基本确认这一类输入都可以通过测试，没有必要在这个类别中选取更多候选输入进行测试。这个思路就是测试用例的等价类划分（Equivalence partitioning）[2]。

　　假如，某个软件程序的功能是根据用户输入的考试分数来划分成绩等级的，如表 1-2 所示。

表 1-2　考试分数与成绩等级

分数区间	成绩等级	分数区间	成绩等级
0 ~ 59	D	80 ~ 89	B
60 ~ 79	C	90 ~ 100	A

　　在不考虑"半分"的情况下，考试分数有 0 ~ 100 这 101 个可能的值，大于 100 的值是无效值，小于 0 的值也是无效值。

　　101、102、200、5000……这些都是无效的考试分数值，我们无法穷举所有无效的值，但是可以把它们归于一类，称为"大于满分的无效值"。在这个类别中，我们可以挑选其中一个值，比如 101 进行测试。如果程序可以正确识别出这是无效值，我们可以认为程序可以正确识别和处理所有"大于满分的无效值"。

　　同理，我们可以用 –1 或者 –888 来代表"小于零分的无效值"进行测试。

　　对于成绩等级中的 A 等级，它包含的分数区间是一个有限闭区间，只有 90 ~ 100 这 11 个值。即使可以穷举所有的可能输入进行测试，我们仍然应该用等价类划分类进行测试，从这 11 个数中挑选一个值（比如 95），如果这个值可以被程序正确识别为 A 等级，我们就可以认为程序可以正确识别和处理所有的"A 等级的分数"。

　　通过等价类划分，我们可以把测试用例的数量大幅减少到　个可控的范围，用较少的测试用例覆盖尽可能多的情况，极大地节省了成本。

1.4.5　边界值分析

　　边界值分析（Boundary Value Analysis，BVA）是一批又一批软件工程师惨痛教训的总结，这个教训就是：程序逻辑很容易在边界值的处理上出问题，在用等价类划分的方法设计测试用例的时候，划分类别的边界部分非常值得重点测试，那里是 bug 的高发区！

　　以上一节中讨论的程序为例，A 等级分数的区间是 90 ~ 100。这个区间的最小值是 90，最大值是 100，它们是这个类别的边界，我们需要重点测试。具体来说，对于边界值，我们需要测试边界值本身，以及比边界值略小和略大的输入值，如表 1-3 所示。

　　值得注意的是，分数 89 在 A 等级的下区间边界值测试中会被覆盖到，在 B 等级的上区间边界值测试中也会被覆盖到，但这是完全相同的输入，我们没有必要重复测试，只需要在测试描述中清晰表达这条测试数据代表的意义就可以。

表 1-3   A 等级分数的边界值测试范例

输入值	说　明	期望结果
90	A 等级分数区间的最小值	被正确识别为 A 等级
89	比 A 等级分数区间的最小值小 1	被正确识别为 B 等级，而不是 A 等级
91	比 A 等级分数区间的最小值大 1	被正确识别为 A 等级
100	A 等级分数区间的最大值	被正确识别为 A 等级
99	比 A 等级分数区间的最大值小 1	被正确识别为 A 等级
101	比 A 等级分数区间的最大值大 1	无效的输入，不应该被识别为 A 等级或者其他等级

等价类划分是边界值分析的前提，前者的质量会直接影响后者的质量，这要求测试人员对产品功能有很好的理解，进行合理的划分，否则边界如果不是真正的边界，边界值分析就起不到应有的效果，错过了对真正的边界的测试。

边界值分析是一种行之有效的工程实践，它是用以往的经验来指导现在的行为，让我们知道把测试资源投入在哪些方面会有较高的回报。如果我们对此加以扩展，可以得到一系列"以史为鉴"的思路：

1）不重视测试的"古代"软件项目无法保证质量，项目失败的概率极高，"今人"应该引以为戒，避免重蹈覆辙。

2）"古人"编写的软件程序经常在边界值的处理上出错，"今人"很有可能在这个方面继续犯错，应该多加注意。

3）如果在软件的某个模块发现了比较多的 bug，我们需要更加仔细、更加深入地测试这个模块，因为很有可能有更多的 bug 有待发现。

4）如果开发团队中某人写的代码的问题比较多，我们在审核其代码时需要更加仔细，因为个人技术的提升需要时间积累，这种状况很可能会持续一段时间。

1.4.6   用机器取代人工

敏捷开发模式下要求测试工程师提供及时而可靠的测试执行报告，为项目的决策和计划提供数据支持。怎么做才能提供及时而可靠的测试执行报告呢？

靠雇用更多、更细心的手工测试工程师可以部分解决这个问题，但是效果并不明显，因为手工操作的效率上限是比较低的，且重复的手工操作会带来疲劳感，误操作的可能性会提高，从而降低了测试结果的可靠性。自动化测试可以替代重复的手工测试，节省高额的人工成本。

在实现了测试的自动化后，机器可以 24 小时不间断运转，在项目团队非工作时间执行测试，减少团队空耗等待的时间，极大地提高了生产效率，缩短了开发周期，节省了大量的时间和人力成本。

测试从手工向自动化的转变，给工程团队和工程师个人带来的是双赢的局面。对于工程团队而言：

1）更好、更全面的测试用例。

当计算机代替人工执行已有测试用例的时候，测试人员可以腾出更多时间全面了解产品，设计更合理、更全面的测试用例。

2）更高的执行效率。

手工测试依靠手工执行，效率不够高，而执行效率是自动化测试的优势。在产品发布周期越来越短的趋势下，人工测试的效率可能成为产品发布速度的瓶颈，这促使很多团队引入自动化测试。当然，自动化测试过程中也会碰到一些问题，很多团队在尝试磨合之后，采用自动化测试结合手工测试的方式，这也是一种可行的实践。

3）更高的可靠性。

手工测试会掺杂很多人为因素，既要求测试人员认真负责，又要求测试人员对重复的劳动有足够的耐心，否则，测试的结果就不可靠，对产品质量带来负面影响，而自动化测试可以改善这些问题。

4）更低的单次执行成本。

虽然测试自动化的过程并不容易，但是在测试实现自动化以后，单次执行自动化测试的成本是很低的，人力成本和时间成本都很低，这就让项目团队可以以更高的频率进行测试，甚至可以针对每次代码提交都进行测试。这种持续集成和测试的流程，可以让项目一致保持在更可控的状态，更能保证项目的进度和质量。

总之，自动化测试能够让产品被更快、更全、更好地测试。对于测试工程师个人发展而言：

1）避免过多的重复性测试带来的思维固化。

2）把个人精力从简单重复的劳动中解放出来，提升工作乐趣。

3）依靠机器和代码的力量，提升工作效率。

4）扩展个人技能的边界，扩展思路，提升个人价值。

5）确保职业发展的可持续性，提升职业安全感，避免成为低技能工程师。

注意　虽然本书是关于自动化测试的，但是我不想单纯鼓吹自动化测试有多好，因为自动化测试只是一种测试形式，如果项目团队连手工测试都没有做好的话，盲目引入自动化测试只会引入更多的麻烦，那是本末倒置的做法。

1.5　自动化测试不容易

尽管看上去很美，但自动化测试并不是一件容易的事情。

手工测试上手容易，学习曲线低，产出明显，工作量容易量化评估，这些优势对于项目管理人员有很大的吸引力。自动化测试有一定的技术难度，会带来一些不确定性，这让转向自动化测试的决定不那么容易。

对于测试工程师，转向自动化测试意味着个人技能包需要扩充，需要学习更多的工具、编程语言、编程思想等。更重要的，这些新的技能和手工测试技能之间的梯度是跳跃性的，没有平缓的过渡，学习的难度比较大。

市面上有大量优秀的测试工具和框架，让我们可以更容易地开展自动化测试，但是，没有哪个工具是完美的，也没有哪个框架能解决所有的应用场景。在碰到实际问题的时候，很多时候并没有现成的答案供选择，我们需要知道如何自己动手解决问题，逢山开路，遇水搭桥。

许多人尝试学习过自动化测试，但是在碰到问题之后，不少人退缩了，退回到手工测试的"舒适区"，这是很令人遗憾的事情。对于有志于软件开发的人而言，学习编程是必选项，否则就无法做开发工作。而作为软件测试人员，很多人觉得学习编程不是必选项（事实上也确实是这样），没有强烈的自我驱动力去学习编程，这也是市场上优秀的自动化测试工程师供给不足的原因之一。

这是一个有广泛需求的痛点领域，是值得我们投入精力和时间的领域。

1.6　本章小结

在这一章里，我们学习了软件测试的基础知识，包括软件测试的定义、类型、敏捷开发流程、测试的基本思路和自动化测试的重要性。通过本章的学习，读者对软件测试的基础知识有了大致的了解，也初步认识了测试往自动化方向发展的意义。

即使是再简单的知识，如果不主动去学习和掌握，也无法利用它去解决问题。自动化测试到底难不难，有多难，可以把问题解决到什么程度，这些都需要测试工程师去学习和动手尝试。

在后续章节中，我们逐一讨论学习自动化测试涉及的内容，包括编程语言、框架、工具及设计思路。在下一章中，我们先了解 Python3 编程语言的基础知识。

## 第 2 章

Python 入门

自动化测试是用软件的思路来做测试，这不仅涉及测试，也涉及代码，因而学习编程是学习自动化测试必不可少的一环。

Python 语言简洁、优雅而强大，应用领域广泛且可以跨平台运行，近年来变得越发炙手可热。

在实际工作中，有些工程师对各种 Python 框架和热门的应用场景很熟悉，但是编程的基础知识不够扎实，导致他们很难掌握更高阶的技术；有些程序员是计算机科班出身，但是对面向对象设计的理解仅停留在纸面上，不能转化为优雅的代码；有些程序员已经有很好的其他编程语言的经验，在转向 Python 后却沿袭了很多旧的习惯，从而写出 "四不像"的代码；有些软件测试工程师号称有自动化测试经验，但是只能用 Python 写出最简单的脚本；有些工程师可以很快地写出可以工作的代码，但是用的可能是比较过时的模块和做法，接口的设计也可能不太合理，容易引起误解误用，让项目协作不太顺畅。

本章主要讲解 Python 语言的基础部分，包括工程实践中最常用的数据类型、条件判断、遍历、异常处理和 pip 工具的使用。对这些基础知识的了解让我们可以看懂简单的 Python 代码，同时有能力编写基本的 Python 代码，这是自动化测试工作的入门要求。

2.1 世界上最好的两种编程语言

软件领域常常有人调侃，说 Python 是世界上最好的 "两" 种语言。

之所以有这种说法，是因为 Python 有 2 和 3 两个不同的版本。当 Python3 于 2008 年推出时，Python2 仍然有非常广泛的应用，虽然它们在语法上的差别并不大，但 Python3 没有做到完全的向下兼容。在 Python3 快速向前迭代更新的同时，Python2 也在继续保持更新，仍然有数量庞大的用户群，在之后的这些年里，它们一直并驾齐驱。

那么，在学习的时候，我们应该怎么选择呢？

Python3！

Python2 渐成历史，Python3 才是未来，是官方的主推版本，有更长远的前景规划，更多、更先进的功能支持，更活跃的技术社区，更好、更新的学习资料。

更重要的是，虽然 Python2 目前仍然有广泛的应用，但是，在 2020 年，Python 官方正式停止了对 Python2 的更新，之后不会有新的功能推出，有问题缺陷也不会有官方资源来修复。如何选择，相信读者已有答案。

本书是基于 Python3.9 来讲解的。

2.2　别问我怎么安装

打开计算机，打开命令行界面，输入"python"，回车。

如果 Python 已经在你的机器上正确安装了，你会看到类似如下的结果。

```
Python 3.9.1 (v3.9.1:1e5d33e9b9, Dec  7 2020, 12:10:52)
[Clang 6.0 (clang-600.0.57)] on darwin
Type "help", "copyright", "credits" or "license()" for more information.
>>>
```

如果出现"command not found"的提示，那么，你的机器上还没有安装 Python，需要安装。

```
C02TM1XKGTFL:~ mxu$ python
-bash: python: command not found
```

怎么安装？

打开搜索引擎（微软必应（bing.com）、谷歌（google.com）或者百度（baidu.com）），搜索"python3 安装"，或者直接到 Python 官网的下载页面（https://www.python.org/downloads）根据提示下载和安装。

安装 Python 是学习 Python 的第一步，但这不是本书的重点，在此并不打算列举如何在不同的操作系统里安装和配置 Python 环境，你应该尝试在网上找到相应的教程。在碰到问题时，互联网是找到解决办法的一种有效途径。

2.3　解释器是什么

什么是解释器（interpreter）？解释器就是翻译！

作为 Python 程序员，我们既懂得人类自然语言，也懂得计算机语言 Python，同时还知道如何用 Python 语言把需求表达出来，形成 Python 源代码。从这个层面来说，Python 程序员是自然语言和计算机语言 Python 之间的翻译，是一种解释器。

但是，Python 源代码对于计算机来说还是太"高级"，需要被翻译成更底层的计算机指令才能被计算机理解和执行。不同的计算机操作系统能理解的指令不一样，也就是说，相同的 Python 源代码，在不同的平台需要被翻译成不同的底层指令。这些翻译工作是由 Python 解释器来完成的。如果一台计算机上没有安装 Python 的解释器，那么，这台计算机就没有相应的"翻译"，也就无法理解和执行 Python 代码，如图 2-1 所示。

图 2-1　如果没有"翻译"，简单的信息也宛如天书，无法理解

交互式解释器（interactive interpreter）是 Python 提供的一个特别的程序，允许我们以交互的方式使用 Python 的解释器，我们可以用交互式解释器来快速开始学习 Python。

在计算机的 Terminal 中执行 python 命令，打开 Python 交互式解释器。

```
Python 3.9.1 (v3.9.1:1e5d33e9b9, Dec  7 2020, 12:10:52)
[Clang 6.0 (clang-600.0.57)] on darwin
Type "help", "copyright", "credits" or "license()" for more information.
>>>
```

输出信息最下面的">>>"表示 Python 的交互式解释器正在运行中，正在等待用户的输入。我们尝试一些简单的输入。

```
>>> 2
2
>>> "Hello"
Hello
>>> 'Get busy living, or get busy dying'
Get busy living, or get busy dying
```

这看起来平淡无奇，像是一个复读机，只是简单地把我们输入的内容打印在屏幕上。

再来看更多例子。

```
>>> 1 + 2
3
>>> 100 * 3.14
314
```

你看，这不是一个简单的复读机，它还可以计算。

再进一步，尝试简单的文本替换。

```
>>> 'Hello 2020'.replace('2020', '2021')
Hello 2021
```

现在，我们是不是已经嗅到"编程"的味道了？

2.4 初识变量

变量就像是一个标签，用于标注对象。不同的对象可能有相同的值，也可能有不同的值。变量有自己的名字，我们通过变量来操作它所标注的对象。

我们来解读这行代码：

```
country = 'China'
```

在编程的世界里，"="不表示等于，而是表示赋值，是把这个符号右边的值或者计算结果赋给符号左边的变量。也就是说，变量的名字叫作 country，这个变量指向一个内容为 China 的文字对象。

我们可以输入如下代码，通过变量名来确认 country 这个变量指向的对象的值。

```
>>> country
'China'
```

既然 country 是变量，那么，我们就可以尝试赋给它不同的值。

```
>>> country = 'China'
>>> country
'China'

>>> country = 'New Zealand'
>>> country
'New Zealand'
```

我们通过一些实际的例子来帮助理解变量。

country 可以是变量，它的值可以是 China、New Zealand 或者其他的国家名。

mvp 可以是变量，它的值可以是 Westbrook、Harden，也可以是 Lebron James。

distance 可以是变量，它的值可以是 900，也可以是 1588.5。

特别需要注意的是：Python 的变量是没有类型的（所以 Python 被称为弱类型语言），也就是说，同一个变量可以指向任何类型的对象。

```
name = "Python"
name = 3.14
name = ['Python', 'Java', 'C++', 'Scala']
```

在任何编程语言里，变量都是最核心的概念之一。如果对变量没有基本的理解，我们就没有办法进行任何有意义的编程。

2.5 函数基础

函数是合理组织的一组代码。

比如，print 是 Python 内置的一个函数，用于在屏幕上打印出指定的字符。我们无须知道 print 函数的内部是怎么实现的，只要知道这个函数是做什么的，以及需要什么样的参数，就可以让这个函数为我们所用。

```
>>> print('Hello World')
Hello World
>>> print('Hello', 'World')
Hello World
```

函数有名字，有参数列表，有函数体。在 Python 编程中，函数用关键字 def 来定义。要特别留意的是，与 Java 或 C++ 等强类型语言不同，Python 的函数定义无须指定返回值类型。

```
def greet(name):
    print('Hello', name.capitalize())
    print('How are you doing?')
    print(datetime.now())
    print()
```

在以上例子中，通过 def 关键字，我们定义了一个函数，这个函数的名字叫 greet，函数名后的括号内指定的是它的参数列表（可以为空），函数接受一个参数，参数名为 name。通过代码行的缩进层次，我们可以清晰地看出函数体有四行代码。

定义了这个函数之后，我们就可以通过它的函数名加上括号运算符来调用它。

```
greet('ava')
greet('Ema')
```

执行结果如下：

```
Hello Ava
How are you doing?
2019-11-29 08:38:49.166432

Hello Ema
How are you doing?
2019-11-29 08:38:49.166475
```

函数可以有返回值，是在函数体中用关键字 return 来指定的。

```
def sum(num1, num2):
```

```
    return num1 + num2

total = sum(3, 5)
print(total)
```

执行结果如下：

```
8
```

2.6　代码缩进和代码块

代码逻辑的组织需要有清晰的边界，不同的编程语言用不同的方式来划分代码块的边界，比如在 Java/C#/C++ 中，最常见的是用花括号。

```
// Java/C++ way of grouping code blocks
if (enough_money) {
    buyHouse();
    buyCar("Toyota");
    buyCar("Ferrari");
}
```

Python 的设计更加简洁，用代码行的缩进（indentation）来进行代码块边界的划分。

```
if enough_money:
    buy_house()
    buy_car('Toyota')
    buy_car('Ferrari')
```

如果缩进出错，可能导致意外的结果，如下面的代码所示。

```
if enough_money:
    buy_house()
    buy_car('Toyota')

buy_car('Ferrari')
```

Python 的代码缩进可以用 Tab，也可以用空格，但是两者不能混用。因为很多代码编辑器里允许用户指定 Tab 等价于几个空格，也就是说，一个 Tab 到底等于几个空格其实是可以配置的。这样的话，同一份代码在不同的编辑器里可能会解析成不同的代码逻辑，这是不可接受的。

代码块可以嵌套，代码的层次关系仍然是依靠缩进来控制的。

```
if enough_money:
    buy_house()

    if low_profile:
        buy_car('Toyota')
    else:
        buy_car('Ferrari')
```

在写 Python 判断语句的时候，有不少程序员会不自觉地加上括号。

```
if (age < 20):
    print('too young to get married!')
```

这通常是因为程序员有其他语言（比如 Java）的编程经验，并且把其他语言的编程习惯带到 Python 代码中来了。这么做没有语法错误，Python 接受但不建议这样的代码风格。这里出现的括号增加了字数，但是并没有为代码功能或者可读性做出贡献，应该避免：

```
if age < 20:
    print('too young to get married!')
```

2.7　字符串

Python 内置了多种数据类型，字符串是其中最常见的类型之一。字符串就是用引号（单引号 / 双引号 / 三引号）括起来的一串字符，引号用于界定字符串的范围。

字符（Char/Character），简单来说是指在计算机上可以输入的任何字母、数字、空格、标点符号、控制符号（缩进、回车换行），等等。很多其他的编程语言（比如 Java、C++、C#）都有专门的字符数据类型（char），但是 Python 没有。在 Python 的设计中，字符就是长度为 1 的字符串。表 2-1 中给出了字符串与非字符串示例。

表 2-1　字符串与非字符串示例

示　　例	说　　明
"abc"	字符串
'abc'	字符串
'a'	字符串，内容是单字符
""	空字符串
'138000000831'	字符串，虽然里面的每个字符都是数字
'FM365'	字符串
2019	这没有被引号括起来，它不是字符串，而是一个整数
'2019'	字符串
name	不是字符串。可能是一个变量，可能指向一个字符串，也可能指向其他类型的值
'name'	字符串
" 欲穷千里目，更上一层楼 "	字符串
"《 Python 自动化测试 》"	字符串
'Abc 1234^5&*$#@'	字符串
' 囧 '	字符串

单引号和双引号在 Python 语义上没有区别，我们可以任意选择。

```
quote = "get busy living, or get busy dying"
quote = 'get busy living, or get busy dying'
```

但是，它们在使用场景上存在一些细微的差异，在一些特定情况下，我们只能使用其中的一种。比如，NBA 的大中锋大鲨鱼奥尼尔的名字叫作 Shaquille O'Neal，名字中有一个单引号。如果我们想定义一个变量，变量的值是奥尼尔的名字，我们可能会写成如下代码。

```
name = 'Shaquille O'Neal'
```

但这样写是有问题的，因为引号本身也是合法的字符，如果字符串本身包含引号，Python 解释器可能会错误地判断字符串的边界，从而引起错误。

解决的方法很简单，如果字符串本身包含单引号，那么，用双引号来括引，反之就用单引号。

所以，如下的代码是没有问题的。

```
name = "Shaquille O'Neal"
quote = '"seriously?" he said.'
```

你可能会问："如果字符串本身既包含单引号，又包含双引号呢？"这个问题我们将在6.1.1 节讨论。

在学习字符串常见操作的具体语法之前，先思考一个问题：我们通常需要对字符串做什么样的操作？如表 2-2 所示。

表 2-2   字符串应用场景

字符串操作	应用场景
拼接	Game 进行内容拼接后变为 Game of Thrones
查找	believe 中包含字母 y 吗？
	believe 中包含单词 lie 吗？
	字符串的第一个字符是什么？第三个字符是什么
	字符串是以 "？" 结尾吗
	021-88886666 中的 "-" 在什么位置
内容替换	'Plan of 2020' 进行内容替换后变为 'Plan of 2021'
	把文章中所有的敏感词汇用 "***" 替换
比较	两段文字的内容是一致的吗
	两段英文字符在忽略大小写的情况下是相等的吗
获取长度	输入框限定输入 200 个字符，用户已经输入了多少个字符
截取	021-88886666 截取后变为 88886666
分割	把文本 "good good study" 按照空格分割，得到一个单词列表
整理	把用户输入的文字内容的首尾空格去掉

带着这些问题，我们来看用 Python 是如何进行操作的。

2.7.1　拼接和格式化

字符串最常见的操作之一就是拼接。对于简单的拼接，我们可以用"+"操作符很容易地做到。

```
>>> name = 'world'
>>> greeting = 'Hello ' + name
>>> print(greeting)
Hello world
```

复杂一些的情况，我们还是可以通过"+"操作符来进行。

```
>>> pick_2002 = 'Yao Ming'
>>> pick_2003 = 'LeBron James'
>>> nba_draft_picks = 'First draft pick of NBA 2002 is ' + pick_2002 + ', and
    the first draft pick of NBA 2003 is ' + pick_2003
>>> print(nba_draft_picks)
First draft pick of NBA 2002 is Yao Ming, and the first draft pick of NBA 2003
    is LeBron James
```

更复杂一些的情况，我们仍然可以通过"+"操作符来完成，但是，这需要做大量碎片化的细节处理，很容易出错，也不容易看出拼接字符串的最终全貌，这会带来编码、阅读和维护方面的困难，我们需要更合适的方式来完成这类任务。

针对这种情况，我们可以用字符串的 format 方法。

```
>>> pick_2002 = 'Yao Ming'
>>> pick_2003 = 'LeBron James'
>>> 'First draft pick of 2002 is {}, and the first draft pick of 2003 is {}'.
    format(pick_2002, pick_2003)
'First draft pick of 2002 is Yao Ming, and the first draft pick of 2003 is
    LeBron James'
```

可以给括号占位符加上序号，进一步减少出错的可能。

```
>>> pick_2002 = 'Yao Ming'
>>> pick_2003 = 'LeBron James'
>>> 'First draft pick of 2002 is {0}, and the first draft pick of 2003 is {1}'.
    format(pick_2002, pick_2003)
'First draft pick of 2002 is Yao Ming, and the first draft pick of 2003 is
    LeBron James'
```

甚至可以给占位符加上名字，这样，可读性和可维护性会进一步提高。

```
>>> pick_2002 = 'Yao Ming'
>>> pick_2003 = 'LeBron James'
>>> 'First draft pick of 2002 is {pick_2002_name}, and the first draft pick of
    2003 is {pick_2003_name}'.format(pick_2002_name=pick_2002, pick_2003_
    name=pick_2003)
'First draft pick of 2002 is Yao Ming, and the first draft pick of 2003 is
    LeBron James'
```

通过占位符，format 方法可以很灵活地处理字符串的格式化，同时还可以使代码具有很高的可读性和可维护性。

2.7.2　下标访问

在自然语言交流中，我们经常需要针对字符的位置信息进行描述，比如：

- 英文人名的首字母需要大写。
- 请给出身份证号的最后四位。
- 问句应该以问号结尾。
- "上海自来水来自海上"这句话是回文（对称的文字）。

在开始了解字符串的下标操作之前，我们首先来了解 len 函数。在 Python 语言里，用 len 函数可以得到一个字符串的长度。

```
>>> len('aabbcc')
6
>>> len('')
0
>>> len(' ')
1
>>> name = "Ronnie O'Sullivan"
>>> len(name)
17
```

在 Python 语言里，对于字符串，我们可以根据下标（位置偏移量）对其进行操作，第一个字符的下标是 0，第二个字符的下标是 1，依次类推。

```
>>> name = "Ronnie O'Sullivan"
>>> name
"Ronnie O'Sullivan"
>>> name[0]
'R'
>>> name[7]
'O'
```

Python 还有一个特别的设计，即通过负值的下标，可以很方便地从后往前定位字符，下标 –1 对应的是最后一个字符，下标 –2 对应的是倒数第二个字符，依次类推。如果读者有 C++ 或 Java 的编程背景，应该深有体会，这样的操作在 C++ 或 Java 里并不是特别直观。Python 的这个设计给程序员带来了很大的便利。

```
>>> name = "Ronnie O'Sullivan"
>>> name[-1]
'n'
>>> name[-3]
'v'
```

下标的操作还可以是一个范围，操作的结果是得到一个子字符串。

在 string[start_index : end_index] 中，start_index 是起始下标，end_index 是结束下标，起始位置的字符会被包含在结果子字符串中，结束下标位置的字符不会被包含。

```
>>> name
"Ronnie O'Sullivan"
>>> name[0:4]
'Ronn'
```

起始下标可以省略，如果不指定，默认为字符串的头（下标为 0）；结束下标也可以省略，如果不指定，默认为字符串的尾。

```
>>> name[7:]
"O'Sullivan"

>>> name[:6]
'Ronnie'

>>> name[:]
"Ronnie O'Sullivan"
```

当然，负值的下标也同样适用。

```
>>> name[-10:]
"O'Sullivan"

>>> name[-10:-2]
"O'Sulliv"
```

如果结束下标比起始下标还要小，结果会是一个空字符串。

```
>>> name[0:6]
'Ronnie'
>>> name[6:0]
''
```

回到本节最开始提到的一点："上海自来水来自海上"这句话是回文。请读者思考，我们如何判断一个字符串是不是回文？

2.7.3　更多常见操作

针对字符串，Python 设计了一系列的方法，让我们可以轻松应对常见的应用场景。

1）字符串内容的替换。

```
>>> plan = '2019年度计划'
>>> plan.replace('2019', '2020')
'2020年度计划'
```

2）获取字符串的长度。

```
>>> phone = '13800000831'
>>> len(phone)
11
```

3）统计子字符串出现的频率。

```
>>> phone = '+86138000000831'
>>> phone.count('8')
3

>>> lyrics = '说是就是不是也是，说不是就不是是也不是'
>>> lyrics.count('是')
8
>>> lyrics.count('不是')
4
```

4）查找。字符串的查找有几种方式，最简单的一种是用 in 关键字。

```
>>> titles = 'Queen Daenerys Stormborn of the House Targaryen, the First of Her
    Name, Queen of the Andals, the Rhoynar and the First Men, The rightful Queen
    of the Seven Kingdoms and Protector of the Realm, Queen of Dragonstone,
    Queen of Meereen, Khaleesi of the Great Grass Sea, the Unburnt, Breaker of
    Chains and Mother of Dragons,regent of the realm'

>>> 'Dragon' in titles
True

>>> 'Dinosaur' in titles
False

>>> 'Dinosaur' not in titles
True
```

用 in 关键字来做字符串的查找很方便，但是不够强大。如果想要更多的查找选项，可以用 index 方法。index 方法返回指定下标范围内找到的第一个子字符串的位置，如果不指定下标范围，则默认为整体搜索。

```
>>> titles.index('Queen')
0
>>> titles.index('Queen', 30)
72
```

使用 index 方法有几个值得注意的地方：

- 它只会返回第一个被找到的子字符串的位置。
- 可以不指定搜索范围，默认为整体搜索。
- 可以只指定搜索范围的起始下标，在这种情况下，结束下标默认为字符串最后一个字符串的下标。

值得注意的一点是，如果没有找到指定的子字符串，index 方法会抛出异常。

```
>>> titles.index('Peppa')
Traceback (most recent call last):
  File "<stdin>", line 1, in <module>
ValueError: substring not found
```

index 方法在没有找到子字符串的情况下会抛出异常，这个设计对程序员很不友好，因为很多时候我们只是想知道是不是存在指定的子串。

幸好，我们还有 find 方法。find 方法和 index 方法的调用参数是一样的，如果查找成功，它们都会返回子字符串的位置。唯一的差别就是，如果查找失败，index 会抛出异常，而 find 会返回 -1。

要特别注意的是，find 返回 -1 是表示查找失败，不是找到的子字符串的位置，而 -1 在 Python 里面也是一个合法的位置下标，这一点请一定要分清楚。

5）字符串以什么开头，又以什么结尾？

```
>>> 'Facebook'.startswith('Face')
True
>>> 'Facebook'.startswith('face')
False

>>> 'FACEBOOK'.startswith('FACE')
True
>>> 'FACEBOOK'.startswith('Face')
False

>>> 'Huawei'.endswith('wei')
True
```

6）全部转成大写，或者只是首字母大写。

```
>>> 'facebook'.capitalize()
'Facebook'
>>> 'FACeBOok'.capitalize()
'Facebook'

>>> 'HuAwEi'.upper()
'HUAWEI'
>>> 'HuAwEi'.lower()
'huawei'
```

7）分割字符串，用 split。

```
>>> 'I see trees of green,red roses too,I seem them bloom,for me and you'.
    split(',')
['I see trees of green', 'red roses too', 'I seem them bloom', 'for me and you']
```

```
>>> 'I see trees of green,red roses too,I seem them bloom,for me and you'.split()
['I', 'see', 'trees', 'of', 'green,red', 'roses', 'too,I', 'seem', 'them',
    'bloom,for', 'me', 'and', 'you']
```

8）去除前后空白字符，用 strip，这里的 l 和 r 分别对应的是 left 和 right。

```
>>> '   ok...\t  '.lstrip()
'ok...\t  '

>>> '   ok...\t  '.rstrip()
'   ok...'

>>> '   ok...\t  '.strip()
'ok...'
```

可以看到，字符串中的 \t 也被认为是空白字符，因为它是转义字符，代表一个 tab。更多关于转义字符的知识，将会在后续章节中讲到。

2.8 数值类型

在数学中，"数"的类型划分大致如图 2-2 所示。

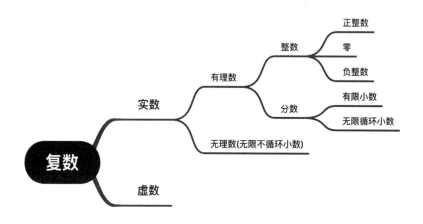

图 2-2　数值类型关系

其中，"虚数"在数学中就是指一些不存在的值，在计算机编程中是无法定义的；无限循环小数和无限不循环小数分别属于有理数和无理数，但是它们都有无限的小数位，在计算机中也无法精确表示。

在计算机编程应用中，数学计算并不是件简单的事情，专业的数学计算需要用到特别设计的计算模块，这不在本书讨论的范围内。

Python 的内置数据类型比较简单，分为两类：

- 整型数（int），对应整数类型（比如 0，−1，−1000，9527，10086）。
- 浮点数（float），对应有限小数类型（比如 0.0，1.0，−273.15，3.1415926535）。

实际的例子比抽象的定义更能帮助理解，我们来看一些实际的示例，如表 2-3 所示。

表 2-3　数值类型分析

值	分　析
0	整型数
9527	整型数
"13800000831"	不是数值，是字符串
3.14	浮点数
−273.15	浮点数
0.00006	浮点数
3%	不是合法的数值。Python 语言没有专门的方式来表示百分比
1/3	这是一个表达式，表示 1 除以 3，结果是一个无限循环小数，会被近似处理
12,000	不是合法的数值，数值中不能出现逗号

Python 的 type 函数可以用于查看对象的类型，我们可以用它来学习数值对象的类型。

```
>>> year = 2020
>>> type(year)
<class 'int'>
>>>
>>> PI = 3.1415926535897932
>>> typc(PI)
<class 'float'>
>>>
>>> 1/3
0.3333333333333333
>>>
>>> type(1/3)
<class 'float'>
```

2.8.1　数值类型的基本运算

比较是数值之间最常见的操作之一，这些操作的结果是布尔类型的值。表 2-4 和表 2-5 中给出了比较操作符和常见的数值运算操作符。

表 2-4　比较操作符

比较操作符	意　义	举　例	结　果
==	等于	666 == 666	True
!=	不等于	996 != 669	True

（续）

比较操作符	意　义	举　例	结　果
>	大于	10086 > 10000	True
>=	大于或等于	996 >= 996	True
<	小于	0 < -273.15	False
<=	小于或等于	996 <= 669	False

表 2-5　最常见的数值运算操作符

运　算	运算符	运　算	运算符
加	+	除	/
减	−	取模	%
乘	*	括号	()

来看如下实际的例子。

```
>>> 1 + 1
2

>>> 100 + 22.1
122.1

>>> 10086 - 10000
86

>>> 100 * 2000
200000

>>> 666 / 6
111.0

>>> 100 % 3
1
```

数值运算可以做链式表达。

```
>>> 2 + 3 * 5 - 10 / 5
15.0
```

算术运算符是有优先级的，在做链式表达的时候，一定要注意运算符的优先级，必要的时候可以配合括号运算符。

```
>>> (2 + 3) * 5 - 10 / 5
23.0
```

在数学链式表达方面，我们可以通过括号来控制计算顺序，或者强调计算顺序，澄清代码意图。

```
>>> (2 + 3) * 5 - (10 / 5)
23.0
```

有很多算术运算在 Python 里没有对应的运算符，而是通过函数来完成，比如取绝对值。

```
>>> abs(99)
99
>>> abs(-8)
8
```

在这些操作的基础上，我们可以灵活组合，写出更复杂的数学逻辑，比如判断变量是不是偶数。

```
>>> y = 99
>>> y % 2 == 0
False
```

熟悉 C++ 的读者对以下 C++ 整型数自增代码肯定比较熟悉：

```
// 这是C++的自增代码
i++;
--i;
```

要特别注意，Python 不支持这样的自增、自减操作。

```
>>> i = 0
>>> i++
    File "<stdin>", line 1
        i++
           ^
SyntaxError: invalid syntax
```

要做到这样的自增操作，Python 要通过显式的方法。

```
>>> i = i + 1
```

或者如下这样的简化写法。

```
>>> i += 1
>>> i -= 5
```

如果读者学过 C++ 编程，应该或多或少被自增自减操作折磨过，因为需要了解 i++ 和 ++i 的细微差别，需要知道它们在什么时间点做"增 / 减"的操作，需要反复琢磨以写出符合预期的代码，或者找出可能的 bug。对于自增自减操作，Python 的不支持是一个更好的设计。

2.8.2　浮点数的常见运算

周末了，我去菜场买菜。

我买了一斤肉，20 元钱，20 是一个整型数，即 int 类型。

我又换了个摊位买了一把青菜，9.5 元，9.5 是一个浮点数，float 类型。

老板说："给你一把葱，给 10 元吧。"老板把浮点数往上取整，做了 round up 的运算。

我说："零头就算了，给 9 元吧。"我把浮点数往下取整了，四舍五也舍，做了 floor 的运算。

浮点数类型用于表示小数（有限小数）。除了加减乘除之外，浮点数最常见的操作就是各种取整，以及根据指定的精确度来取近似值。

以下是上述场景中几个典型的浮点数，我们可以用 type 函数来确认它们的类型。

```
>>> type(3.14)
<class 'float'>

>>> type(1.0)
<class 'float'>

>>> type(20.00)
<class 'float'>

>>> type(-0.009)
<class 'float'>
```

取浮点数的整数部分，用 int 函数。

```
>>> int(3.14)
3
>>> int(5.5)
5
>>> int(-3.9123)
-3
```

四舍五入到整数位，用 round 函数。

```
>>> round(3.14)
3
>>> round(5.5)
6
>>> round(0.1)
0
>>> round(-0.9)
-1
```

四舍五入到指定的小数点位数，用带参数的 round 函数。

```
>>> PI
3.14159265358979
>>> round(PI)
3
>>> round(PI, 2)
3.14
```

```
>>> round(PI, 4)
3.1416
```

请留意 round 方法以下的特别行为：

```
>>> round(4.5)
4
```

round(4.5) 的结果是 4，看起来 round 方法的默认行为是向下取整，这样的话，round(5.5) 的结果应该是 5，我们来验证一下。

```
>>> round(5.5)
6
```

这个结果看起来很难理解，round 方法的文档里其实对这个设计是有描述的：如果待取整的值正好处于中间位置，结果取偶数值。

比如，5.5 与 5 和 6 的差都是 0.5，正好处于二者中间，在这种情况下，round 结果是取 5 和 6 二者中的偶数，也就是 6；4.5 与 4 和 5 的差都是 0.5，在这种情况下，round 结果是取 4 和 5 二者中的偶数，也就是 4。

上取整用 ceil 函数：

```
>>> import math
>>> math.ceil(0.0001)
1
>>> math.ceil(0.99)
1
>>> math.ceil(3.14)
4
>>> math.ceil(-4.1)
-4
>>> math.ceil(-4.9)
-4
```

下取整用 floor 函数：

```
>>> import math
>>> math.floor(-4.1)
-5
>>> math.floor(-4.9)
-5
>>> math.floor(0.0001)
0
>>> math.ceil(0.99)
1
>>> math.ceil(9.0)
9
```

2.9　布尔值和条件判断

条件判断对于程序逻辑的实现是至关重要的，对于测试自动化更是如此，因为测试的核心其实就是判断实际结果是否与预期相符。

我们来看如下一段简单的代码：

```
if salary > 5000:
    print('income tax required')

if salary <= 5000:
    print("no income tax")
```

即使对编程只有最基本的认识，我们也可以大概理解这段程序逻辑：根据 salary 值的不同做相应的处理。这就是条件判断。

Python 有一种数据类型，叫作布尔类型（bool），这种类型只有两个常量，分别是 True 和 False，对应于语义上的对 / 错、真 / 假、是 / 否、有值 / 无值。条件判断围绕布尔值展开，让程序可以处理逻辑分支。

来看一个简单的数值比较例子。

```
>>> salary = 8000
>>> salary > 5000
True
>>> salary <= 8000
True
>>> salary < 3000
False
>>> salary != 10000
True
```

在条件判断方面，Python 有一些关键字和操作符（见表 2-6 和表 2-7），让我们能够以非常接近自然语言的方式来写相应的代码。

表 2-6　条件判断关键字

关键字	含　义	关键字	含　义
if	如果	elif	else + if
else	否则		

以下是几个用条件判断关键字和比较操作符写出代码的例子：

1）年龄不够 20 岁，无论男女，都不许结婚！

```
if age < 20:
    print('Too young to get married!')
```

表 2-7　比较操作符

操 作 符	说　明	操 作 符	说　明
==	等于	>=	大于或等于
!=	不等于	is	是
<	小于	is not	不是
<=	小于或等于	in	被包含
>	大于	not in	不被包含

2）年满 20 岁了？那满 22 周岁了吗？

```
if age < 20:
    print('Too young to get married!')
elif age >= 22:
    print('Old enough to get married')
```

3）如果年满 20 岁，但是还不满 22 周岁，这种情况能不能结婚要看性别。

```
if age < 20:
    print('no one, too young to get married!')
elif age >= 22:
    print('Old enough to get married')
elif sex == 'male':
    print('Male, needs to be 22+ to get married')
else:
    print('Female, ok to get married')
```

通过条件判断以及相应的处理逻辑，程序才能表现得"智能"。

2.9.1　条件判断的组合

在实际编程中，条件判断中牵涉到的条件很有可能不止一个，我们需要对这些条件进行组合，构成最终的条件判断逻辑。

这其中涉及的关键字不多，如表 2-8 所示。

表 2-8　Python 的逻辑组合关键字

关键字 / 运算符	含　义	关键字 / 运算符	含　义
and	表示"并且"	()	用于调整优先级
or	表示"或者"		

用 and 关键字，筛选计算机专业的男生。

```
if sex == 'male' and major == 'cs':
    print('yes')
```

用 or 关键字，筛选计算机或者电子专业的学生。

```
if major == 'cs' or major == 'ee':
    print('yes')
```

更复杂一点的情况，筛选计算机专业的男生或者电子专业的女生。

```
if major == 'cs' and sex == 'male' or major == 'ee' and sex == 'female':
    print('yes')
```

这段代码可以得到我们想要的结果，但是理解起来已经不是那么直观了，需要读者对操作符的优先级比较熟悉。

就好比在数学里不同的运算符有优先级一样，在 Python 语言里，逻辑处理的关键字也有优先级，and 的优先级比 or 要高。

所以，这行代码中的表达式不是从左到右逐个计算的，而是优先级更高的先计算。

但是，在实际编程中我们要尽量避免写这样的代码，因为这样的代码需要写代码的人对优先级非常熟悉，同时还要求看代码的人也对此非常熟悉，这是很难达到的理想状态。所以，在必要的时候我们可以使用括号来澄清和强调逻辑，因为括号的优先级是所有运算符中最高的。

```
if (major == 'cs' and sex == 'male') or (major == 'ee' and sex == 'female'):
    print('yes')
```

条件判断的语法并不复杂，难点在于如何将现实需求准确地转化为正确且可读的代码。

2.9.2　条件判断的短路

甲："你说，我算不算是高富帅？"

乙："什么是高富帅？"

甲："就是又帅又……"

乙："你不是！"

为什么不让人把话说完？

如果根据已有的信息已经得到了确定的结果，后面的条件就不会被评估，因为后面的结果已经不会对整体结果造成影响，这就是条件判断的短路情况。

先来看上面例子中"且"的情况。

```
if sex == 'male' and major == 'cs':
    print('yes')
```

如果性别是男，程序会继续去检查专业是否是计算机；如果性别不是男，and 条件组合中已经至少有一项的结果是"否"，那么，不管后续的条件判断结果是什么，整体的逻辑结果一定是"否"。在这种情况下，Python 会直接忽略后续的条件判断，返回结果。

再来看上面例子中"或"的情况。

```
if major == 'cs' or major == 'ee':
    print('yes')
```

如果专业不是计算机，程序会继续检查后续的条件，看看是不是电子专业；如果专业是计算机，or 条件组合中已经至少有一项的结果是"是"，那么，不管后续的条件判断结果是什么，整体的结果一定是"是"。在这种情况下，Python 会直接忽略后续的条件判断，返回结果。

条件判断的短路行为，很多时候都被我们忽视了，这会造成以下一些问题。

1）在条件判断的组合中，我们不仅可以针对变量来判断，也可以调用函数（后续章节会讲到），针对函数的返回值来判断。如果有短路情况发生，函数调用被忽略，其中的操作就不会执行。有些时候这不一定是我们想要的结果。

2）在条件判断的组合中有调用函数的情况下，有可能函数调用的操作比较复杂，需要花费比较多的时间。在这种情况下，我们更希望前面有更简单的判断结果形成"短路"，避免不必要的函数调用执行，从而提高了代码的执行效率。

2.9.3　条件判断的链式表达

数值的比较是很常见的编程场景，比如，BMI（体重指数）处于 18.5 和 23 之间的话，体重正常。

我们可以用 and 来组合条件判断。

```
if BMI >= 18.5 and BMI < 23:
    print('Healthy weight')
```

也可以用更简洁的链式表达。

```
if 18.5 <= bmi < 23:
    print('Healthy weight')
```

● 怎么才算"80 后"？

```
if 1980 <= birth_year < 1990:
    print('80后! ')
```

● a 和 b 都比 c 大吗？

```
if a > c < b:
    print('yes')
```

● a 是不是和 b 一样大，并且都比 c 小，比 d 大？

```
if d < a == b < c:
    print('yes')
```

链式表达可以写出自然易读的代码，但是如果写得不当，也可能取得相反的效果。所以，我们不要过度追求链式表达，还是要以保证可读性为前提。

2.10   日期和时间

日期和时间并不是 Python 的基础数据类型，但是一个非常常用且重要的类型。

时间，既简单又复杂。说它简单，是因为每个人在日常生活中每天都会接触到；说它复杂，是因为人类至今未能对它有精确的定义。

对于程序员而言，说它简单，是因为已经有很多成熟的模块帮助我们来处理与时间相关的任务；说它复杂，是因为时间牵涉到时区、语言、计算、精度等方面，非常烦琐。

Python 有 datetime 模块，这个模块有几个细分的类型：

- 如果应用场景只关心日期（年、月、日），用 Date 类型。
- 如果应用场景只关心时间（小时、分、秒、毫秒），用 Time 类型。
- 如果应用场景对日期和时间都关心，用 Datetime 类型。

我们从最简单的任务开始：获取当前时间。

```
>>> from datetime import datetime
>>> current_time = datetime.now()
>>> print(current_time)
2019-03-17 09:21:06.553652
```

从 print 语句的输出可以容易地看出获取到的"当前时间"的信息，这些信息包括：年、月、日、小时、分、秒、微秒（microsecond）。

我们来看一下获取到的当前时间。

```
>>> from datetime import datetime
>>> current_time = datetime.now()
>>> current_time
datetime.datetime(2019, 3, 17, 9, 21, 6, 553652)
```

还可以更直观地看到时间信息的各个构成部分。

```
>>> current_time.year
2019
>>> current_time.month
3
>>> current_time.day
17
>>> current_time.hour
9
>>> current_time.minute
21
>>> current_time.second
6
```

如果用 type 方法来查看其中的类型，我们可以看到 year 其实就是简单的 int 类型。

```
>>> type(current_time)
```

```
<class 'datetime.datetime'>
>>> type(current_time.year)
<class 'int'>
```

如果我们关心的只是日期部分，可以只用日期的部分。

```
>>> today = datetime.now().date()
>>> today
datetime.date(2019, 3, 17)
>>> today.year
2019
>>> today.hour
Traceback (most recent call last):
    File "<stdin>", line 1, in <module>
AttributeError: 'datetime.date' object has no attribute 'hour'
```

2.10.1　生成时间对象

华为是一家伟大的中国公司，请问，华为是什么时候成立的？

用一个字符串来告诉你答案：09151987，从这个字符串可以比较容易地推断出，1987 是年份，15 肯定不是月份，而是日期，那么 09 就是月份了。所以，我们可以推断出华为成立于 1987 年 9 月 15 日。

Google 是一家伟大的美国公司，请问，Google 是什么时候成立的？

也用一个字符串来告诉你答案：04/09/1998，从这个字符串可以推断出 1998 是年份，但是我们无法推定月份是 4 还是 9。

通过 Python，我们可以用指定的值来创建 datetime 对象，这通常有两种情况。

第一种情况，是我们明确地知道日期的每个组成部分独立的值，我们用以下方式来指定。

```
>>> birthday = datetime(year=2013, month=2, day=28)
>>> birthday
datetime.datetime(2013, 2, 28, 0, 0)
```

另外一种情况更复杂一点，但是在实际编程中应用更广泛，是根据字符串来生成日期对象。这种情况更复杂是因为人类对日期书写的格式太随意了，书写的顺序可能是年月日，可能是月日年，还可能是日月年，其中的分隔符就更多样了，比如：19990603、06.03.1999、3|6|1999、1999_06_03、99-06-03、1999/06/03、1999 06 03。

这种书写格式的不统一，给程序员带来了额外的工作量。作为程序员，我们没法规定车须同轨、书须同文，能做的是给出自己的要求，例如指定日期字符串的同时必须指定相应的格式：

```
created_at = datetime.strptime('2019-04-25', '%Y-%m-%d')
```

%Y-%m-%d 表示年月日，中间都用 "-" 来分隔，第一个部分是年，第二个部分是月，第三个部分是日。有了这样的格式信息，我们就能正确解析字符串中的信息，创建出正确的 datetime 对象。例子中用到的 %Y、%m、%d 被称为标识符，更多的标识符如表 2-9 所示。

表 2-9　日期时间信息的标识符

标识符	代表含义
%d	日（数字，范围从 1 ~ 31）
%m	月（数字，范围从 01 ~ 12，不足两位数的在十位数补 0）
%-m	月（数字，范围从 1 ~ 12，不足两位数的不会在十位数补 0）
%B	月（英文全称，比如 January）
%b	月（英文简写，比如 Jan）
%A	星期（英文全称，比如 Monday）
%a	星期（英文简写，比如 Mon）
%Y	年（比如 2008）
%H	小时（数字，范围从 0 ~ 23）
%M	分（数字，范围从 0 ~ 59）
%S	秒（数字，范围从 0 ~ 59）
%f	毫秒（数字，范围从 000000 ~ 999999）

来看以下两段代码实例，它们指定了不同风格的日期字符串，同时也指定了相应的格式，从而保证了日期字符串能够被正确地解析。

```
>>> date1 = datetime.strptime('06_25_2019', '%m_%d_%Y')
>>> date1
datetime.datetime(2019, 6, 25, 0, 0)

>>> date2 = datetime.strptime('1949/10/01', '%Y/%m/%d')
>>> date2
datetime.datetime(1949, 10, 1, 0, 0)
```

2.10.2　格式化日期字符串

人类对日期的表达方式多种多样，不仅需要让程序理解输入的各种格式的日期，还需要让程序输出指定的各种格式的日期数据。

英国当地时间 2018 年 3 月 14 日凌晨 3 点 46 分，著名的物理学家霍金去世，世界失去了一位传奇人物，日期和时间代码如下：

```
>>> passed_away_at = datetime(year=2018, month=3, day=14, hour=3, minute=46)
>>> passed_away_at
datetime.datetime(2018, 3, 14, 3, 46)
```

利用时间标识符，我们可以用 strftime 方法把时间和日期对象按照我们想要的格式导出为如下的字符串。

输出成"2018/3/14"。

```
>>> passed_away_at.strftime("%Y/%m/%d")
'2018/3/14'
```

输出成"2018_03_14，3:46"。

```
>>> passed_away_at.strftime("%Y_%m_%d, %H:%M")
'2018_03_14, 03:46'
```

输出成"March 14 2018，Wednesday"。

```
>>> passed_away_at.strftime("%B %m %Y, %A")
'March 03 2018, Wednesday'
```

当前时间的完整时间戳。

```
>>> datetime.now().strftime("%Y%m%d%H%M%S%f")
''20200602074420535129''
>>> datetime.now().strftime("%Y%m%d%H%M%S%f")
'20200602074447271014'
```

日期格式的需求很烦琐，但这是现实需求，在实际编程中会频繁出现，我们需要花精力去学习和掌握。

2.11　list 基础

在学习数据结构的过程中，有两个相关的概念通常会被放在一起讨论：数组（array）和队列（列表，list），经典的数据结构理论会比较它们的差异，比如：

- array 的元素在连续的内存空间存放，可以通过下标访问，读取的速度快，数据的插入和删除的速度慢（因为涉及元素的移动）。
- list 的元素不要求在连续的空间存放，不能通过下标访问元素，必须通过头元素开始遍历，读取的速度慢，而数据的插入和删除的速度快（因为不涉及元素的移动）。

除数学的矩阵运算等情况外，绝大部分时候我们写 Python 代码只会用到 list，因为 Python 的 list 类型经过了特别的设计，在保持经典 list 灵活性的同时，也支持元素的下标访问。本书只讨论 list。

list 是一种容器数据类型，表示一个元素序列，通常用于表达并列关系的数据集合，用中括号来定义，比如：

```
pop_cities = ['北京', '上海', '武汉', '广州', '深圳', '杭州']
```

2.11.1　下标访问

下标（index），是指序列中元素的位置偏移量。通过下标，我们可以准确定位到对应的元素。

和大部分的编程语言一样，list 的起始下标是 0，而不是 1。

```
>>> work_days = ['Mon', 'Tues', 'Wedn', 'Thu', 'Fri', 'Sat']
>>> work_days[0]
'Mon'
```

我们可以通过下标来更新 list 对应位置的元素。

```
>>> work_days = ['Mon', 'Tue', 'Wed', 'Thu', 'Fri']

>>> work_days
['Mon', 'Tue', 'Wed', 'Thu', 'Fri']

>>> work_days[0] = '星期一'
>>> work_days
['星期一', 'Tue', 'Wed', 'Thu', 'Fri']
```

注意，我们可以通过下标更新"已存在"的元素。如果 list 里面有 5 个元素，那么我们可以通过下标 0、1、2、3、4 来更新相应的 5 个位置的元素，但是我们不能直接指定下标为 5 的元素，因为这个位置目前并没有元素存放。

```
>>> work_days
['星期一', 'Tue', 'Wed', 'Thu', 'Fri']

>>> work_days[5] = '星期六'
Traceback (most recent call last):
  File "<stdin>", line 1, in <module>
IndexError: list assignment index out of range
```

和字符串的设计一样，list 也支持负值下标，让我们可以很方便地从后往前来定位元素。下标 –1 对应的是最后一个元素，–2 对应的是倒数第二个元素，以此类推。

```
>>> work_days = ['Mon', 'Tues', 'Wedn', 'Thu', 'Fri', 'Sat']
>>> work_days[-1]
'Sat'
>>> work_days[-3]
'Thu'
```

2.11.2　插入元素

通过 append 方法，我们可以在 list 的队尾插入一个新的元素。

```
>>> work_days
['Mon', 'Tue', 'Wed', 'Thu', 'Fri']
```

```
>>> work_days.append('Sat')
>>> work_days
['Mon', 'Tue', 'Wed', 'Thu', 'Fri', 'Sat']
```

能不能一次插入多个元素呢？我们试试看。

```
>>> work_days = ['Mon', 'Tue', 'Wed', 'Thu', 'Fri']

>>> work_days.append('Sat', 'Sun')
Traceback (most recent call last):
  File "<stdin>", line 1, in <module>
TypeError: append() takes exactly one argument (2 given)
```

从结果看是不行的，append 方法只接受一个参数。

如果我们把想插入的元素放在一个 list 里面做 append 的操作呢？

```
>>> work_days.append(['Sat', 'Sun'])
>>> work_days
['Mon', 'Tue', 'Wed', 'Thu', 'Fri', ['Sat', 'Sun']]
```

语法上没有问题，只是结果是 list 作为一个子元素被整体插入，也不是我们所期望的。

如果想一次插入多个元素，我们不应该用 append 方法，而是应该用 extend 方法。

```
>>> numbers = [1, 2]
>>> numbers
[1, 2]

>>> numbers.append(3)
>>> numbers
[1, 2, 3]

>>> numbers.extend([4, 5, 6])
>>> numbers
[1, 2, 3, 4, 5, 6]
```

如果想在队首或者队列的其他位置插入元素，我们需要用到 insert 方法，用这个方法的第一个参数指定待插入的位置。

```
>>> numbers = [10, 20, 30]
>>> numbers
[10, 20, 30]

>>> numbers.insert(1, 15)
>>> numbers
[10, 15, 20, 30]
```

2.11.3　删除元素

list 元素的删除有两种不同的情况。

第一种是根据指定的位置删除 list 中的元素，这种情况我们用 pop 方法，弹出队列中指定位置的元素。如果不指定位置，最后一个元素会被弹出。

```
>>> cities = ['Beijing', 'Shanghai', 'Shenzhen', 'Wuhan']
>>> cities
['Beijing', 'Shanghai', 'Shenzhen', 'Wuhan']

>>> city = cities.pop(1)
>>> city
'Shanghai'
>>> cities
['Beijing', 'Shenzhen', 'Wuhan']

>>> city = cities.pop()
>>> city
'Wuhan'
>>> cities
['Beijing', 'Shenzhen']
```

第二种情况是根据指定的值去删除 list 中的元素，在这种情况下，我们用 remove 方法。

```
>>> nba_mvps = ['Harden', 'Westbrook', 'Curry', 'Curry', 'KD', 'James', 'James',
    'Rose', 'James', 'James']
>>> nba_mvps.remove('James')
>>> nba_mvps
['Harden', 'Westbrook', 'Curry', 'Curry', 'KD', 'James', 'Rose', 'James', 'James']
```

使用 remove 方法的时候，如果 list 中存在多个元素与指定的值相等，只有最靠前的那个元素会被移除掉，这与我们的预期可能有些差异。如果想把所有匹配的值都移除掉，我们可以用循环（后续章节会详细介绍）来完成。

```
>>> nba_mvps = ['Harden', 'Westbrook', 'Curry', 'Curry', 'KD', 'James', 'James',
    'Rose', 'James', 'James']
>>> while 'James' in nba_mvps:
...     nba_mvps.remove('James')

>>> nba_mvps
['Harden', 'Westbrook', 'Curry', 'Curry', 'KD', 'Rose']
```

2.11.4　简单排序

在以下范例 list 中，有 2010 ~ 2020 年北京的 10 月份房屋均价，很显然，它们都是数值类型。

```
>>> beijing_house_prices = [24392, 25964, 29071, 40054, 36994, 40702, 53552,
    58077, 59943, 59126, 57691]
```

list 内置了对排序的支持，用 sort 方法我们可以轻松做到升序或降序排序。

```
>>> beijing_house_prices.sort()
>>> beijing_house_prices
[24392, 25964, 29071, 36994, 40054, 40702, 53552, 57691, 58077, 59126, 59943]
>>>
>>> beijing_house_prices.sort(reverse=True)
>>> beijing_house_prices
[59943, 59126, 58077, 57691, 53552, 40702, 40054, 36994, 29071, 25964, 24392]
```

不过，对历史房价做排序的意义并不大，我们更关心的可能是其中的最高价和最低价。用 max 函数获取 list 中元素的最大值。

```
>>> max(beijing_house_prices)
59943
```

用 min 函数获取 list 中元素的最小值。

```
>>> min(beijing_house_prices)
24392
```

对于 string 类型的 list，我们也可以对它进行排序，默认情况下，是按照字母顺序排序的。

```
>>> animals = ['pig', 'dog', 'zebra', 'ape']
>>> animals
['pig', 'dog', 'zebra', 'ape']

>>> animals.sort()
>>> animals
['ape', 'dog', 'pig', 'zebra']
```

对于更复杂的组合数据类型，或者自定义类型队列的排序，我们留待后续章节再讨论。

2.11.5　更多常见操作

还是以上一节中的北京房价为例。

```
>>> beijing_house_prices = [24392, 25964, 29071, 40054, 36994, 40702, 53552,
    58077, 59943, 59126, 57691]
```

用 reverse 方法，我们可以把 list 的元素做位置反转，这样，更近年份的数据会更靠近队首。

```
>>> beijing_house_prices.reverse()
>>> beijing_house_prices
[57691, 59126, 59943, 58077, 53552, 40702, 36994, 40054, 29071, 25964, 24392]
```

用 in 关键字，我们可以判断 list 中是否存在某个元素。

```
nba_mvps = ['Harden', 'Westbrook', 'Curry', 'Curry', 'KD', 'James', 'James',
    'Rose', 'James', 'James']
>>> 'James' in nba_mvps
True
>>> 'George' in nba_mvps
False
```

list 有 count 方法，但我们一定要特别注意，count 方法是获取指定值在 list 中出现的次数，而不是 list 的长度。

```
>>> nba_mvps = ['Harden', 'Westbrook', 'Curry', 'Curry', 'KD', 'James', 'James',
    'Rose', 'James', 'James']
>>> nba_mvps.count('James')
4
```

通过 len 函数，我们可以得到 list 的长度。

```
>>> nba_mvps = ['Harden', 'Westbrook', 'Curry', 'Curry', 'KD', 'James', 'James',
    'Rose', 'James', 'James']
>>> len(nba_mvps.count)
10
```

通过"+"运算符，我们可以很容易地合并两个 list。

```
>>> list1 = [1, 2, 3]
>>> list2 = [4, 5, 6]
>>> list3 = list1 + list2

>>> list3
[1, 2, 3, 4, 5, 6]
```

通过指定下标的范围，我们可以得到一个 list 的子集。

```
>>> numbers = [1, 2, 3, 4, 5, 6, 7, 8, 9]

>>> numbers[0:3]
[1, 2, 3]

>>> numbers[:5]
[1, 2, 3, 4, 5]

>>> numbers[3:]
[4, 5, 6, 7, 8, 9]
```

list 是一种非常实用的数据类型，这种类型配合循环和条件判断的逻辑可以完成很多重复操作，我们需要对它非常熟悉。

2.11.6　遍历

遍历是指逐一访问集合中的所有元素，利用 for 和 in 关键字，我们可以很容易地实现遍历。

```
countries = ['China', 'australia', 'singapore', 'Thailand']
for country in countries:
    print(country)
```

执行结果如下:

```
China
australia
singapore
Thailand
```

在上面的例子中，部分国家名的首字母没有大写，书写不规范，我们来尝试在遍历中把这样的问题修改过来。

```
countries = ['China', 'australia', 'singapore', 'Thailand']

for country in countries:
    country = country.capitalize()
    print(country)

print()
for country in countries:
    print(country)
```

执行结果如下:

```
China
Australia
Singapore
Thailand

China
australia
singapore
Thailand
```

从结果上来看，显然大小写的问题没有被修正过来。要在遍历的过程中修改 list 中的元素，我们应该用下标来遍历。

首先，我们来了解 range 函数，它以指定的值为区间，生成一个数字序列，这个函数的第一个参数是数值区间的最小值（包含），第二个参数是最大值（不包含）。

比如 range(0, 5)，会生成一个数值序列，包含 0、1、2、3、4。

```
numbers = range(0, 5)
for number in numbers:
    print(number)
```

执行结果如下:

```
0
1
```

```
2
3
4
```

如果只提供一个参数，则 0 被默认认定为区间的最小值，提供的参数认定为最大值（不包含）。

```
numbers = range(3)
for number in numbers:
    print(number)
```

执行结果如下：

```
0
1
2
```

这个函数的返回值设计正好和 list 下标的特性比较吻合，我们可以利用这个函数来辅助遍历 list。

```
countries = ['China', 'australia', 'singapore', 'Thailand']

for index in range(len(countries)):
    countries[index] = countries[index].capitalize()

for country in countries:
    print(country)
```

执行结果如下：

```
China
Australia
Singapore
Thailand
```

2.11.7 元素类型

list 可以用于表达任何数据类型的元素序列。比如，元素类型是字符串的 list：

```
# 乐器
instruments = ["piano", "violin", "guitar", "cello"]
```

元素类型是整型数的 list。

```
# 某年的双色球
lottery_numbers = [3, 9, 15, 19, 4, 11, 17]
```

元素类型是 list 的 list。

```
coordinates = [[0, 0], [1, 0], [1, 1], [0, 1]]
```

再强调一下上面那句话：list 的元素可以是任何数据类型。一个 list 元素的数据类型不一定是一致的。

```
ages = [20, 30, '不惑', 50]
```

这在 Python 的语法里是没有问题的，只是，对于 list，我们通常是想以统一的方式来处理其中的数据。如果数据类型不同的话，程序处理逻辑会更复杂，难以编写，也难以理解和维护。

2.12　dict 基础

和 list 一样，dict（dictionary，字典）也是 Python 内置的一种容器数据类型，它的元素是键值对（Key-Value Pair）。键（key）不能重复，通过 key 可以访问相应的值（value）。

dict 用花括号来创建：

```
airports = {}
```

我们也可以在创建的时候就指定元素，在以下范例中，通过 PVG 这个 key，我们可以唯一地对应到"上海浦东国际机场"这个 value；通过 PEK 这个 key，我们可以唯一地对应到"北京首都国际机场"这个 value。

```
airports = {
    "PVG": "上海浦东国际机场",
    "PEK": "北京首都国际机场"
}
```

键值对的 value 可以是任何类型，可以是字符串、数值、布尔类型、list，还可以是 dict 类型，或者是接下来会了解到的更复杂的类型，这种灵活性让我们可以很容易地表达实际应用中的数据结构。

```
personal_info = {
    "name": "Zhang San",
    "age": 28,
    "married": False,
    "languages": ["Mandarin", "Cantonese", "English"],
    "friends": {
        "Li Si": {
            "phone": "18888888888"
        },
        "Wang Wu": {
            "phone": "18666666666",
            "city": "Shanghai"
        }
    }
}
```

2.12.1 读取

dict 是一种无序的容器数据类型，它的元素不能通过下标（位置偏移量）来访问，而是通过在中括号中指定 key 来访问。

```
airports = {
    "PVG": "上海浦东国际机场",
    "PEK": "北京首都国际机场"
}

print(airports['PVG'])
print(airports['PEK'])
```

执行结果如下：

```
上海浦东国际机场
北京首都国际机场
```

如果指定的 key 不存在，代码会出错。

```
airports['PPG']
```

执行结果如下：

```
KeyError: 'PPG'
```

要特别注意的是，字符串类型的 key 是区分大小写的。

```
airports = {
    "PVG": "上海浦东国际机场",
    "PEK": "北京首都国际机场"
}
print(airports['Pvg'])
```

执行结果如下：

```
KeyError: 'Pvg'
```

在上一节中，我们已经看到了如何定义多层嵌套的 dict。

```
personal_info = {
    "name": "Zhang San",
    "age": 28,
    "married": False,
    "languages": ["Mandarin", "Cantonese", "English"],
    "friends": {
        "Li Si": {
            "phone": "18888888888"
        },
        "Wang Wu": {
            "phone": "18666666666",
            "city": "Shanghai"
```

```
        }
    }
}
```

对于这类嵌套结构的 dict，我们可以用链式表达来访问元素。

```
print(personal_info['name'])
print(personal_info['friends']['Wang Wu']['phone'])
```

执行结果如下：

```
Zhang San
18666666666
```

2.12.2　插入和更新

我们已经知道，在创建 dict 类型数据时可以同步指定元素。

```
airports = {
    "PVG": "上海浦东国际机场",
    "PEK": "北京首都国际机场"
}
```

作为一种动态数据类型，dict 支持元素的动态更新。在 dict 对象被创建以后，我们可以插入、更新、删除元素。通过中括号操作符，我们可以读取元素，也可以插入和更新元素。

```
airports = {
    "PVG": "上海浦东国际机场",
    "PEK": "北京首都国际机场"
}

print(airports)

airports['CAN'] = "广州白云国际机场"
print(airports)
```

执行结果如下：

```
{'PVG': '上海浦东国际机场', 'PEK': '北京首都国际机场'}
{'PVG': '上海浦东国际机场', 'PEK': '北京首都国际机场', 'CAN': '广州白云国际机场'}
```

需要特别留意的是，通过中括号操作符更新元素时，如果指定的 key 不存在，则新元素被插入 dict 中；如果指定的 key 已经存在，则对应的 value 被更新。

```
airports = {
    "PVG": "上海浦东国际机场",
    "PEK": "北京首都国际机场"
}

print(airports)
```

```
airports['CAN'] = "广州白云国际机场"
print(airports)

airports['CAN'] = "广州白云国际机场场场场场"
print(airports)

airports['CAN'] = "广州白云国际机场"
print(airports)
```

利用 in 操作符，我们可以很容易地判断指定的 key 是否已经存在。

```
airports = {
    "PVG": "上海浦东国际机场",
    "PEK": "北京首都国际机场"
}

print('PVG' in airports)
print('CAN' in airports)
```

执行结果如下：

```
True
False
```

2.12.3 合并

dict 的合并思路并不复杂，根据已经掌握的关于 dict 的知识，我们可以用遍历方式很容易地做到。我们更想了解的是，有没有办法能用一行代码完成 dict 的合并？

有，可以用 dict 对象的 update 方法。

```
>>> group1 = {'A': 1, 'C': 3}
>>> group2 = {'B': 2}
>>>
>>> group1.update(group2)
>>>
>>> group1
{'A': 1, 'C': 3, 'B': 2}
>>> group2
{'B': 2}
```

从结果可以看到，update 方法会顺利合并两个 dict。如果两个 dict 含有相同的 key，则"源"字典中相应的值会被覆盖。

```
>>> group1 = {'A': 1, 'C': 3}
>>> group2 = {'B': 2, 'C': 333}
>>>
>>> group1.update(group2)
>>> group1
{'A': 1, 'C': 333, 'B': 2}
```

如果有多个 dict 需要合并，我们不能用链式表达来做到，因为 update 方法是"原地更新"，本身的返回值是 None。

```
>>> group1 = {'A': 1, 'C': 3}
>>> group2 = {'B': 2, 'C': 333}
>>> group3 = {'B': 22, 'D': 4}
>>>
>>> group1.update(group2).update(group3)
Traceback (most recent call last):
  File "<stdin>", line 1, in <module>
AttributeError: 'NoneType' object has no attribute 'update'
```

我们可以多次调用 update 方法做到。

```
>>> group1 = {'A': 1, 'C': 3}
>>> group2 = {'B': 2, 'C': 333}
>>> group3 = {'B': 22, 'D': 4}
>>>
>>> group1.update(group2)
>>> group1.update(group3)
>>> group1
{'A': 1, 'C': 333, 'B': 22, 'D': 4}
```

如果需要合并的 dict 很多，我们可以用循环来简化代码。

```
group1 = {'A': 1, 'C': 3}
group2 = {'B': 2, 'C': 333}
group3 = {'B': 22, 'D': 4}

groups_to_merge = [group2, group3]
for group in groups_to_merge:
    group1.update(group)

print(group1)
```

执行结果如下：

```
{'A': 1, 'C': 333, 'B': 22, 'D': 4}
```

利用这样方便的方法，我们可以很容易地做到字典的合并。在一些特定的情况下，我们需要对字典的合并有更多控制。比如，如果有相同的 key，我们不希望做简单的覆盖，而是希望 value 的值是两个 value 的平均值或者是两个 value 的和。要实现这样的逻辑，我们需要对 dict 的基本操作更加熟练。

2.12.4　删除

dict 元素的删除有两种方法，一种是用 del 函数，一种是用 pop 方法。

用 del 函数，我们可以删除指定的 dict 中的元素。

```
airports = {
    "PVG": "上海浦东国际机场",
    "PEK": "北京首都国际机场"
}

del(airports['PVG'])
print(airports)
```

执行结果如下：

```
{'PEK': '北京首都国际机场'}
```

要留意的是，如果指定的 key 不存在，del 函数会执行出错。

```
airports = {
    "PVG": "上海浦东国际机场",
    "PEK": "北京首都国际机场"
}

del(airports['CAN'])
```

执行结果如下：

```
KeyError: 'CAN'
```

要避免这种类型的错误，我们可以加上如下判断条件。

```
airports = {
    "PVG": "上海浦东国际机场",
    "PEK": "北京首都国际机场"
}

airport_code = 'CAN'
if airport_code in airports:
    del(airports[airport_code])
```

删除 dict 元素的另外一种方式是通过 dict 类型对象的 pop 方法。

```
airports = {
    "PVG": "上海浦东国际机场",
    "PEK": "北京首都国际机场"
}

airport_code = 'CAN'
if airport_code in airports:
    airports.pop(airport_code)
```

与 del 函数有所不同的是，用 pop 方法删除元素的时候，被删除的元素的 value 会被方法返回。

```
airports = {
    "PVG": "上海浦东国际机场",
    "PEK": "北京首都国际机场"
```

```
}

airport_code = 'PVG'
airport_name = airports.pop(airport_code)
print(airport_name)
```

执行结果如下：

上海浦东国际机场

dict 还支持 clear 方法，用于把所有元素清除。

```
airports = {
    "PVG": "上海浦东国际机场",
    "SZX": "深圳宝安国际机场"
}

print(airports)
airports.clear()
print(airports)
```

执行结果如下：

```
{'PVG': '上海浦东国际机场', 'SZX': '深圳宝安国际机场'}
{}
```

要清空 dict 的所有元素，我们也可以通过如下简单的赋值完成。

```
airports = {
    "PVG": "上海浦东国际机场",
    "SZX": "深圳宝安国际机场"
}

print(airports)
airports = {}
print(airports)
```

执行结果如下：

```
{'PVG': '上海浦东国际机场', 'SZX': '深圳宝安国际机场'}
{}
```

2.12.5　遍历

dict 的键值对设计，让我们可以通过 key 快速精准地定位到对应的 value。但是，有很多场景，我们还是需要遍历整个数据集。

比如，有如下所示一个字典对象。

```
players = {
    "001": {
        "name": "Harden",
```

```
        "id": "001",
        "position": "point guard"
    },
    "002": {
        "name": "Davis",
        "id": "002",
        "position": "center"
    },
    "003": {
        "name": "Leonard",
        "id": "003",
        "position": "forward"
    },
    "004": {
        "name": "Curry",
        "id": "004",
        "position": "point guard"
    }
}
```

用 for 和 in，我们可以遍历字典。

```
for player in players:
    print(player)
```

执行结果如下：

```
001
002
003
004
```

从结果上来看，for/in 遍历到的是字典的 key 的集合，从这个角度来看，以上代码中的 "player" 变量的命名是欠妥当的，会引起一些误解，应该用更合理的变量名来改进这段代码。

```
for player_id in players:
    print(player_id)
```

执行结果如下：

```
001
002
003
004
```

或者用 dict 的 keys 方法，来更明显地表明变量的意义。

```
for player_id in players.keys():
    print(player_id)
```

根据遍历中得到的 key，我们可以得到 value。

```
for player_id in players:
    print(player_id, ':', players[player_id]['name'])
```

执行结果如下：

```
001 : Harden
002 : Davis
003 : Leonard
004 : Curry
```

这种遍历方式很简单，但是在循环体中，我们需要根据 key 得到 value，这会让代码的可读性受到一些损害。字典的 items 方法可以让遍历的代码看起来更直观一点。

```
for player_id, player in players.items():
    print(player_id, ':', player['name'])
```

执行结果如下：

```
001 : Harden
002 : Davis
003 : Leonard
004 : Curry
```

如果我们不在乎 key，想更轻松地得到 value，有没有更简洁的方法？

我们刚刚看过 dict 的 keys 方法，这个方法可以得到 key 的集合，因此应该有一个相应的 values 方法。

```
for player in players.values():
    print(player['id'])
```

在学习的过程中，如果能从 keys 方法主动去联想和尝试 values 方法，我们就可以更加快速地了解这门编程语言，这是程序员应该掌握的学习方法。

2.12.6　key 的选择

我们已经了解了用字符串作为 key 的情况。数值类型作为 key 的情况也是合法的。

```
students = {
    1: {
        "name": "Liu",
        "id": "123456"
    },
    2: {
        "name": "Xu",
        "id": "123457"
    }
}


print(students[1])
```

执行结果如下：

```
{'name': 'Liu', 'id': '123456'}
```

但是，合法的不一定就是合理的。key 的作用是让我们可以精准定位想要找的 value，所以，一个合理的 key 应该具有以下特点。

- 唯一性，一个 key 应该唯一对应一个 value。
- 代表性，key 在逻辑上应该能代表一个 value。比如，学号可以作为学生信息的 key，身份证号可以作为身份信息的 key。顺序递增的序列号作为 key 就不是很合适，虽然它具有唯一性。

所以，以上的例子写成如下形式更加合理。

```
students = {
    "123456": {
        "name": "Liu",
        "id": "123456"
    },
    "123457": {
        "name": "Xu",
        "id": "123457"
    }
}

print(students)
```

执行结果如下：

```
{'123456': {'name': 'Liu', 'id': '123456'}, '123457': {'name': 'Xu', 'id': '123457'}}
```

在以上的例子中，学号作为 key 是合理的，因为它是唯一的，并且具有学生信息的代表性。学生姓名虽然很具有代表意义，但是我们无法保证它的唯一性，因为一个班级可能有 3 个"陈子涵"，可能有 5 个"张馨月"。

Key 的选择不仅关乎代码的合法性，更关乎逻辑的合理性。

2.13　循环

循环是编程语言很重要的特性，是指在指定条件被满足的情况下反复地执行一组代码，直到条件不满足为止。计算机擅长处理大量的数据，可以一次次把一组相同或类似的逻辑应用到类似的数据上，配合条件判断，我们就可以设计出具有强大处理能力的代码。

Python 支持两种常见的循环方式：一种是 while 循环，另一种是 for 循环。

2.13.1　while 循环

while 语句会检查一个（或者一组）判断条件，如果结果为 True，相应的代码块会被执行，执行结束之后重新开始新一轮的判断；如果判断的结果继续为 True，则循环继续，否则循环终止。

在数学中，一个正整数的阶乘是所有小于及等于该数的正整数的积，0 的阶乘为 1，自然数 n 的阶乘写作 $n!$。我们看看如何用 while 循环计算指定的正整数的阶乘。

```
def factorial(n):
    result = 1
    while n >= 1:
        result = result * n
        n = n - 1

    return result

print(factorial(5))
```

执行结果如下：

```
120
```

这个函数有很多需要改进的地方，比如不能计算 0 的阶乘、没有容错机制，等等，但是我们可以从这段简化的逻辑中清楚 while 的用法。

while 循环的判断条件，可以直接设置为 True，这样我们就可以做到无限次的循环。

```
while True:
    name = input('\nWhat is your name?\n')
    print('Hi ' + name + '!')
```

执行结果如下：

```
What is your name?
Mac
Hi Mac!

What is your name?
Ema
Hi Ema!

What is your name?
```

这种做法在一些需要长期运行的程序中比较常见。但有些时候，我们的本意并不是要做无限循环，而是因为疏忽，忘记更新条件值，造成条件判断一直为 True，形成无限循环，造成 bug。

2.13.2　for 循环

while 循环会给人压力，因为总是需要回答一个问题：还要做下一轮循环吗？这是容易出错的地方，经常出现无限循环、少循环一次或者多循环一次、地址越界等问题。

而 for 循环不会给我们这个压力，因为它通常用于确定的集合，会自动帮我们确认是否需要进行下一轮循环。来看以下简单的演示代码。

```
mvps = ['Harden', 'Westbrook', 'Curry', 'Curry', 'KD', 'Lebron', 'Lebron',
    'Rose', 'Lebron', 'Lebron', 'Kobe', 'Nowitzki']
for mvp in mvps:
    print(mvp)
```

执行结果如下：

```
Harden
Westbrook
Curry
Curry
KD
Lebron
Lebron
Rose
Lebron
Lebron
Kobe
Nowitzki
```

for 循环也可以用于 dict 对象和类对象的遍历。

```
mvp_candidates = {
    "2017-2018": ["Harden", "Lebron", "David"],
    "2016-2017": ["Westbrook", "Harden", "Leonard"],
    "2015-2016": ["Curry", "Leonard", 'Lebron']
}

for key, value in mvp_candidates.items():
    print(key, ":")
    print(value)
```

执行结果如下：

```
2017-2018 :
['Harden', 'Lebron', 'David']
2016-2017 :
['Westbrook', 'Harden', 'Leonard']
2015-2016 :
['Curry', 'Leonard', 'Lebron']
```

2.13.3　多重循环

循环可以嵌套，嵌套的循环被称为多重循环。

比如，麻将有 1 ~ 9 万，有 1 ~ 9 饼，有 1 ~ 9 条，我们想用简洁的代码把它们一一列举出来。先把 1 ~ 9 这 9 个数字列举出来。

```
for num in range(1, 10):
    print(num)
```

执行结果如下：

```
1
2
3
4
5
6
7
8
9
```

针对每个数值，麻将都有相应的"万""饼""条"，这又可以构成一重嵌套的循环。

```
for num in range(1, 10):
    for category in ['万', '饼', '条']:
        id = str(num) + category
        print(id)
    print()
```

输出结果如下（为了节省篇幅，部分输出内容被截掉）。

```
1万
1饼
1条

2万
2饼
2条

3万
3饼
3条
```

循环还可以有更多重嵌套，但是这样的代码执行效率很低，而且，层次结构太深的代码可读性比较差，应该尽量避免。

比如，有两个 list，分别是 python_students 和 java_students。其中，python_students 包含了选修 Python 课程的学生信息，java_students 包含了选修 Java 课程的学生信息，我们想知道哪些学生没有选修 Java，只选修了 Python。

要得到答案，我们需要遍历 python_students。在每次循环中，针对得到的元素，对应学生的学号，然后针对 java_students 进行嵌套的遍历，来确认该学生是不是也选修了 Java。

这样的设计在逻辑上是可行的，只是执行效率低。针对这样的情况，我们应该考虑用更合适的数据结构，比如，把 python_students 设计成字典而不是 list，用学生的 id 作为 key，这样，后续的很多操作就会简洁而高效。

2.13.4 循环的终止

循环让我们可以遍历一个集合。在很多情况下，遍历的目的是搜索和过滤某些特定的情况，在条件满足的时候，我们会结束循环。结束循环有一些细分的情况，对应的代码逻辑也会有差异，我们来逐一分析。

质数（prime number）是指一类特别的正整数，除了 1 和该数自身以外，它们不能被其他自然数整除。用代码来判断一个数是不是质数，最简单的思路就是用循环。

```python
num = 102
print("Is '{}' a prime number?".format(num))
is_prime_number = True
for dividend in range(2, num):
    if num % dividend == 0:
        print(' - {}'.format(dividend))
        is_prime_number = False

print(is_prime_number)
```

执行结果如下：

```
Is '102' a prime number?
 - 2
 - 3
 - 6
 - 17
 - 34
 - 51
False
```

这段代码可以准确判断出 102 不是质数，因为它可以分别被 2、3、6、17、34、51 整除。要证明一个数不是质数，我们只需要找到一个可以整除它的数（除了 1 和它自身）就足够了。在找到了第一个这样的被除数以后，循环就没有必要继续了，在这种情况下，我们应该用 break 把后续的循环全部取消。

```python
num = 102
print("Is '{}' a prime number?".format(num))

is_prime_number = True
```

```
for dividend in range(2, num):
    if num % dividend == 0:
        is_prime_number = False
        print(' - {}'.format(dividend))
        break

print(is_prime_number)
```

执行结果如下：

```
Is '102' a prime number?
 - 2
False
```

以上代码比较凌乱，我们可以设计一个函数，专门用于判断指定的数是不是质数。

```
def is_prime_number(num):
    is_prime_number = True
    for dividend in range(2, num):
        if num % dividend == 0:
            is_prime_number = False
            break

    return is_prime_number
```

重构后的函数也可以工作，只是在这种简单的循环函数中，我们可以用 return 来让代码更简化。

```
def is_prime_number(num):
    for dividend in range(2, num):
        if num % dividend == 0:
            return False

    return True
```

在以上范例中，我们不再创建额外的布尔类型变量，而是在发现第一个这样的整除数时，函数就返回布尔值 False，表明这不是质数。如果整个循环都结束了都没有找到这样的整除数，函数就返回 True，表明这是一个质数。

严格来说，return 关键字并不是专门为循环设计的，而是为函数设计的，但是在一些包含循环逻辑的函数中，我们可以用 return "立刻返回" 的特性来结束循环。

基于以上代码，我们来看一个新的问题：有一个整数 list，需要把其中的所有质数挑选出来，打印在屏幕上。很显然，我们需要用到循环逻辑，在遍历过程中，如果某个数不是质数，不需要对它做进一步处理，但是后续的循环还要继续，还要判断 list 中的其他数是不是质数。在这种情况下，我们需要用到 continue 关键字。

```
numbers = [101, 102, 103, 200, 29, 31, 301]
for num in numbers:
```

```
    if not is_prime_number(num):
        continue

    print('{} is prime number'.format(num))
```

一次循环迭代涉及的逻辑很可能不止一个步骤。在循环迭代中，continue 表示跳过本次循环迭代的后续步骤开始下一个循环迭代。

接下来，我们看一个更复杂的问题。给定一个如下所示的二维 list。

```
number_matrix = [
    [101, 102, 103],
    [787, 773, 751],
    [301, 307, 317],
    [721, 723, 743]
]
```

这个二维 list 的每一个元素都是一个整型数 list，我们想把其中每个元素都是质数的子 list 挑选出来，这需要用到多重循环。

```
def get_prime_lists(number_lists):
    prime_lists = []
    for numbers in number_lists:

        non_prime_number_found = False
        for num in numbers:
            if not is_prime_number(num):
                print(' - {} is not a prime number in {}'.format(num, numbers))
                non_prime_number_found = True
                break

        if non_prime_number_found:
            continue

        prime_lists.append(numbers)

    return prime_lists
```

执行结果如下：

```
 - 102 is not a prime number in [101, 102, 103]
 - 301 is not a prime number in [301, 307, 317]
 - 721 is not a prime number in [721, 723, 743]
[787, 773, 751]
```

从结果来分析程序逻辑，我们可以看到：在多重循环中使用的 break 语句，只会结束它直接所在的那一层循环，不会影响更外层的循环逻辑。

以上代码主要演示的是循环的控制，对于质数的判断逻辑不够严谨，读者可以自行改进。

2.13.5　递归

从前有座山，山上有座庙，庙里有一个老和尚和一个小和尚。有一天，老和尚给小和尚讲故事："从前有座山，山上有座庙……"

这个古老的故事里蕴含着一个现代的编程思想：递归（recursion）。递归是循环的一种，它的表现形式是函数调用自身。来看以下最简单的递归调用。

```
def func1():
    # do something...

    # call itself
    func1()
```

如果只是简单重复地无限次调用自身，程序会把内存耗尽。实际的应用中，递归函数是在一定条件下才调用自身，当这个条件不满足的时候，递归就会终止。

我们已经知道如何用 while 循环来计算阶乘，接下来，我们来看如何用递归来实现。自然数 n 的阶乘写作 $n!$，根据阶乘的特性，我们可以知道 $n! = n \times (n-1)!$。

用 Python 代码表达如下。

```
def factorial(n):
    if n in [0, 1]:
        return 1

    return n * factorial(n-1)
print(factorial(5))
```

执行结果如下：

```
120
```

这个实现逻辑也不够严谨，但是我们可以看到递归的魔力，它的代码非常简洁，运用得当的话，我们可以写出简单优雅的代码。

2.14　异常

程序和代码会出错，所出的差错也不相同。

有些错误的发生是因为代码写得不够细心，比如，把调用函数的函数名写错了，或者提供了错误的参数，或者变量名写错了大小写等问题的发生，是粗心造成的。

但是，还有一些情况是可能发生、无法避免且无法预测什么时候发生的。比如，我们尝试到硬盘上读取一个文件，但是这个文件不存在，或者文件是损坏的，或者访问账号的权限被意外取消了；我们想访问一个网址，但是网址不存在，或者网络意外瘫痪了；我们让用户输入他们的年龄的数值，结果有人输入"你猜"这类问题，代码逻辑无法处理，如果没有合适的机制介入，程序就会崩溃，无法进行任何后续的逻辑处理。

我们无法避免异常的发生，但是可以在异常发生的时候做好相应的善后处理，也就是异常处理。

代码无法处理的问题，在业务逻辑中不一定是很严重的问题。比如，根据路径去读取一个不存在的文件，这对于代码来说是无法处理的问题，会抛出异常，但是这对于业务逻辑来说，有可能并不是什么大不了的事情。代码本身并不会为我们做决定，它只会忠实地把处理不了的情况呈现出来，让程序员来决定该如何"救场"。

程序崩溃会让开发人员和用户都很难堪。对于开发人员来说，这意味着代码对于可能出现的某些问题连基本的处理都没有，暴露出了思路不周全的问题。对于用户来说，可能需要重新启动程序，可能会有数据丢失，并且，程序崩溃的信息对于用户来说可能没有任何帮助。有了异常处理的机制，我们有了善后和抢救的机会，并且可以把业务逻辑和异常处理逻辑分开，便于阅读和代码维护。

而对于自动化测试而言，异常和异常处理更是非常重要的一个方面，因为这关系到如何确定一个测试用例的执行结果是成功还是失败。

2.14.1 基本语法

当我们在浏览器里尝试访问不存在的网址时，浏览器会报错，告诉我们地址不存在。当我们用 Python 代码尝试访问不存在的网址时，代码也会报错。

用 requests 模块，成功访问 bing.com：

```
>>> import requests
>>> requests.get('http://www.bing.com')
<Response [200]>
```

访问一个不存在的网址 http://www.bingbingbangbang.com，有异常发生：

```
>>> requests.get('http://www.bingbingbangbang.com')
Traceback (most recent call last):
......
    r = adapter.send(request, **kwargs)
  File "/Library/Frameworks/Python.framework/Versions/3.8/lib/python3.8/site-
      packages/requests/adapters.py", line 508, in send
    raise ConnectionError(e, request=request)
requests.exceptions.ConnectionError: HTTPConnectionPool(host='www.
    bingbingbangbang.com', port=80): Max retries exceeded with url: / (Caused by
    NewConnectionError('<urllib3.connection.HTTPConnection object at
    0x1018a1128>: Failed to establish a new connection: [Errno 8] nodename nor
    servname provided, or not known',))
```

这只是截取后的片段，原始的错误信息更冗长。在很多应用场合，我们并不想看到这么具体的错误信息，更不想让程序就此崩溃，我们只是想知道网址是否可以正确访问。比如，hao123.com 网站页面聚合了大量的网址链接，如果想知道其中是否有异常链接，我们可以逐一访问检测，但是如果有访问异常发生，我们不希望程序崩溃，不希望后续的检测被影响。

我们来尝试用异常处理来重构代码，把可能出错的代码放在 try 代码块中，把错误处理的逻辑放在 except 代码块中，异常发生的时候会被捕获，程序执行会立刻转到 except 代码块中。

```
try:
    do_something()
except:
    print("Something bad happened")
```

用异常处理来重构网页的访问。

```
import requests

urls = [
    'http://www.bing.com',
    'http://www.bingbingbangbang.com',
    'http://www.yahoo.com'
]

for url in urls:
    try:
        requests.get(url)
        print('SUCCESS:', url)
    except:
        print('FAILED: ', url)
```

执行结果如下：

```
SUCCESS: http://www.bing.com
FAILED:  http://www.bingbingbangbang.com
SUCCESS: http://www.yahoo.com
```

通常情况下，我们会用 except...as 捕获异常对象，获取具体的错误信息，以便后续排查分析。

```
variables = ['11', '-12', '33.3', '二十一']

for variable in variables:
    try:
        int_variable = int(variable)
    except Exception as err:
        print('Failed in casting "{}" to integer'.format(variable))
```

```
        print(err)
    print()
```

执行结果如下：

```
Failed in casting "33.3" to integer
invalid literal for int() with base 10: '33.3'

Failed in casting "二十一" to integer
invalid literal for int() with base 10: '二十一'
```

当异常发生的时候，try 代码块里出错点以后的代码都不会被执行，程序执行逻辑会转到 except 代码块里面去。

```
try:
    print('aa')
    print('bb')
    c = 12 + '21'
    print('dd')
except:
    print('error happened!!!')
```

执行结果如下：

```
aa
bb
error happened!!!
```

我们可以用 finally 来指明 try/except 之后执行的逻辑，不管有没有异常发生，finally 中的代码都会被执行。比如，在建立了数据库连接之后执行查询操作，不管查询操作是不是有异常发生，我们都希望在查询操作结束之后把数据库连接关掉，这种情况可以在 finally 代码块中执行关闭数据库连接的操作。

```
try:
    print('aa')
    print('bb')
    c = 12 + '21'
    print('dd')
except:
    print('error happened!')
finally:
    print('It is over anyway')
```

执行结果如下：

```
aa
bb
error happened!
It is over anyway
```

2.14.2　异常的类型

给定一个值，比如 9527，我们可以说这是一个实数，也可以说是一个整数，还可以更具体地说是一个正整数。更具体的类型可以更精确地描述数值的特征。

与此类似，对于异常，Python 也设计了一系列的内置类型，这些类型之间有层次关系，如图 2-3 所示。层次分明的细分异常类型可以帮助我们更好地理解到底发生了什么。

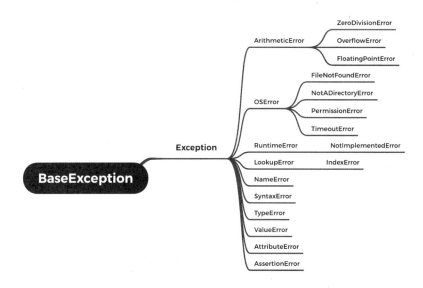

图 2-3　常见的异常类型和它们的层次关系

我们来尝试运行一些异常的代码，看看 Python 抛出的异常类型和给出的异常信息。

除数为 0 的数学计算，产生 ZeroDivisionError。

```
>>> 3 / 0
ZeroDivisionError: division by zero
```

尝试打开不存在的文件，产生 FileNotFoundError。

```
>>> open('do_not_exist.txt')
FileNotFoundError: [Errno 2] No such file or directory: 'do_not_exist.txt'
```

字符串和整型数相加，产生 TypeError。

```
>>> 123 + '123'
TypeError: unsupported operand type(s) for +: 'int' and 'str'
```

访问未经声明的变量，产生 NameError。

```
>>> print(abc)
Traceback (most recent call last):
    File "<stdin>", line 1, in <module>
```

```
NameError: name 'abc' is not defined
```

访问不存在的下标位置，产生 IndexError。

```
>>> chars = ['a', 'b', 'c']
>>> chars[9]
IndexError: list index out of range
```

2.14.3　捕获特定类型的异常

细分异常类型的存在，不仅可以让我们更准确地描述异常，还可以针对不同的类型进行不同的处理。在捕获异常的时候，我们可以指定特定的异常类型。

我们来设计一段代码：输入一个下标值，代码根据下标取出 list 中相应的元素，判断这个元素是否是奇数还是偶数。

```
def is_even_number(num_list, index):
    number = num_list[index]
    if number % 2 == 0:
        print('{} at position {} is even'.format(num_list[index], index))
        return True
    else:
        print('{} at position {} is odd'.format(num_list[index], index))
        return False
```

很显然，当指定的下标超出范围时，会有异常（IndexError 类型）发生。

```
numbers = [21, 33, 34, 2, 99, 98]
is_even_number(numbers, 100)
```

执行结果如下：

```
IndexError: list index out of range
```

当这类异常发生的时候，我们不希望程序就此崩溃，而是给用户一个清晰的提示。

```
def is_even_number(num_list, index):
    try:
        number = num_list[index]
        if number % 2 == 0:
            print('{} at position {} is even'.format(num_list[index], index))
            return True
        else:
            print('{} at position {} is odd'.format(num_list[index], index))
            return False
    except IndexError:
        print("ERROR: Invalid index {}".format(index))
        return False

numbers = [21, 33, 34, 2, 99, 98]
```

```
is_even_number(numbers, 100)
is_even_number(numbers, 2)
```

执行结果如下：

```
ERROR: Invalid index 100
34 at position 2 is even
```

如果 list 的值发生了变化，混入了一个字符串"奸细"。很显然，这个字符串不能进行数学计算。在这种情况下，我们可以设计多个 except 逻辑，分别针对不同的异常类型进行处理。

```
def is_even_number(num_list, index):
    try:
        number = num_list[index]
        if number % 2 == 0:
            print('{} at position {} is even'.format(num_list[index], index))
            return True
        else:
            print('{} at position {} is odd'.format(num_list[index], index))
            return False
    except IndexError:
        print("IndexError: Invalid index {}".format(index))
        return False
    except TypeError:
        print("TypeError: Invalid value {} at index {}".format(number, index))
        return False

numbers = [21, 33, '66', 34, 2, 99, 98]
is_even_number(numbers, 100)
is_even_number(numbers, 3)
is_even_number(numbers, 2)
is_even_number(numbers, 1)
```

执行结果如下：

```
IndexError: Invalid index 100
34 at position 3 is even
TypeError: Invalid value 66 at index 2
33 at position 1 is odd
```

如果不同类型的异常对应的异常处理逻辑是相同的，我们可以将处理逻辑合并，归总到一个 except 语句中。

```
def is_even_number(num_list, index):
    try:
        number = num_list[index]
        if number % 2 == 0:
            print('{} at position {} is even'.format(num_list[index], index))
            return True
```

```
        else:
            print('{} at position {} is odd'.format(num_list[index], index))
            return False
    except (IndexError, TypeError):
        print("Invalid data!")
        return False

numbers = [21, 33, '66', 34, 2, 99, 98]
is_even_number(numbers, 100)
is_even_number(numbers, 3)
is_even_number(numbers, 2)
is_even_number(numbers, 1)
```

执行结果如下：

```
Invalid data!
34 at position 3 is even
Invalid data!
33 at position 1 is odd
```

我们已经知道，异常类型有层次关系，比如，ZeroDivisionError 是一种具体的 ArithmeticError 类型，而 ArithmeticError 是一种具体的 Exception 类型。如果一个 try 语句对应多个 except 分支，Python 会根据分支的前后顺序依次判断类型，最先匹配的分支会被处理，后续的分支判断会被忽略，也就是说，最多只会有一个 except 的分支会得到处理。

在这个例子中，被抛出的异常被截获，进入 ArithmeticError 类型的逻辑分支被处理。

```
try:
    print(3 / 0)
except ArithmeticError:
    print('ArithmeticError happened')
except Exception:
    print('Exception happened')
```

执行结果如下：

```
ArithmeticError happened
```

如果我们调整 except 分支的顺序，把 Exception 类型的分支放在前面，因为 ZeroDivisionError 是 Exception 类型，所以程序逻辑会进入 Exception 的分支，后续更具体的 ArithmeticError 分支就没有机会得到处理。

```
try:
    print(3 / 0)
except Exception:
    print('Exception happened')
except ArithmeticError:
    print('ArithmeticError happened')
```

执行结果如下：

```
Exception happened
```

2.14.4　主动抛出异常

有一些情况在代码层面是没有问题的，但是在业务逻辑层面有严重的问题，在这种情况下我们可以主动地、显式地抛出异常。

比如，在统计学生成绩的时候，我们可以用浮点数来接收用户的输入。–10 是一个合法的整数值，在代码层面完全没有问题，但是在业务逻辑和应用场景来看就有问题，为什么学生的成绩会是负数？最差的情况不就是零分吗？当这种情况发生的时候，我们可以主动抛出异常。

```
points = [88, 90, 95, -2, 100]
for point in points:
    if point < 0:
        raise Exception('Point must be >= 0, but "{}" is not'.format(point))
```

执行结果如下：

```
Exception: Point must be >= 0, but "-2" is not
```

异常抛出的语法部分并不难，难点在于错误信息的编写和错误类型的确定。异常信息需要用心写，让人清晰地知道为什么出错。

我们可以看以下两个异常信息，比较优劣。

```
Exception: Point must be >= 0, but "-2" is not
Exception: Illegal point
```

异常信息在一定程度上具有代码注释的作用，会在错误排查的时候起到关键作用。但是，很多程序员在写代码的时候没有花心思把异常信息写得更具体，导致在后续排查错误的时候更多的精力耗费，这实在是得不偿失。

异常类型需要用心选择，不要一味地用最常见的 Exception 类型（这在项目实践中是普遍存在的现象），而是需要尽可能准确地反映错误的类型。

```
Exception: Point must be >= 0, but "-2" is not
ValueError: Point must be >= 0, but "-2" is not
```

异常类型的选择和错误信息的设计，都是为了能更清晰、更准确地描述出现的问题，让后续的调试排查能更快、更精准地定位问题，从而提高解决问题的效率。这是体现在代码之外的软实力，是成为优秀的工程师必须具备的能力和习惯。

2.15　断言

在软件工程实践中，"断言"是一个经常被曲解的专业词汇，在不同的语境中有不同的含义，主要有三种情况：

- assertion，自然语言中的"断言""断定"。
- AssertionError，Python 语言中一种异常类型。
- assert，Python 语言的一个关键字。

2.15.1　assertion

断言（assertion），在自然语言的交流中，是指"非常有信心的、明确的肯定"，比如：

- 学生的大学英语四级考试分数不应该小于 0。
- 人类的身高不会大于 3m。
- 三角形两边长度之和大于第三边。
- 高考考生双一流大学的录取比例不可能高于 1（100%）。
- 人类一天最多走 15 万步。（请特别留意这一条，断言的内容并不一定是"物体速度不可能超过光速"这样的宇宙真理，也可以是某个具体的问题域的安全设定，即使这个设定在某些极端情况下会被打破。）

这些断言可能是生活中的常识，或者是某个应用领域的基本共识，甚至是某个小的组织达成的小范围内的一致认定。

那这和编程有什么关系呢？

在实际的软件应用场景中，业务逻辑很可能比较复杂，需要经过很多计算和处理步骤，每个步骤都是基于之前步骤的阶段性结果，最后得到最终结果。但是，如果某个中间步骤的阶段性结果出错了，继续后续的处理就没有意义了。所以，每个步骤开始之前，我们都希望程序逻辑和数据处于一个合理的状态，不要有显而易见的意外。

但是，很多意外是应用逻辑上的意外，在代码层面并没有问题。比如，在统计高考考生录取数据的时候，我们可以用一个浮点数来表示双一流大学的录取比例。

```
admission_ratio_double_a = calculate_double_a_admission(scores)
```

如果这个函数计算过程有 bug，返回的结果是浮点数"1.1"，这显然不合常理。但是，从代码的角度来看，这是一个再正常不过的浮点数了。如果接下来我们基于这个结果计算非双一流大学的录取比例，会得到一个负数值，这就更加不合理了。

我们希望每个步骤都是基于合理的起始状态，在编程语言中，我们用断言来进行这样的确认操作。

2.15.2　AssertionError

我们已经知道了异常有不同的类型，这些类型之间有层次关系，断言错误（Assertion-Error）是一种 Python 内置的异常类型。

```
>>> err = AssertionError()
>>> isinstance(err, Exception)
True
```

我们也可以主动抛出这种异常。

```
>>> raise AssertionError('caution, something abnormal!')
Traceback (most recent call last):
  File "<stdin>", line 1, in <module>
AssertionError: caution, something abnormal!
```

和其他常见的异常类型相比，断言错误这种类型主要用于表达业务逻辑上的异常，而非代码层面的异常。

```
student_info = {
    "id": "001",
    "age": 5
}

if student_info['age'] < 6:
    raise AssertionError('The minimal age of a student is 6')
```

2.15.3　assert

在上一节中，我们举了一个如下简单的例子。

```
if student_info['age'] < 6:
    raise AssertionError('The minimal age of a student is 6')
```

在实际编程中，断言的主要应用场景是确认系统逻辑状态的正确性，并不参与业务逻辑的处理。所以，如果断言的代码语句能尽可能简洁的话，对正常的业务逻辑代码的干扰就更小，代码的可读性就可以更高。

使用 assert 关键字，我们可以用更简洁的代码实现断言检查。在 assert 语句后接期望的正常状态的逻辑表达式，如果这个逻辑表达式的结果为 True，程序继续执行；如果结果为 False，则有 AssertionError 断言错误被抛出。

```
assert student_info['age'] >= 6
```

执行结果如下：

```
Traceback (most recent call last):
  File "/Users/mxu/Workspace/codes/assertion_demo.py", line 7, in <module>
```

```
    assert student_info['age'] >= 6
AssertionError
```

任何逻辑判断表达式都可以用于 assert 语句。比如，断定 condition_2 应该为 True，如果不是这样，就抛出一个断言错误。

```
assert condition_2
```

断定 condition_3 不应该为 True，如果它为 True，那就抛出一个断言错误。

```
assert not condition_3
```

在写 assert 表达式的时候，在逻辑判断表达式之后，我们可以加上相应的描述信息。描述信息部分在语法上不是必需的，但是我们尽量不要省略，因为在错误排查的时候，这样的信息是非常有帮助的。

```
assert student_info['age'] >= 6, 'Minimal age of a student is 6'
```

执行结果如下：

```
Traceback (most recent call last):
  File "/Users/mxu/Workspace/codes/assertion_demo.py", line 7, in <module>
    assert student_info['age'] >= 6, 'Minimal age of a student is 6'
AssertionError: Minimal age of a student is 6
```

在软件程序中，断言表达式可看作是一种更为强大的代码注释，因为它不仅澄清了我们期望的程序状态，而且 Python 解释器还可以帮助我们检查这样的期望状态。在自动化测试代码中，断言表达式更是有着核心的地位（后续章节会介绍），需要我们好好掌握。

2.16　pip 的基础用法

Python 如此流行的原因之一是有活跃的社区支持，有大量优秀的模块被创建和维护，让 Python 能够更好地应用于不同的编程场景。Python 的官方内置模块数量有限，对于更多的非自带的第三方模块，我们需要有方便的方式去管理，进行安装、卸载、升级等操作。

pip 是 Python 官方推荐的模块管理程序。从 Python 3.4 开始，pip 就随着 Python 被一起安装，对应的版本是 pip3。

打开命令行，输入 pip3，我们可以看到如下类似的信息。注意，不是在 Python 的交互式解释器中运行 pip3，而是在操作系统的命令行里运行，因为 pip 是一个独立的程序。

```
C02TM1XKGTFL:~ mxu$ pip3
Usage:
  pip3 <command> [options]
Commands:
  install                     Install packages.
```

```
download                    Download packages.
uninstall                   Uninstall packages.
freeze                      Output installed packages in requirements format.
list                        List installed packages.
show                        Show information about installed packages.
check                       Verify installed packages have compatible dependencies.
config                      Manage local and global configuration.
search                      Search PyPI for packages.
wheel                       Build wheels from your requirements.
hash                        Compute hashes of package archives.
completion                  A helper command used for command completion.
help                        Show help for commands.
General Options:
 -h, --help                 Show help.
 --isolated                 Run pip in an isolated mode, ignoring
                            environment variables and user configuration.
 -v, --verbose              Give more output. Option is additive, and can be
                            used up to 3 times.
 -V, --version              Show version and exit.
 -q, --quiet                Give less output. Option is additive, and can be
                            used up to 3 times (corresponding to WARNING,
                            ERROR, and CRITICAL logging levels).
 --log <path>               Path to a verbose appending log.
 --proxy <proxy>            Specify a proxy in the form
                            [user:passwd@]proxy.server:port.
 --retries <retries>        Maximum number of retries each connection should
                            attempt (default 5 times).
 --timeout <sec>            Set the socket timeout (default 15 seconds).
 --exists-action <action>   Default action when a path already exists:
                            (s)witch, (i)gnore, (w)ipe, (b)ackup, (a)bort).
 --trusted-host <hostname>  Mark this host as trusted, even though it does
                            not have valid or any HTTPS.
 --cert <path>              Path to alternate CA bundle.
 --client-cert <path>       Path to SSL client certificate, a single file
                            containing the private key and the certificate
                            in PEM format.
 --cache-dir <dir>          Store the cache data in <dir>.
 --no-cache-dir             Disable the cache.
 --disable-pip-version-check
                            Don't periodically check PyPI to determine
                            whether a new version of pip is available for
                            download. Implied with --no-index.
 --no-color                 Suppress colored output
```

查看 pip 的版本。

```
C02TM1XKGTFL:~ mxu$ pip3 --version
pip 18.1 from /Library/Frameworks/Python.framework/Versions/3.6/lib/python3.6/
    site-packages/pip (python 3.6)
```

让 pip 工具升级到更新的版本。

```
pip3 install --upgrade pip
```

接下来，我们通过实例来了解 pip 工具的常见用法。有一个著名的模块，叫作 beautiful-soup4，是解析网页的利器，如果我们想使用它，首先需要安装它。

```
pip3 install beautifulsoup4
```

通过这个命令，beautifulsoup4 模块当前最新的版本被安装。

查看是否已经安装了 beautifulsoup4。

```
pip3 show beautifulsoup4
Name: beautifulsoup4
Version: 4.8.2
Summary: Screen-scraping library
Home-page: http://www.crummy.com/software/BeautifulSoup/bs4/
Author: Leonard Richardson
Author-email: leonardr@segfault.org
License: MIT
Location:
/Library/Frameworks/Python.framework/Versions/3.8/lib/python3.8/site-
    packages
Requires: soupsieve
Required-by:
```

列举出所有已安装的 package。

```
pip3 list
```

卸载已安装的 package。

```
pip3 uninstall -y beautifulsoup4
```

通过 pip，我们可以很方便地管理第三方 Python 模块。在 pip 的官方网站 https://pypi.org/，可以搜索模块，浏览它们的介绍和使用范例，以判断是不是可以满足我们的需要。

2.17　本章小结

本章介绍了编程和 Python 语言的基础，包括解释器的概念、变量、函数、时间类型、list、dict、逻辑判断的语法、循环、异常和 pip 的基本用法。

通过这一章的学习，我们可以读懂基本的 Python 代码，有能力根据业务逻辑写出可以工作的 Python 代码，也知道如何通过 pip 工具去安装和管理 Python 的软件包。对这些基础知识的学习可为自动化测试打下基础。

在下一章中，我们开始学习 Python 领域最为流行的测试框架 PyTest 的入门知识。

## 第 3 章

PyTest 入门

每一种现代编程语言的广泛流行，都离不开优秀的软件框架的推动。测试框架也是软件框架的一种，凭借优秀的设计理念，PyTest 成为 Python 领域最受欢迎的测试框架。

3.1 框架是什么

在软件开发领域，每个不同的问题域都有前人开拓，针对公共的需求部分总结出指南，形成软件框架。软件框架是针对特定领域的需求总结出来的概念、工程实践、基础功能和代码等的集合，它让程序员可以站在前人的肩膀上，基于已经被广泛验证的代码和实践，快速构建自己的软件产品，避免重复"造轮子"。

3.2 测试框架

测试框架也是一种软件框架，它是针对软件自动化测试领域的"指南"，包括相应的概念、标准、工程实践、基础功能和代码，等等。基于测试框架，软件工程团队可以快速开展自动化测试，而无须从零开始构建跟业务逻辑关联度很低的基础代码。

对于不同的软件，自动化测试的思路和代码可能千差万别，但是，我们仍然可以抽象出一些公共需求。如果这些公共需求被测试框架解决得很好，测试团队就可以专注于最核心的业务逻辑的测试。

在学习 PyTest 的功能特性之前，我们先来了解自动化测试中的普遍需求，以及测试框架的基本解决思路。

3.2.1 筛选测试源文件

软件开发的一个重要思路是模块化，这个思路对自动化测试同样适用。在工程实践中，我们不可能把所有的代码都放在一个大的源代码文件（.py 文件）中，一定是按照模块化的思路把代码合理组织在多个源代码文件中。一个测试用例的代码实现可能依赖于多个模块。

比如在一个文件夹中有如图 3-1 所示的三个 Python 源文件。

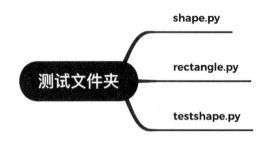

图 3-1   文件夹中有三个 .py 文件

其中，shape.py 和 rectangle.py 中包含了一些测试需要用到的基础代码，而 testshape.py 中则包含了真正的自动化测试用例的代码，是测试的入口，需要被执行。

如何定义或者指定哪些源文件需要被执行，哪些文件应该被忽略，是测试框架需要支持的基础功能。对此，最简单的办法是在命令行中指定源文件的名字（或者完整路径），比如：

```
python testshape.py
```

这是一个清晰的解决思路，只是不够灵活。如果测试框架支持不同的方式指定待执行的测试用例源文件，甚至能智能地自动筛选出哪些文件是测试用例源文件，自动化测试团队的工作效率会更高。

3.2.2   筛选测试函数

在测试用例模块内部，我们同样需要遵循模块化的设计思路，将测试的代码逻辑合理组织在多个函数中，比如：

```
def base_func1():
    ...

def base_func2():
    ...

def test_func1():
    base_func1()
    ...

def test_func2():
```

```
    base_func1()
    base_func2()
    ...
```

其中，base_func1 和 base_func2 是基础代码，不应该被直接执行；test_func1 和 test_func2 是测试函数，需要被执行。这两类函数需要被区别对待。对此，有的测试框架是通过特别设计的标记来显式指定某个函数是测试函数，比如 JUni；有的测试框架是通过函数的命名约定来做到这一点，比如 PyTest。

3.2.3　测试函数的启动

在上一节的例子中，我们在一个测试模块中设计了多个测试函数。

```
def base_func1():
    ...

def base_func2():
    ...

def test_func1():
    base_func1()
    ...

def test_func2():
    base_func1()
    base_func2()
    ...
```

假如已经确定了 test_func1 和 test_func2 是需要执行的测试函数，如何启动测试函数的执行？最简单的方式，是直接在源代码中调用它们。

```
def base_func1():
    ...

def base_func2():
    ...

def test_func1():
    base_func1()
    ...

def test_func2():
    base_func1()
    base_func2()
    ...

test_func1()
test_func2()
```

这个方案勉强可以工作，但是质量很差，因为它比较烦琐，并且，函数的调用是串行进行，前面的函数调用如果出错了，后续的函数调用就没有机会得到执行，这是不可接受的。测试函数之间应该是并列的关系，它们的执行应该是相对隔离的，不应该互相影响，这是测试框架需要解决的一个公共需求。

3.2.4   成功还是失败

测试的本质就是比较实际表现与预期是否相符，在自动化测试中，这涉及两个方面。

1. 如何编写"实际"与"预期"的比较代码

所有能产生布尔值的代码表达式都可以被视为一种比较，比如整数 100 是否大于 30 加 80、字符串 believe 是否包含 lie、['Shanghai', 'Beijing', 'Wuhan'] 这个 list 是否包含 "Wuhan" 这个字符串元素、是否为空或者元素个数是否大于 10，等等。

主流的测试框架大都采用断言来编写程序实际表现与预期的比较代码，因为断言的语法简洁，而且有内嵌的比较表达式，更容易让测试框架生成有意义的测试报告。

2. 如何判定一个测试用例的执行结果是成功还是失败

这是测试的一个核心需求，最简单的思路是判断是否有断言失败，如果有，则执行结果为失败。但是，在项目实践中，一个测试用例的执行步骤可能比较多，很可能还没有到最后的断言验证部分程序逻辑就出错了，有异常抛出。所以，主流测试框架的思路基本是一致的：只要测试执行过程中有未被捕获的异常发生，不管是断言失败还是其他类型的异常，执行结果都被判定为失败；如果代码执行顺利结束，没有任何类型的断言错误和异常发生（或者有异常发生但是被捕获了），则执行结果为成功通过。

3.2.5   测试报告

软件测试是软件工程的一个环节，它度量软件的质量，产出测试报告，供团队决策。但是，生成一份高质量的测试报告，并不是一件容易的事情。

1）测试报告应该全面、有大局观，同时还能提供一定程度的细节信息。如何设计报告的结构和内容，有效地传递信息，是测试报告需要考虑的问题。

2）软件团队中有不同的角色分工，不同的角色希望从测试报告中获取到的信息会有一些差异。比如，测试团队希望能看到更具体的错误信息，便于问题排查，而对于项目管理人员来说，他们更关注更高层面的汇总信息。如何让不同角色的团队成员都能高效地得到有效信息，是测试报告需要考虑的问题。

3）在测试实现自动化以后，测试的执行通常会放在持续集成工具（比如 Jenkins）中去执行，如何让这些工具无缝集成，有效地呈现测试报告，需要特别注意。

4）测试报告应该实现一定程度的标准化，不同的编程语言和不同的被测试系统生成的测试报告应该尽量保持一致性，这样，不同工程背景的人可以快速上手，解读测试报告。同时，测试报告还需要支持用户定制，在必要的时候，工程团队可以定制测试报告的格式和内容。

在测试框架的设计中，对测试报告的支持是一个需要重点考虑的方面。

3.2.6　测试前的环境配置

在工程实践中，测试，特别是集成测试，在执行开始之前往往依赖环境需要配置。

比如，在电商系统中，要测试用户创建新订单的流程，测试系统的数据库中需要有商品可供购买，需要有用户可以下单。从广义的角度来看，商品库存的配置和用户系统的配置也算是测试流程的一部分，但是，很明显它们不是测试订单系统的关键点，所以，测试框架一般会通过巧妙的设计，让这些前置环境的配置步骤与实际业务逻辑形成一定程度的隔离，这样，测试代码会更加清晰和专注。

前置环境还有一些更细分的情形。比如，在电商系统中，测试订单系统之前需要配置商品和库存，需要配置用户系统数据，这些是测试订单系统的大环境。而订单系统也有很多不同的功能需要测试，比如，一个订单被创建之后，用户可以取消订单，可以修改订单，可以签收、退货、换货、评价、开发票，等等，这些操作也有一个前置环境，就是需要存在一个订单。这些操作是一系列测试用例的小环境，如果能让这些小环境的配置也和实际业务逻辑形成一定程度的隔离，测试代码的可读性可以进一步提高。

另外，前置环境的配置从业务逻辑测试代码中隔离，意味着配置的操作可以复用。我们可以决定这些配置在多大范围内复用，这可以减少重复步骤带来的时间浪费，让测试用例的执行效率更高。

3.2.7　测试后的现场清理

与测试前的环境配置步骤相对应的是测试后的现场清理。在项目实践中，很多测试的执行都会遗留一些痕迹，比如在数据库中写入了新数据、在文件系统中写入了文件，等等。如果不主动清除这些痕迹，它们就会成为系统"垃圾"，会给自动化测试的长期运行带来一些隐患，比如给后续的测试带来干扰、影响后续测试的准确性，或者无谓地消耗资源、拖慢甚至拖垮系统。

在设计自动化测试用例的时候，我们一定要在测试执行完成之后清理现场，擦除垃圾数据。但是清理现场不是测试用例的核心关注点，我们希望这些步骤也能与测试逻辑代码实现一定程度的隔离和复用。而且，需要清理的现场也有每个测试执行之后的小环境和一组相关测试执行完毕之后的大环境的差别，这是测试框架需要解决的需求。

3.2.8　核心功能的扩充

测试框架的核心功能一定是专注于解决自动化测试的公共需求，这样，它才能普遍适用，可以被用于不同的软件产品的自动化测试，比如桌面应用程序、网页程序、服务器后台程序、命令行工具、手机 App 的自动化测试等可以基于相同的测试框架。

对于不同的软件团队来说，应用测试框架肯定是可以帮助他们省去基础代码的烦琐。但是，从测试框架的基础代码出发，到实现具体的业务逻辑的测试，这中间仍然有巨大的空间需要填补。

比如，待测试的软件是一个 Flask（一个非常流行的 Web 框架）后端程序。因为 Flask 是一个非常流行的软件框架，有大量的团队已经用它进行过开发，也实施了相应的测试，如果把针对这类程序的自动化测试的经验和代码进行抽象和总结，成为框架的一部分，那么测试框架是不是可以更好地支持 Flask 程序的自动化测试？

这个思路有一定的可行性，但是，这样会让测试框架变得庞大和臃肿。所以，大部分的测试框架都设计了插件（plugin）系统。框架的核心保持紧凑而专注，但是有海量的插件可供选择，嵌入到测试框架中，按需扩充框架的功能，使之可以支持特定类型程序更具体的功能测试，进一步减少基础代码的设计和实现的烦琐，让测试团队的工作效率更高。

3.2.9　主流测试框架

每一种主流的编程语言都有相应的一系列测试框架，如表 3-1 所示。

表 3-1　部分编程语言和流行的测试框架

编程语言	测试框架
Python	PyTest
	unittest
	nose
Java	JUnit
	TestNG
	Cucumber
C++	CppUnit
	Google Test
JavaScript	Mocha
	Protractor

尽管理念存在很多差异，但是所有的测试框架都是围绕这些基本需求去设计和实现的。利用测试框架，软件工程团队可以避免重复造轮子，重用高质量代码，减少重复代码，提高自动化测试用例的编写效率，降低学习和维护成本，可以更好地实施测试自动化。

3.3 PyTest 是什么

作为 Python 领域最流行的测试框架，PyTest 免费且开源。它容易上手，对于简单的测试需求，我们可以很容易地做到。同时，PyTest 有一些优秀的特性，让我们可以完成复杂的测试需求。

作为一个 Python 模块，PyTest 可以很容易地用 pip 来安装。

```
pip install -U pytest
```

安装之后，我们可以在命令行中运行 pytest 命令，确认 PyTest 是否被正确安装。

```
pytest --version
```

执行结果如下：

```
This is pytest version 5.4.2, imported from /Library/Frameworks/Python.framework/
    Versions/3.8/lib/python3.8/site-packages/pytest/__init__.py
```

我们来动手写第一个测试用例。新建一个 Python 模块，命名为 test_string_process.py，在这个模块里，我们设计一个函数，包含几行简单的代码，其中一行是 assert 语句。

```
# test_string_process.py
def test_upper():
    input = 'pYthOn'
    expected = 'PYTHON'
    assert input.upper() == expected
```

接下来，在命令行里，我们指定这个测试模块的文件名，用 PyTest 来执行这个测试用例。

```
pytest test_string_process.py
```

执行结果如下：

```
platform darwin -- Python 3.9.1, pytest-5.4.1, py-1.8.0, pluggy-0.12.0 -- /usr/
    local/bin/python3.8
cachedir: .pytest_cache
rootdir: /Users/mxu/Workspace/autopylot/tests
collecting ... collected 1 item

test__string__process.py::test_upper PASSED
[100%]
```

从执行结果来看，PyTest 在这个 Python 文件中找到了一个测试用例，执行的结果为成功（PASSED），测试通过率为 100%。这是一个非常简单的范例，但是已经触及了测试模块、测试函数、断言、测试的执行和测试结果的解读。接下来，我们对 PyTest 的功能特性进行学习。

3.4　自动发现

在上一节的例子中我们可以看到，在 PyTest 命令后接测试用例源代码文件的路径，就可以执行该文件中的测试用例。

```
pytest test_string_process.py
```

PyTest 有一个特别的设计，叫作测试用例自动发现（Test Discovery）机制，允许我们不指定具体的测试用例源文件，而是根据一些命名规则去自动发现测试用例源文件，以及在源文件中筛选待执行的测试函数。

3.4.1　自动发现测试源文件

在用 pytest 命令执行测试时，如果我们不指定具体的文件，PyTest 默认从当前路径及其所有子目录中搜索 py 源文件，所有名字以 test_ 开头或者以 _test 结尾的 python 源文件（.py 文件）被认为是测试模块源文件，不符合这个命名规则的文件会被忽略。

我们也可以指定一个文件夹的路径作为 PyTest 的参数，在这种情况下，PyTest 会从该文件夹及其所有子目录中搜索 py 源文件，所有名字以 test_ 开头或者以 _test 结尾的 .py 文件被认为是测试用例源文件，不符合这个命名规则的文件会被忽略。

```
pytest /Users/mac/Workspace/python_automation_demo/tests
```

测试用例源文件名的范例如表 3-2 所示。

表 3-2　测试用例源文件名范例

文件名	分　析
test_string_processor	以 test_ 开头，是测试用例源文件
testStringProcessor	不是测试用例源文件
string_processor_test	以 _test 结尾，是测试用例源文件
string_processor_tests	不是测试用例源文件
test__string__processor	以 test 加双下划线开头，也算是以 test_ 开头，所以是测试模块源文件，但是要尽量避免这种命名，以免带来误解和无谓的麻烦

3.4.2　自动发现测试函数

在测试模块源文件中，所有以"test"（注意是 test，不是 test_）开头的函数被 PyTest 认为是测试函数而被执行，不符合这个条件的函数会被忽略。

```
# test_string_process.py

# 以test开头，这是一个测试函数
def test_1():
    ...

# 以test开头，这是一个测试函数
def test_string():
    ...

# 不是以test开头，这个函数会被PyTest忽略，不会被看作测试函数
def string_test():
    ...

# 以test开头，这是一个测试函数
def testify():
    ...
```

我们可以用 --collect-only 参数来确认 pytest 的自动发现结果，当应用这个参数的时候，pytest 命令不会真正执行测试。

```
pytest --collect-only
```

执行结果如下：

```
============= test session starts =============
platform darwin -- Python 3.9.1, pytest-5.4.2, py-1.8.1, pluggy-0.13.1
rootdir: /Users/mxu/Workspace/book/chapters/codes/test_report_demo
plugins: html-3.1.0, metadata-1.11.0
collected 7 items
<Package /Users/mxu/Workspace/book/chapters/codes/test_report_demo>
  <Module test_number.py>
    <Function test_add>
    <Function test_minus>
    <Function test_times>
    <Function test_division>
  <Module test_string.py>
    <Function test_reverse>
    <Function test_append>
    <Function test_substring>
```

3.5　使用断言

准确地说，断言（assert）并不是 PyTest 框架的功能特性，而是 Python 的内置语言特性，用于检查指定的表达式的结果是否为 True。这里所说的表达式的范围很广泛，任何可以用于条件判断语句中的表达式，都可以用于断言。

两个对象的比较结果如下所示。

```
assert PI >= 3
```

函数调用如下所示。

```
assert len(username) > 5
```

对象的属性值如下所示。

```
assert user.name is not None
```

list 的包含判断如下所示。

```
assert 'James' in mvn_lsit
```

PyTest 使用 assert 来表达正确的测试逻辑期望。一个测试用例可以写多个断言，当有一个断言失败时，PyTest 就认为测试的结果为失败，该测试用例的执行会被终止。

断言语句可以加上描述信息，把跟业务逻辑相关的信息加上去，这样，当断言失败的时候，我们更容易理解这在业务逻辑上意味着什么。

```
assert user.name is not None, 'User name should never be None'
```

但是，我们也要特别注意，在测试用例的执行过程中，任何异常的抛出都会导致测试用例的执行结果被认定为失败，而不只是限于 assert 语句抛出的 AssertionError 类型。

3.6　测试结果解读

假如有一个"test_report_demo"目录，这个目录下有两个测试模块源文件。

```python
# test_string.py
def test_reverse():
    pass

def test_append():
    assert "666" + "888" == "888888"

def test_substring():
    pass
# test_number.py
def test_add():
    pass

def test_minus():
    pass

def test_times():
    pass
```

```
def test_division():
    pass
```

为了便于演示，这两个模块中的测试函数被特意设计，除了一个函数（test_append 函数）有明显的问题会抛出断言错误外，其余的函数都是空函数，它们什么都不做，自然也不会有异常被抛出，所以，它们一定会执行成功。

我们针对这个目录执行 pytest 命令，可以在 Console 里看到执行的结果。

```
C02TM1XKGTFL:test_report_demo mxu$ pytest
=========== test session starts ============
platform darwin -- Python 3.9.1, pytest-5.4.2, py-1.8.1, pluggy-0.13.1
rootdir: /Users/mxu/Workspace/book/chapters/codes/test_report_demo
collected 7 items
test_number.py ...                                              [57%]
test_string.py .F.                                              [100%]


=========== FAILURES ================
_____ test_append _____

    def test_append():
        input = '666'
>       assert input + "888" == "888888"
E       AssertionError: assert '666888' == '888888'
E         - 888888
E         + 666888

test_string.py:7: AssertionError
------------ short test summary info ===========
FAILED test_string.py::test_append - AssertionError: assert '666888' == '888888'
============ 1 failed, 6 passed in 0.16s =======
```

从测试结果中，我们可以得到本次测试执行的细节信息。

rootdir 部分，是收集测试用例的目录信息。

```
rootdir: /Users/mxu/Workspace/book/chapters/codes/test_report_demo
```

从 collected 部分可以看到本次总共有多少个测试用例被执行。

```
collected 7 items
```

然后，我们可以看到这些测试用例是从哪些测试模块中被收集到的，其中，F 标记表示在此模块中有测试用例的执行结果为失败。

```
test_number.py ...                                              [57%]
test_string.py .F.                                              [100%]
```

接下来，我们可以看到更具体的信息，知道是哪个模块、哪个函数、哪行代码抛出异常导致了失败。

```
=========== FAILURES ==================
_____ test_append _____

    def test_append():
        input = '666'
>       assert input + "888" == "888888"
E       AssertionError: assert '666888' == '888888'
E         - 888888
E         + 666888

test_string.py:7: AssertionError
========== short test summary info ============
FAILED test_string.py::test_append - AssertionError: assert '666888' == '888888'
```

最后，我们可以看到汇总信息，知道测试用例有多少个执行成功，多少个执行失败，总执行时间是多少。

```
========== 1 failed, 6 passed in 0.16s ============
```

3.7　测试报告

如果软件项目更加复杂，工程团队更大，团队间的沟通和协作就变得更加重要，专业测试报告的重要性也变得更加重要。不同的人和不同的团队对专业的理解和要求可能不一样，所以，有很多不同风格的测试报告模板和相应的工具被设计出来，PyTest 的插件 pytest-html 就是其中之一，具有较高的流行度。

pytest-html 是一个 Python 模块，可以用 pip 命令安装。

```
pip install pytest-html
```

安装好以后，我们只需要在执行"pytest"命令的时候指定 --html 参数。

```
pytest --html=report.html
```

加上这个参数以后，我们仍然可以在 Console 中看到上一节中演示的默认输出结果，只是会有额外的一行信息。

```
--------- generated html file: file:///Users/mxu/Workspace/book/test_report_
    demo/report.html ------
```

在浏览器中打开这个 HTML 文件，可以看到如图 3-2 所示页面。

这个页面将测试结果有条理地组织起来，用图形化的界面呈现出来，并且测试的细节部分可以根据需要展示和折叠，可以让不同角色的团队成员从不同的视角了解测试结果。

图 3-2 pytest-html 生成的测试报告页面

3.8 本章小结

本章对软件框架和测试框架进行了深入浅出的介绍，在这个基础上引出 PyTest，读者更能理解简单的背后蕴含的设计思路。在掌握了 Python 语言基础的前提下，上手 PyTest 是比较容易的。这一章虽然只是介绍了 PyTest 非常基本的功能，但已经足够我们开展基本的自动化测试工作了。

在下一章中，我们开始学习最流行的网页自动化工具 Selenium。

## 第 4 章

Selenium 入门

虽然手机应用变得越来越重要，但网页程序仍然有着不可替代的地位。在网页程序的测试中，有大量从终端用户角度设计的测试用例，网页的自动化测试技术仍然是非常值得学习的。

4.1　Selenium 是什么

Selenium 是一个软件工具，它让我们可以控制浏览器，让浏览器自动执行我们设定的操作，比如根据网址打开网页、切换标签页、点击按钮、往文本框中输入文字、勾选复选框、从下拉框中选择选项，等等。另外，Selenium 也可以获取页面状况，比如获取网页网址、按钮状态、文本框的文字、复选框的勾选状态、下拉框的选择状态、表格内容，等等。所有我们手动对浏览器做的操作都可以用 Selenium 自动完成，所有用肉眼可以看到的页面信息都可以用 Selenium 获取到。

Selenium 的这些功能让它可适用于很多应用场景，比如网页内容的自动抓取、基于网页的管理程序的自动化以及网页程序的测试自动化。在网页程序的自动化测试方面，市面上有很多解决方案，在激烈的竞争中，Selenium 能够脱颖而出，凭借的是一系列优秀的特质。

1）它是免费的。市面上有很多针对网页自动化测试的商业软件，它们有优秀的产品设计和有力的技术支持，但是，高昂的价格吓退了很多潜在用户。

2）它是开源的。作为一款开源软件，它拥有活跃的社区支持，有无数优秀的工程师为之倾注心血，无私地贡献自己的智慧，让它变得更好、更强大。

3）它是跨平台的，支持不同的操作系统，Windows、Mac、Linux 的用户都可以用。

4）它支持所有的主流浏览器，如 Chrome、Edge、Safari、Firefox，我们可以让相同的操作针对不同的浏览器执行。

5）它支持多种开发语言，如 Python、Java、C# 等，这样，程序员可以选择合适的语言进行开发。并且 Selenium 针对不同的语言提供的编程接口很接近，我们可以很容易地从一门语言切换到另外一门语言。

Selenium 有几个相对独立的组件，如表 4-1 所示。

表 4-1　Selenium 核心组件

组　件	说　明
Selenium IDE	提供对浏览器操作的屏幕录制和回放的支持
Selenium Grid	支持在不同的机器、操作系统、浏览器上同时执行测试用例
Web Driver	支持通过代码来驱动主流浏览器

4.1.1　Selenium IDE

Selenium IDE 是 Selenium 的一个组件，它可以自动录制和回放我们在浏览器上的操作，对编程没有要求，这进一步降低了它的使用门槛，使用起来就像普通的办公软件一样方便。

Selenium IDE 可以作为 Chrome 或者 Firefox 浏览器的插件使用。以 Chrome 为例，我们可以在 Chrome Web Store 里搜索 Selenium IDE，如图 4-1 所示。

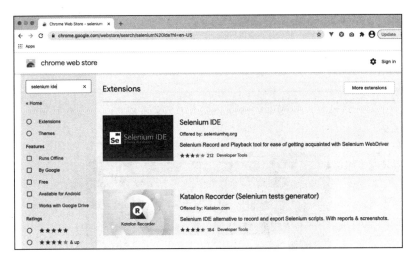

图 4-1　在 Chrome Web Store 中搜索 Selenium IDE

在搜索结果中，找到 Selenium IDE，按照提示，将它作为插件安装到 Chrome 浏览器中，如图 4-2 所示。

安装好之后，在浏览器的右上角可以看到 Selenium IDE 的图标，如图 4-3 所示。

点击图标，在提示界面中选择在新工程中录制新测试，指定工程名称，如图 4-4 所示。

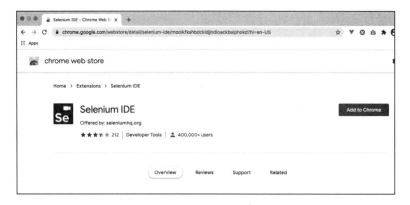

图 4-2　将 Selenium IDE 安装到 Chrome 中

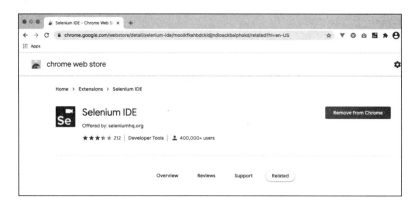

图 4-3　Selenium IDE 安装完成

图 4-4　选择录制新工程

输入网址，浏览器将根据指定的网址打开网页。在这里，我们输入 https://www.gushiwen. org，这是"古诗文网"的网址，这个网站收录了海量的中国古诗文，如图 4-5 所示。

图 4-5　指定网址

Selenium IDE 随即会打开一个 Chrome 页面，访问我们指定的网址。接下来，我们在这个页面上做的操作都会被 Chrome IDE 录制。我们在搜索框中输入《夜宿山寺》，点击搜索按钮，如图 4-6 所示。

图 4-6　根据关键字搜索诗词

从搜索结果中我们可以看到，《夜宿山寺》的作者可不止诗仙李白一人，如图 4-7 所示。

图 4-7 搜索"夜宿山寺"的结果

我们想确认李白的那首《夜宿山寺》没有被漏掉，可以点击李白的诗词文字，然后在页面上点击右键，选择 Selenium IDE → Verify → Text，如图 4-8 所示。

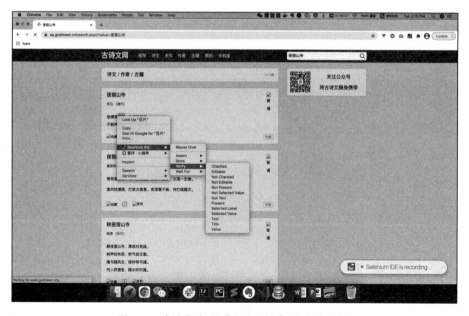

图 4-8 确认李白的《夜宿山寺》没有被遗漏

我们做的每一步操作，都被 Selenium IDE 记录下来了，点击右上角的"停止录制"按钮，录制就结束了，结果如图 4-9 所示。

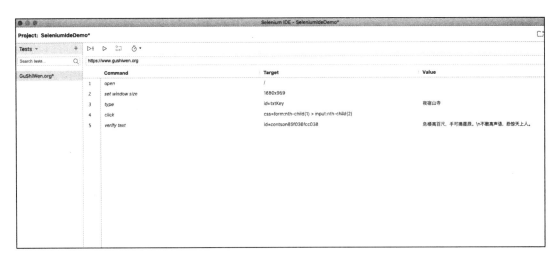

图 4-9　录制的步骤被展示

点击播放（Run current test）按钮，Selenium IDE 就会打开浏览器，回放刚才录制的操作，进行我们指定的验证，并展示结果，如图 4-10 所示。

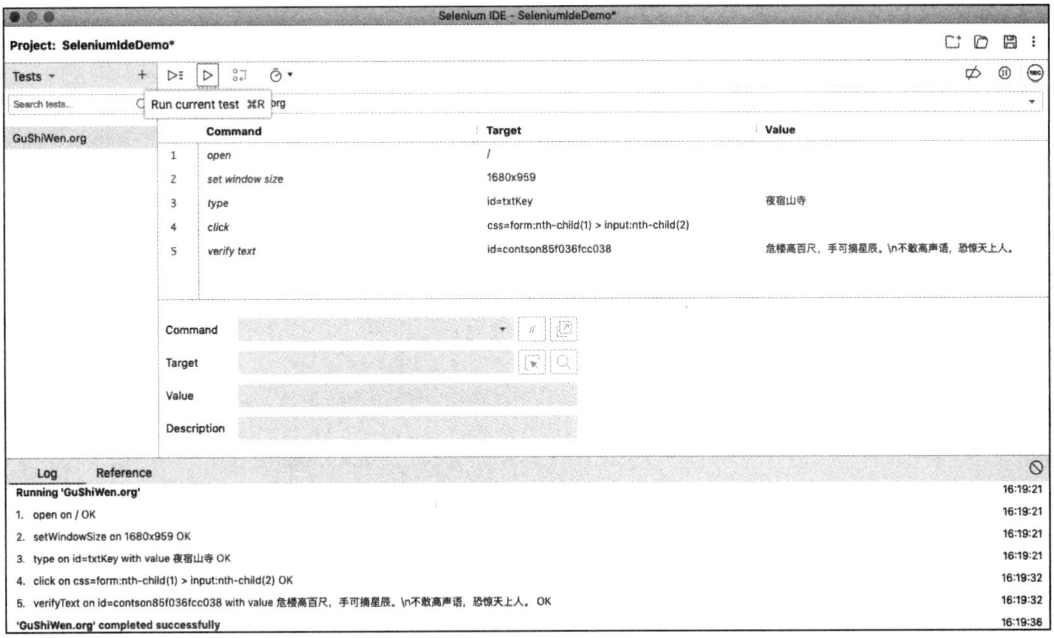

图 4-10　回放

录制的结果可以保存为 .side 文件，可以被重新加载和回放，这种文件是文本文件，我们可以比较容易地进行修改和版本管理。

```
{
  "id": "823790c2-c1ae-43c3-94c2-6984cca38827",
  "version": "2.0",
  "name": "SeleniumIdeDemo",
  "url": "https://www.gushiwen.org",
  "tests": [{
    "id": "15305da6-86d8-4940-bd71-0d7119067519",
    "name": "GuShiWen.org",
    "commands": [{
      "id": "ce4a094c-fe8a-4fc3-b399-5934e66bb525",
      "comment": "",
      "command": "open",
      "target": "/",
      "targets": [],
      "value": ""
    }, {
      "id": "555dc764-50ac-4b01-9956-fc1741803aab",
      "comment": "",
      "command": "setWindowSize",
      "target": "1680x959",
      "targets": [],
      "value": ""
    }, {
      "id": "a5babad9-19bf-457e-81ba-c3733058c1c8",
      "comment": "",
      "command": "type",
      "target": "id=txtKey",
      "targets": [
        ["id=txtKey", "id"],
        ["name=value", "name"],
        ["css=#txtKey", "css:finder"],
        ["xpath=//input[@id='txtKey']", "xpath:attributes"],
        ["xpath=//input", "xpath:position"]
      ],
      "value": "夜宿山寺"
    }, {
      "id": "f51eaea2-3a23-48c9-ad3b-e8cd7b7867c6",
      "comment": "",
      "command": "click",
      "target": "css=form:nth-child(1) > input:nth-child(2)",
      "targets": [
        ["css=form:nth-child(1) > input:nth-child(2)", "css:finder"],
        ["xpath=(//input[@value=''])[2]", "xpath:attributes"],
        ["xpath=//input[2]", "xpath:position"]
      ],
      "value": ""
    }, {
```

```
      "id": "36f4768c-e545-4100-91a8-6a5548a6ac89",
      "comment": "",
      "command": "verifyText",
      "target": "id=contson85f036fcc038",
      "targets": [
        ["id=contson85f036fcc038", "id"],
        ["css=#contson85f036fcc038", "css:finder"],
        ["xpath=//div[@id='contson85f036fcc038']", "xpath:attributes"],
        ["xpath=//html[@id='html']/body/div[2]/div/div[3]/div/div[2]",
            "xpath:idRelative"],
        ["xpath=//div[3]/div/div[2]", "xpath:position"]
      ],
      "value": "危楼高百尺，手可摘星辰。\\n不敢高声语，恐惊天上人。"
    }]
  }],
  "suites": [{
    "id": "865643d3-dc44-4922-9a26-cb7433f9fbe1",
    "name": "Default Suite",
    "persistSession": false,
    "parallel": false,
    "timeout": 300,
    "tests": ["15305da6-86d8-4940-bd71-0d7119067519"]
  }],
  "urls": ["https://www.gushiwen.org/"],
  "plugins": []
}
```

Selenium IDE 提供了一种"傻瓜化"的网页自动化方案，相对于用代码驱动网页，这种方案的门槛更低，更容易上手。

4.1.2　Selenium Grid

虽然 Chrome 目前在浏览器市场上占据着绝对主导的地位，但是仍然有许多浏览器拥有数量巨大的用户群，要保证网页程序可以支持更多的用户，我们需要针对不同环境中的不同浏览器进行测试。

Selenium 可以在不同的操作系统上运行，也支持几乎所有的主流浏览器。在这个基础上，Selenium Grid 设计了分布式的 CS 架构，管理多台机器执行 Selenium 的自动化操作，这让 Selenium 的应用场景进一步扩大。

首先，虽然在单机上我们可以安装多种不同的浏览器，如在一台 Windows 的机器上可以同时安装 Chrome、Edge、Firefox 等浏览器，但是我们无法安装同一种浏览器的不同版本。比如，如果我们想验证网页程序在 Chrome 87 和 83 版本上是否都正常工作，这在单机上很难验证，我们需要反复安装和卸载 Chrome 的不同版本，非常麻烦。Selenium Grid 让我们可以很容易地管理不同机器上的不同浏览器，执行 Selenium 操作。

其次，在中大型的项目中，测试用例的数量可能会非常庞大，在单一机器上顺序执行可能会耗费大量的时间，Selenium Grid 让我们可以将测试分发到一个机器集群中并行执行，大幅降低总体执行时间。

在架构上，Selenium Grid 由一个 Hub 和多个（也可以是一个）Node 组成。Node 是执行节点，而 Hub 是"大脑"，它管理节点，知道每个节点对应的网络地址、操作系统和浏览器等信息，将 Selenium 的请求派发到合适的节点中执行。Selenium Grid 的架构图如图 4-11 所示。

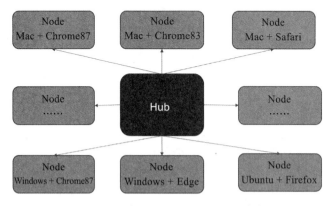

图 4-11　Selenium Grid 架构

在工程实践中，Selenium Grid 通常与 Jenkins 及 Docker 等工具配合使用。

4.1.3　Web Driver

作为 Selenium 最核心的组件，Web Driver 定义了一系列 API（应用程序编程接口），用于驱动网页，执行网页的自动化操作。

Web Driver 支持多种开发语言，包括 Python、Java、JavaScript、C#、Ruby，等等，不同背景的程序员可以选择自己熟悉的编程语言来使用 Web Driver。

Web Driver 支持所有的主流浏览器，包括 Google Chrome、Mozilla Firefox、Mac Safari、Microsoft Edge，等等，我们可以将相同的测试逻辑针对不同的浏览器来执行，找出网页程序在不同浏览器上表现的差异。

Web Driver 支持无用户界面浏览器（Headless Browser，比如 HtmlUnit），网页自动化的执行更快，更重要的是，我们可以在没有图形界面的服务器上进行网页程序自动化测试。

在项目沟通中，很多时候是将 Web Driver 等同于 Selenium，当我们说用 Selenium 做测试自动化的时候，其实通常指的是 Selenium 的 Web Driver 组件，这足以说明 Web Driver 在 Selenium 中的核心地位。

4.2　Selenium 的安装配置

Selenium 的安装和使用有如下几个步骤：

1）用 pip 安装 Selenium 模块。

```
pip install selenium
```

2）Selenium 的运行需要浏览器的配合。以 Chrome 浏览器为例，在初始化 Web Driver 的时候，我们需要指定 Chrome 可执行文件的路径。

```
from selenium import webdriver

browser = webdriver.Chrome(executable_path='YOUR_CHROME_EXECUTABLE_PATH')
```

在这里，我们可以看到以下几个潜在的问题。

1）计算机上可能根本就没有安装 Chrome。

2）对于不同的操作系统，Chrome 的安装路径不一样。

3）即使是相同的操作系统，Chrome 的安装路径也可能不一样，因为安装路径是用户可配置的。

4）即使计算机上安装了 Chrome，版本也可能跟 Web Driver 的版本不一致，导致代码不能运行。

因为这些问题的存在，我们无法保证在一台机器上可以工作的 Selenium 代码在另外一台机器上也可以正常工作，这会带来很大的维护工作量。为了解决这个问题，我们可以安装一个辅助模块，名为 chromedriver_py，它会根据相应的操作系统安装对应的 Chrome 版本，并且自动维护相应的可执行文件路径。

用 pip 安装 chromedriver_py 模块。

```
pip install chromedriver_py
```

接下来，我们就可以用 Selenium 驱动 Chrome 来做网页端自动化测试了。

```
from selenium import webdriver
from chromedriver_py import binary_path as chromedriver_binary_path

browser = webdriver.Chrome(executable_path=chromedriver_binary_path)
```

在开发自动化测试用例的时候，浏览器的图形化界面是必不可少的，因为我们可以直观地看到代码操作浏览器的结果，分析页面元素，编写测试代码。有一种浏览器的形态是不显示图形化用户交互界面的，称为无界面浏览器。有一些系统，比如持续集成的服务器，不具备安装和运行图形化程序的条件，在这种情况下，无界面浏览器就成为我们做 Selenium 测试的唯一选择。

要让 Selenium 驱动无界面浏览器，我们只需要在初始化 Web Driver 的时候加上一个参数即可。

```
from selenium import webdriver
from selenium.webdriver.chrome.options import Options
from chromedriver_py import binary_path as chromedriver_binary_path

chrome_options = Options()
chrome_options.headless = True

browser = webdriver.Chrome(executable_path=chromedriver_binary_path,
    options=chrome_options)
```

到目前为止，我们已经把 selenium 的运行环境准备好了，接下来，我们来看如何用 Web Driver 驱动网页。

4.3　用 Web Driver 驱动网页

微软 Bing（bing.com）是一个不错的搜索引擎，在手动操作中，我们可以打开网址，输入搜索关键字，点击搜索按钮，就可以看到搜索的结果了。我们来看看如何用 Selenium 来把这些步骤自动化。

```
from selenium import webdriver
from chromedriver_py import binary_path as chromedriver_binary_path

def test_bing_search():
    browser = webdriver.Chrome(executable_path=chromedriver_binary_path)

    url = 'https://bing.com'
    browser.get(url)

    search_key = 'selenium automation'
    elem = browser.find_element_by_id('sb_form_q')
    elem.send_keys(search_key)
    elem.submit()

    browser.close()
```

接下来，我们逐一分析代码。创建 Web Driver 的实例，浏览器被打开。

```
browser = webdriver.Chrome(executable_path=chromedriver_binary_path)
```

用 Web Driver 的实例，根据指定的网址打开网页。

```
browser.get(url)
```

打开网页后，我们可以分析页面元素，如图 4-12 所示。在 Bing 的搜索页面中，搜索关键字的输入框有一个确定的 ID，叫作 sb_form_q，这个文本框是属于一个 form 表单的。

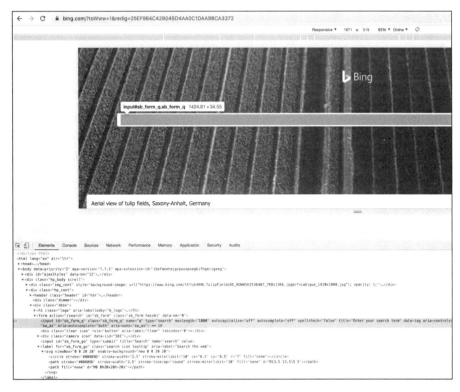

图 4-12　Bing 搜索，页面元素分析

我们可以根据 id 定位到这个输入框元素。

```
# 定位目标元素
elem = browser.find_element_by_id('sb_form_q')
```

在定位到目标文本框之后，我们在文本框里输入搜索关键字 selenium。

```
elem.send_keys('selenium automation')
```

提交 Form 表单后，可以看到搜索结果页面，如图 4-13 所示。

```
elem.submit()
```

最后，操作结束，关闭网页。

```
browser.close()
```

以上演示的是一个简单但是完整的操作步骤。在实际应用中，网页的页面元素会更复杂，我们需要学习更多关于页面元素定位和操作的知识，才能做有质量和高效的自动化测试。

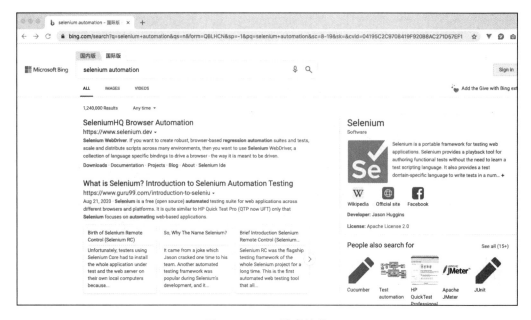

图 4-13　Bing 搜索结果

4.4　页面元素的定位

要获取页面信息，或者操作页面元素，前提条件是定位页面元素。Web Driver 定义了一系列的方法，让我们可以根据页面的实际情况，选择使用合适的定位方式。要特别留意的是，虽然大部分的方法对于所有的主流浏览器都适用，但是可能有少数方法在某些浏览器中不被支持。

Chrome 占据了浏览器近 70% 的市场份额，本书根据 Chrome 来讲解和验证。

4.4.1　简单定位

以微软 Bing 搜索页面为例，我们来学习页面元素的简单定位方式。

在 Chrome 浏览器中打开 Bing 的网址 www.bing.com，可以看到首页，如图 4-14 所示。

在页面任意一处单击右键，选择 Inspect，如图 4-15 所示，可以看到页面的底层信息，在其中的 Elements 部分，可以看到页面元素的信息，如图 4-16 所示。

1）根据 id 来定位，结果如图 4-17 所示。

```
element = browser.find_element_by_id('est_en')
```

2）根据 name 来定位，结果如图 4-18 所示。

```
element = browser.find_element_by_name('q')
```

图 4-14　Bing 首页

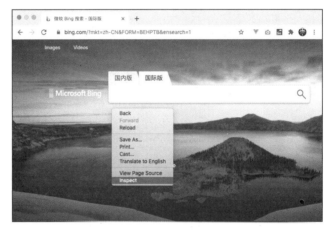

图 4-15　Inspect 选项

图 4-16　Inspect 界面

图 4-17　元素 id

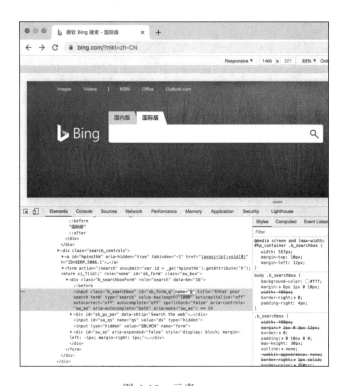

图 4-18　元素 name

3）根据 class name 来定位，结果如图 4-19 所示。

```
element = browser.find_element_by_class_name('save_button')
```

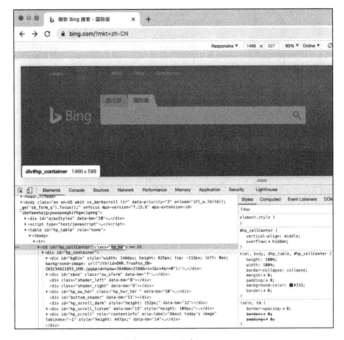

图 4-19　元素 class

页面元素 class 的设计意图之一，是页面元素和页面元素风格之间的解耦，让我们可以很容易地把相同的风格应用到多个页面元素上。这也意味着一个页面很有可能有多个页面元素会应用某种 class，这种情况下，如果想返回所有应用了某个 class 的元素，我们用 find_elements_by_class_name 方法，结果如图 4-20 所示。

```
elements = browser.find_elements_by_class_name('save_button')
```

4）根据页面元素的类型来定位，结果如图 4-21 所示。

```
element = browser.find_element_by_tag_name('input')
```

5）根据 link text 来定位，结果如图 4-22 所示。

```
# 根据完全匹配
element = browser.find_element_by_link_text('Outlook.com')

# 根据不完全匹配
element = browser.find_element_by_partial_link_text('Outlook')
```

图 4-20   元素 class，对应多个元素

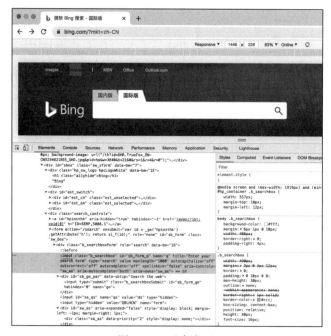

图 4-21   元素类型

图 4-22　超链接文字

find_element_by_* 和 find_elements_by_* 方法在很多情况下都是成组出现的，为了简单起见，我们只演示了其中一种方法，没有讲解的方法需要读者去自行尝试。

4.4.2　CSS 定位

CSS 定位器是一种更强大和灵活的定位方式，我们通过具体的例子来学习了解。

找到 ID 为 save_button 的元素：

```
element = browser.find_element_by_css_selector('#save_button')
```

找到 class 为 linkGrid 的元素：

```
# 取得满足条件的第一个元素：
element = browser.find_element_by_css_selector('.linkGrid')
```

找到所有 class 为 row_odd 或者 row_even 的元素：

```
elements = browser.find_elements_by_css_selector('.row_odd .row_even')
```

找到所有的 td 元素：

```
elements = browser.find_elements_by_css_selector('td')
```

找到所有的 tr 和 td 元素：

```
elements = browser.find_elements_by_css_selector('tr, td')
```

找到所有 class 为 grid 的 p 元素：

```
elements = browser.find_elements_by_css_selector('p.grid')
```

找到直接父元素为 td 的所有 a 元素：

```
elements = browser.find_elements_by_css_selector('td>a')
```

找到父元素（不管是直接父元素还是祖先元素）为 td 的所有 a 元素：

```
elements = browser.find_elements_by_css_selector('td a')
```

找到元素的后续兄弟节点元素：

```
elements = browser.find_elements_by_css_selector('div+a')
```

找到所有带 target 属性的元素：

```
elements = browser.find_elements_by_css_selector('[target]')
```

找到所有带 target 属性的值为"_blank"的元素（注意，在表达式里 _blank 是不需要加引号的）：

```
elements = browser.find_elements_by_css_selector('[target=_blank]')
```

找到所有带 target 属性的值包含字符 _blank 的元素：

```
elements = browser.find_elements_by_css_selector('[target~=_blank]')
```

一次操作取得不同 class 的元素。这种情况在处理表格元素的时候经常碰到，因为不同的行可能会用不同的 class 去区分，方便阅读：

```
elements = browser.find_elements_by_css_selector('.row_odd .row_even')
```

4.5　页面元素的常见操作

在定位了页面元素以后，我们就可以获取它的属性，以及进行相应的操作。

1）获取元素的类型。

```
elem = web_driver.get_element_by_name('budget')
print(elem.tag_name)
```

2）获取页面元素的文字。在百度首页，获取"百度热榜"页面元素，取得它的文字值。HTML 片段如下。

```
<div class="title-text c-font-medium c-color-t">百度热榜</div>
```

Python 代码如下。

```
element = browser.find_element_by_class_name('title-text')
print(element.text)
```
百度热榜

3）获取文本框的值。

```
<input type="text" class="input inp-txt_select" value="" id="fromStationText">
element = browser.find_element_by_id('fromStationText')
print(element.text)
```

4）判断元素是否被禁用。

```
element.is_enabled()
```

5）判断元素是否可见。

```
element.is_displayed()
```

在 Selenium 的设计中，WebElement 对象有两个类似的方法：get_attribute 和 get_property，这两个方法很容易被误用。

attribute 和 property 的主要区别如下：

- attribute，是 DOM 节点的静态属性，这类属性的值不会因为普通用户行为而改变，比如 input 元素的类型、超链接的 href 等。
- property，是 DOM 节点的动态属性，这类属性的设计意图就是接受用户的交互，其值会随着用户交互而改变，如 input 元素里的用户输入文字、checkbox 是否被选中等。

6）获取元素的静态属性。

```
<input id="kw" name="wd" class="s_ipt" value="" maxlength="255" autocomplete="off">
browser.find_element_by_id("kw").get_attribute("maxlength")
```

7）获取元素的动态属性。

```
browser.find_element_by_id("kw").get_property("value")
```

值得注意的是，Selenium 有一个特别的设计：

- get_property 方法只会尝试获取指定的动态属性（Property）。
- get_attribute 方法首先会尝试获取指定名字的动态属性，如果没有找到，则会尝试获取指定名字的静态属性（Attribute）。如果不存在这样的动态或静态属性，则 None 会被返回。

所以，get_attribute 方法在一定程度上可以覆盖 get_property 的功能。

```
browser.find_element_by_id("kw").get_attribute("maxlength")
browser.find_element_by_id("kw").get_attribute("value")
```

以上演示的操作主要是"取"，接下来，我们看如何"做"。

1）向 input 类型的元素输入字符。

```
elem.send_keys("python")
```

send_keys 用于输入字符，但是它不会清除现有字符，而是"追加"字符。

```
elem.send_keys("python")
print(elem.get_attribute("value"))
elem.send_keys(" 3.8")
print(elem.get_attribute("value"))
```

执行结果如下：

```
python
python 3.8
```

2）清除现有字符。

```
elem.send_keys("python")
print(elem.get_attribute("value"))
elem.clear()
elem.send_keys("selenium")
print(elem.get_attribute("value"))
```

执行结果如下：

```
python
selenium
```

3）删除单个字符。

```
from selenium import webdriver

elem = browser.find_element_by_id("kw")

elem.send_keys("python")
print(elem.get_attribute("value"))
elem.send_keys(" 3.88")
print(elem.get_attribute("value"))
elem.send_keys(Keys.BACKSPACE)
print(elem.get_attribute("value"))
```

执行结果如下：

```
python
python 3.88
python 3.8
```

4）点击。理论上任何页面元素我们都可以点击，只是对于那些不处理点击事件的元素而言，点击不会在引起页面的变化。

```
browser.get('http://www.baidu.com')

elem = browser.find_element_by_id("kw")

elem.send_keys("python 3.8")
browser.find_element_by_id('su').click
```

5）提交表单。对于 form 表单，我们定位表单内任何一个元素，调用它的 submit 方法就可以提交表单。

```
elem = web_driver.get_element_by_name('save_button')
elem.submit()
```

Select 是很常见的页面元素，对它的操作值进行如下讲解。

确定元素的类型：

```
elem = browser.find_element_by_css_selector('select[name=status]')
print(elem.tag_name == 'Select')
```

在确定了元素是 Select 类型的情况下，我们可以用它构造一个 Select 类型的对象，以便进行 Select 专有的操作。

```
from selenium.webdriver.support.select import Select

elem = browser.find_element_by_css_selector('select[name=status]')
elem_select = Select(elem)
```

Select 对象的数据成员如下：

```
elem_select = Select(elem)

# 有多少选择项
print(elem_select.options)

# 是否是多选
print(elem_select.is_multiple)

# 获取所有被勾选的项
print(elem_select.all_selected_options)

# 获取第一个被勾选的项
print(elem_select.first_selected_option)
```

Select 对象的方法如下：

```
# 根据位置勾选
elem_select.select_by_index(1)

# 根据选项值勾选
elem_select.select_by_value('Paused')
```

```
# 根据选项文字勾选
elem_select.select_by_visible_text('Deleted')
```

4.6　本章小结

本章对 Selenium 和 Web Driver 做了基本的介绍，包括基本的安装和配置、页面元素定位的常见方式、页面元素的常见操作。通过本章的学习，读者对 Web Driver 的强大功能会有直观的认识，再结合 Python 和 PyTest 的知识，读者就可以开始进行 Web 产品的自动化测试实践了。

通过以上章节的学习，读者有能力在实际项目中运用 Python/PyTest/Selenium 进行自动化测试，可以胜任初级自动化测试工程师的角色，这对于纯手工测试而言，已经是非常大的突破了。

## 第 5 章

实战 12306 之入门篇

铁路客运和中国人的生活息息相关，铁路 12306 网站是当之无愧的中国驰名网站。本书选择 12306 网站（www.12306.cn）作为范例来讲解自动化测试，这样可以减少背景介绍的必要，便于更加专注地展开技术讨论。

在 12306 网站上，有一个余票查询网页（https://kyfw.12306.cn/otn/leftTicket/init）。在这个网页中查询出两地之间的火车余票之后，我们可以勾选相应的车型选项来筛选车型，如在勾选了"T- 特快"选项之后，车次列表中不应该有除特快列车以外的任何车次。

余票车型筛选是一个极小的功能点，但能够让我们举一反三，我们就从这个极小的功能点出发，演示自动化测试的设计和实现。

5.1 测试用例设计文档

在实际项目实践中，测试开展之初，我们需要编写正式的测试设计文档，这是测试（不管是手工测试还是自动化测试）的依据。

表 5-1 是一个基本的测试用例文档。

表 5-1 测试用例文档范例

ID	TC-00001
Title	勾选"T- 特快"选项会把所有非特快车次过滤隐藏
Module	余票查询页面
Assumption	测试计算机可以访问 12306 网页程序
Preconditions	无，不要求用户登录
Test Steps	• 用浏览器打开 12306 网站的余票查询网页：'https://kyfw.12306.cn/otn/leftTicket/init' • 指定起始站点和目的站点 • 点击"查询余票"按钮，等待查询结果加载 • 勾选"T- 特快"选项
Expected Result	所有特快车次会被显示出来，其他车型的车次会被过滤隐藏

不同的项目团队对测试用例设计文档的要求会有一些差异，但是一般都会要求包含以上这些基本信息。

在工程实践中，很多团队没有正式的测试文档，或者测试文档没有得到很好的维护，如果项目运行时间比较长，或者项目团队人员变动比较大，测试工作就会陷入泥潭，项目的质量会受到很大的负面影响。作为测试人员，我们要尽量撰写和维护高质量的测试设计文档，不要忽略或者敷衍这个环节。

5.2　代码实战

要执行这个测试用例，我们需要在浏览器中打开网址，指定起点站和终点站，点击查询，等查询结果加载出来后，勾选车型的选项，确认相应的车次型号出现在结果中，以及未被勾选的车次型号没有出现在结果中。

我们来看看如何用代码来实现这些步骤。首先，创建一个 Web Driver 的实例，打开 Chrome 浏览器。

```
from selenium import webdriver
from chromedriver_py import binary_path as chromedriver_binary_path

browser = webdriver.Chrome(executable_path=chromedriver_binary_path)
```

根据指定的网址，打开 12306 网站的余票查询页面。

```
browser.get('https://kyfw.12306.cn/otn/leftTicket/init')
```

余票查询页面被加载出来了，如图 5-1 所示。

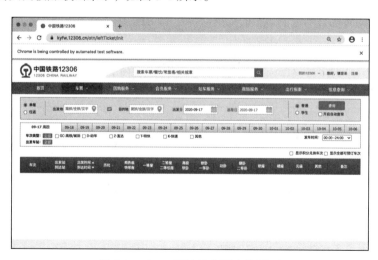

图 5-1　12306 网站的余票查询页面

接下来，我们需要指定起点站和终点站。在这个测试用例中，我们并不是特别在乎具体的起点站和终点站，只要这两个站点之间有足够多的车次和丰富的车型。为简单起见，我们从"热门车站"选项中选择"上海"作为起始站点。

点击出发地输入框后，页面会弹出一个下拉框，列出热门城市，只用一条语句定位到"上海"这个选项并不容易，我们可以配合简单的遍历来做到。

```
elem = browser.find_element_by_id('fromStationText')
elem.click()

elements = browser.find_elements_by_css_selector("ul.popcitylist>li")
for elem in elements:
    if elem.text == '上海':
        elem.click()
        break
```

用同样的方法可以在目的地输入框中选择"北京"作为终点站。

```
elem = browser.find_element_by_id('toStationText')
elem.click()
elements = browser.find_elements_by_css_selector("ul.popcitylist>li")
for elem in elements:
    if elem.text == '北京':
        elem.click()
        break
```

完成上述步骤后，我们可以点击"查询"按钮来查询结果。但是，这里有一个潜在的问题：网页默认查询当天当时可预订的车票，如果测试执行的时间是下午五点，那么下午五点以前的车次信息是不会显示在结果中的。为了能得到尽可能完整的车次信息，我们可以选择第二天的日期作为查询日期。

```
elements = browser.find_elements_by_css_selector("div#date_range>ul>li")
elements[1].click()
```

选择了日期之后，页面就会开始加载车票信息，加载通常在 20s 以内完成，所以，在进行后续操作之前，我们先等待 20s。

```
time.sleep(20)
```

在结果加载完成之后，我们可以获取和遍历相关的页面元素，得到车次信息。

```
trains = []
elements = browser.find_elements_by_css_selector("#queryLeftTable>tr")
for elem in elements:
    train_info = elem.get_attribute("datatran")
    if not train_info:
        continue

    trains.append(train_info)
```

这时，当我们勾选相关的车型选项，只有被勾选车型的车次会被显示，其他车型会被过滤掉。比如，当我们勾选"T-特快"，只有 T 字头的特快列车会被显示。

```
elem = browser.find_element_by_css_selector("#_ul_station_train_code>li>input.
    check[value='T']")
elem.click()
```

至此，手工操作已经被全部用代码实现自动化，接下来我们需要做测试的验证部分：当"T-特快"选项被勾选时，所有被列举出来的车次都是以 T 开头的。

```
elements = browser.find_elements_by_css_selector("#queryLeftTable>tr")
for elem in elements:
    train_info = elem.get_attribute("datatran")
    if not train_info:
        continue

    assert train_info.startswith('T'), '{} should not be listed with only T type
        being selected'.format(train_info)
```

到此为止，我们就用 Python 代码完整地自动化了一条测试用例。

5.3   代码解析

本书的目标并不是给读者一份开箱即可用的代码，这只是"鱼"，而本书想呈现给读者的是"渔"，是演示如何从一个很小的点出发，不断抛出问题，不断给出解决问题的思路和方向，逐步改进和雕琢。

5.3.1   审视测试逻辑

在演示代码中，我们想要确认车型筛选功能可以正确工作，在勾选了"T-特快"选项后，我们获取到所有被列举出来的车次，逐一判断车次是否以 T 开头。

```
elements = browser.find_elements_by_css_selector("#queryLeftTable>tr")
for elem in elements:
    train_info = elem.get_attribute("datatran")
    if not train_info:
        continue

    assert train_info.startswith('T'), '{} should not be listed with only T type
        being selected'.format(train_info)
```

这段代码是有问题的，不是 Python 代码质量而是测试逻辑。逐一判断被列举的车次是否以 T 开头，验证了所有被列举的车次都是特快车型，但是无法保证是否有特快车次被意外地排除在结果之外。

比如，从 A 市到 B 市，有 T1、T2、T3、Z1 等车次。在勾选"T- 特快"选项后，如果筛选结果意外包含了 Z1，测试逻辑是可以发现这个问题的。但是，如果筛选结果包括 T1 和 T2，意外漏掉了 T3，测试逻辑是无法发现的。要解决这个问题，我们可以在筛选操作之前，先把所有的车型都获取到，保存在一个 list 中。

```
trains = []
elements = browser.find_elements_by_css_selector("#queryLeftTable>tr")
for elem in elements:
    train_info = elem.get_attribute("datatran")
    if not train_info:
        continue

    trains.append(train_info)
```

这样，我们就可以做进一步的验证，保证相关车次没有遗漏，全部出现在结果中。

```
elements = browser.find_elements_by_css_selector("#queryLeftTable>tr")
filtered_trains = []
for elem in elements:
    train_info = elem.get_attribute("datatran")
    if not train_info:
        continue

    filtered_trains.append(train_info)
    assert train_info.startswith('T')

for train in trains:
    if not train.startswith('T'):
        continue

    assert train in filtered_trains
```

自动化测试仍然是测试，我们要保证测试逻辑的正确性，这是软件测试工作的基础。

5.3.2　用变量澄清代码逻辑

在范例代码中，我们定义了一系列必需的 Python 变量。在这一节里，我们要讨论的是更广义上的变量。在演示范例中，我们用代码实现了余票查询页面的车型筛选功能：

- 选择"上海"为出发站点。
- 选择"北京"为目的站点。
- 选择"特快"车型，确认所有的特快车型被筛选出来。

如果我们做一些延伸思考，就会发现"上海""北京""车型"是这个具体的问题域中的变量，我们可以选择"上海"作为出发站点，也可以选择"武汉"或者其他站点，我们在这个测试用例中测试的车型筛选类型是"特快"，我们也可以把相同（或者非常相似）的测试逻辑应用于测试"动车"类型或者其他类型。

在范例代码中，这些广义上的变量和代码逻辑混杂在一起（这也是工程实践中普遍存在的一个问题），这让代码不容易被理解，也对代码重用和维护带来了困难。

```
elem = browser.find_element_by_id('fromStationText')
elem.click()

elements = browser.find_elements_by_css_selector("ul.popcitylist>li")
for elem in elements:
    if elem.text == '上海':
        elem.click()
        break
```

对于这样的广义上的变量，我们应该为之创建相应的 Python 变量，澄清和强调其变的特性。

```
station_from = '上海'
elem = browser.find_element_by_id('fromStationText')
elem.click()

elements = browser.find_elements_by_css_selector("ul.popcitylist>li")
for elem in elements:
    if elem.text == station_from:
        elem.click()
        break
filter_train_type_code = 'T'
elem = browser.find_element_by_css_selector("#_ul_station_train_code>li>input.
    check[value='{TRAIN_TYPE_CODE}']".format(filter_train_type_code))
elem.click()
```

这个问题看起来很小，但表现出来的是一种编程的思维方式，它要求我们对问题做更深入的思考，看清楚相关的一组逻辑之间的相同点和不同点，只有做好了这一点，我们才能为高质量代码设计和重构打好基础。

5.3.3 DRY 原则

软件编程领域有一个非常重要的原则，叫作 DRY（Don't Repeat Yourself），它的核心思想是尽可能避免重复代码，因为重复代码会带来一些问题：

- 让程序体积无谓地增大。
- 如果重复代码有 bug，我们在修复 bug 的时候不仅要保证修复方案的正确性，还要保证把修复方案应用到所有的重复代码中去，带来了很大的工作量，很容易出现遗漏。

要做到 DRY 原则，有很多不同层面的方式，初级程序员可以从设计可重用的函数入手。在上一节里，我们讨论了如何用变量帮助澄清代码逻辑，改进了指定起始站点和目的站点的代码。

```
station_from = '上海'
elem = browser.find_element_by_id('fromStationText')
elem.click()
elements = browser.find_elements_by_css_selector("ul.popcitylist>li")
for elem in elements:
    if elem.text == station_from:
        elem.click()
        break

station_to = '北京'
elem = browser.find_element_by_id('toStationText')
elem.click()
elements = browser.find_elements_by_css_selector("ul.popcitylist>li")
for elem in elements:
    if elem.text == station_to:
        elem.click()
        break
```

在经过了逻辑上的变量化以后，我们就可以比较清晰地看出，从热门城市列表中选择指定城市的逻辑是相同的，这是重复代码，应该为这段逻辑抽取出可以复用的函数。

```
def select_city_from_pop_cities(browser, city_name):
    elements = browser.find_elements_by_css_selector("ul.popcitylist>li")
    for elem in elements:
        if elem.text == city_name:
            elem.click()
            return

    raise Exception("City '{}' not found".format(city_name))
```

在抽取出这个函数之后，测试用例的代码就可以大幅简化。

```
station_from = '上海'
browser.find_element_by_id('fromStationText').click()
select_city_from_pop_cities(browser, station_from)

station_to = '北京'
browser.find_element_by_id('toStationText').click()
select_city_from_pop_cities((browser, station_to))
```

在项目实践中，软件代码中或多或少会有一些重复代码，毕竟复制粘贴是短期内成本最低的写代码的方式，后果不会在短期内显露出来。在项目时间紧张的情况下，一定程度的重复代码也不失为一种可以接受的妥协。作为程序员，我们可以接受妥协，但是必须清醒地意识到这是妥协，必须知道在条件允许的情况下如何减少重复代码并努力去做到。

5.3.4　改善代码可读性

写代码其实是一种社交活动，它沟通的对象不只是机器（让代码可执行），也包括人（让代码易理解）。代码可读性是指代码是否容易被阅读和理解，是代码质量非常重要的衡量标准。

在任何严肃的软件开发实践中，工程团队都需要理解现有的代码逻辑，以重构改进，或者修复 bug，或者增加新的功能。如果代码的可读性比较差，程序员理解起来就有难度，就需要更多的时间阅读代码，有更大的可能会误解代码逻辑，完成任务需要花更多的时间和精力。更严重的是，如果现有代码的可读性很差，维护人员会倾向于尽量不去改动，或者只做很小的局部改动，避免做更大范围的重构改进，这会让代码可读性和软件质量陷入恶性循环。

代码的可读性是一个很大的话题，在这一节里，我们先来看看对于初级程序员容易理解也容易实施的代码可读性改进思路。

1. 合理使用空行

划分段落是自然语言写作的基本方法，可以把文章的层次比较清晰地表现出来。与此类似，在代码中合理使用空行，可以在视觉上划分代码逻辑，便于阅读。

比如，范例中有如下代码，没有空行，不容易看出段落关系。

```
elem = browser.find_element_by_id('fromStationText')
elem.click()
elements = browser.find_elements_by_css_selector("ul.popcitylist>li")
for elem in elements:
    if elem.text == '上海':
        elem.click()
        break
elem = browser.find_element_by_id('fromStationText')
elem.click()
elements = browser.find_elements_by_css_selector("ul.popcitylist>li")
for elem in elements:
    if elem.text == '上海':
        elem.click()
        break
```

在不进行任何其他形式的代码重构的情况下，我们简单地加上一个空行，就可以在很大程度上划分段落，改进代码可读性。

```
elem = browser.find_element_by_id('fromStationText')
elem.click()
elements = browser.find_elements_by_css_selector("ul.popcitylist>li")
for elem in elements:
    if elem.text == '上海':
```

```
        elem.click()
        break

elem = browser.find_element_by_id('fromStationText')
elem.click()
elements = browser.find_elements_by_css_selector("ul.popcitylist>li")
for elem in elements:
    if elem.text == '上海':
        elem.click()
        break
```

2. 合理使用空格

在 Web Driver 元素定位表达式中，有时候会涉及多层级元素定位。比如，在购买车票范例代码中，我们需要选择"第二天"作为出发日期来查询余票。

```
elements = browser.find_elements_by_css_selector("div#date_range>ul>li")
elements[1].click()
```

这样的元素定位表达式不容易写，也不容易读。这虽然是由 HTML 和 CSS 的特性决定的，但是我们仍然可以通过空格在一定程度上改进代码。

```
elements = browser.find_elements_by_css_selector("div#date_range > ul > li")
elements[1].click()
```

这种空格的引入，不会改变元素定位的逻辑，但是可以更清晰地体现元素定位的层级关系，让代码更易读。

3. 用全小写单词加下划线为方法和变量命名

全小写单词加下划线是 Python 推荐的为方法和变量命名的方式。很多有其他编程语言背景的程序员在转向 Python 之后，还是习惯驼峰命名方式，这不会影响代码的逻辑，但是会给代码阅读带来一定的麻烦。

Java 的命名范例如下所示。

```
// variable name
String userName = 'Ava'

// method name
public void getUserByName(String userName) {
}
```

Python 的命名范例如下所示。

```
# variable name
user_name = 'Ava'

# method name
```

```
def get_user_by_name(user_name):
    ...
```

代码的可读性无疑会在一定程度上约束程序员的编码行为，很多程序员觉得被束缚，觉得自己原本可以更快地实现软件功能，原本可以有更多产出。事实真的是这样吗？

我们来思考一个问题：交通规则有没有"束缚"司机们的驾驶行为？当然有！正因为存在这样的约束，要求每个驾驶员不能"为所欲为"，复杂的交通才可以更加安全、有序和高效。同理，代码的可读性对程序员做出了一定的约束，牺牲了一点效率，但是，这会在整个团队的协作效率上得到巨大的回报。

5.4　本章小结

本章以 12306 网站的余票车型筛选功能为例，演示了如何撰写正式的测试用例设计文档，以及利用我们已经掌握的 Python、PyTest、Selenium 知识把测试用例自动化。

能写出可以工作的代码，这是对自动化测试工程师的基本要求。在这个基础上，我们分析范例代码中的问题，提出了初级程序员可以理解和执行的一系列改进思路，在这个过程中，我们可以直观地看到代码如何被改善，以及背后的思路，对于工程师来说，这比看到一份现成的完美代码更具价值。

## 第 6 章

Python 进阶

对 Python 有了基本的掌握之后，我们已经有能力开展一定程度的自动化测试工作，这是可喜的进步。只是如果以此为职业，我们需要更加专业，需要对编程语言的特性有更多的了解，这样才可能实现更高效率和更高质量的自动化测试。

在这一章里，我们来夯实 Python 语言基础。

6.1 基本数据类型的深入了解

我们已经对 Python 的一些内置数值类型有了基本的了解，包括字符串、整型数、浮点数、布尔类型、list、dict 等，接下来，我们更进一步，对 Python 的基础数据类型进行更深入的学习。

6.1.1 转义字符

转义字符（escape character）是一类特殊的字符，这类字符需要被特别处理，因为它们主要用于控制，而不是被当成字面的字符来处理。

比如，"n" 是一个普通的长度为 1 的字符串，但是 "\n" 是一个转义字符，大部分情况下，我们不能把它当成普通的长度为 2 的字符串，Python 以及在大部分其他编程语言会把它解析为换行符号，这在文本处理的程序里面是非常常见的。

来看一个例子。

```
>>> print("I see trees of green, red roses too")
I see trees of green, red roses too

>>> print("I see trees of green,\nred roses too")
I see trees of green,
red roses too
```

我们可以看到，利用换行这种转义字符，可以让 Python 对字符串有针对性地特别处理。

表 6-1 所示是最常用的转义字符。

表 6-1　最常用的转义字符

转义字符	释　义	转义字符	释　义
\n	开始新的一行	\a	让计算机"叮"一声响
\t	tab 缩进		

大部分的转义字符都是以"\"开头，后面接一个字符（不以"\"开头的转义字符本书不做讨论）。对此，初学者可能会有如下一些疑问：

- 如何输入"\"本身而不被当作一个转义字符的起始符？
- 如何输入单括号（或者双括号）而不被当作界定字符串的边界？

答案如表 6-2 所示。

表 6-2　特殊的转义字符

转义字符	释　义	转义字符	释　义
\\	\	\"	"
\'	'		

我们用如下例子来说明。

```
>>> print("2019\\09\\09")
2019\09\09

>>> print("Shaquille O'Neal")
Shaquille O'Neal

>>> print('Shaquille O\'Neal')
Shaquille O'Neal
```

还有一些情况，字符串中可能有转义字符，但是我们不希望 Python 把它们当作转义字符来处理，这种情况下，我们需要在指定字符串的时候加上 r 的前缀，表示 raw。

```
>>> print(r"2019\\09\\09")
2019\\09\\09
```

Windows 系统的路径格式中有大量的"\"，我们需要特别注意，处理不当的话，很容易让原本有效的路径变得无效。

6.1.2　字符串的不可变性

以足球巨星罗纳尔多的名字为例。

```
>>> name = 'ronaldo'
>>> name
'ronaldo'
```

在这个例子中，ronaldo 是小写字母开头的，从人名书写的角度来说，这是不规范的，因为首字母需要大写，这可以通过字符串的 capitalize 方法来修正。

```
>>> name = 'ronaldo'
>>> name.capitalize()
'Ronaldo'
```

在这里，我们需要特别注意以下一个现象。

```
>>> name = 'ronaldo'
>>> name.capitalize()
'Ronaldo'
>>> name
'ronaldo'
```

在执行 name.capitalize 方法之后，我们可以看到交互解释器里输出的是首字母已经大写的字符串。但是当我们再回头确认 name 的值的时候，发现它仍然是最开始的值，全部是小写字母，这是为什么？

这是因为字符串对象是不可变的，我们看到的修改之后的字符串是一个新的字符串对象，只有把 name 变量指向这个新的字符串对象之后，才可以通过 name 看到期望的修改结果。

因为字符串对象具有不可变性，我们可以根据下标来取得字符串某个位置的值，但是不能通过下标来更新那个位置的字符。

```
>>> name = 'ronaldo'

>>> name[0]
'r'

>>> name[0] = 'R'
Traceback (most recent call last):
  File "<stdin>", line 1, in <module>
TypeError: 'str' object does not support item assignment
```

所以，我们可以调用字符串类型的 capitalize 方法来让首字母大写，但是改写之后的结果会生成一个新的字符串对象，不会让原字符串"原地更新"。通常，我们可以通过赋值来复用变量。

```
>>> name = 'ronaldo'
>>> name
'ronaldo'

>>> name.capitalize()
'Ronaldo'

>>> name
```

```
'ronaldo'

>>> name = name.capitalize()
>>> name
'Ronaldo'
```

这是字符串的一个重要的特性，请读者好好体会。

6.1.3　深入了解布尔类型

来看几个代码片段。以下这几个表达式得到的结果都是 True。

```
>>> 3 > 1
True
>>> 1 + 1 == 2
True
>>> "lie" in "believe"
True
```

以下这几个表达式得到的结果都是 False。

```
>>> '鹿' == '马'
False
>>> 1 + 1 != 2
False
```

True 和 False 是布尔值，在 Python 语言里，它们是两个常量，分别对应 int 型的 1 和 0。

```
>>> True == 1
True

>>> False == 0
True

>>> True == 2
False
```

在 Python 的逻辑运算中，除了 False 本身，常见类型的"空值"也会被认定是 False，比如数值 0、空字符串、空的 list，空的 dict 等。通过 bool 函数，我们可以把其他类型的对象转换成布尔型。

```
# 数值类型
>>> bool(100)
True

>>> bool(-1)
True

>>> bool(0)
False
```

```
>>> bool(1.2)
True
# 字符串类型
>>> bool("Hello")
True

>>> bool("0")
True

>>> bool("")
False

>>> bool("False")
True
# 队列类型
>>> numbers = [1, 2, 3]
>>> bool(numbers)
True

>>> numbers = [0]
>>> bool(numbers)
True

>>> numbers = []
>>> bool(numbers)
False
# dict/map类型
>>> student = {
...     "name": "Ryan",
...     "age": 11
... }
>>> bool(student)
True

>>> student = {}
>>> bool(student)
False
```

我们甚至可以省去 bool 操作，直接把这些类型的对象用于逻辑判断。

```
number = 3344
if number:
    print("yes")
name = "Python"
if name:
    print('Hello', name)
cities = []
if not cities:
    print('no cities specified')
```

自定义的类对象也可以进行 bool 操作，但是，除非用户能清晰无歧义地认定这种操作的意义，否则我们应该避免使用这种方式，而是用类的成员方法来显式实现，减少误解，因为函数名可以澄清函数的意图，帮助用户理解。比如，一个学生类的实例，如果我们直接用 bool 操作得到一个 False 的结果，这到底是代表这个学生毕业了？辍学了？还是一个学分都没有拿到呢？

Python 有一个重要的设计理念——显式比隐式好，但对布尔类型的设计是与此违和的，但这并不妨碍它用起来让人感觉得心应手。

6.1.4　set

set 是一种特别的数据结构，融合了 list 和 dict 的特性，我们可以把它看作没有重复元素的 list，或者是只有 key 没有 value 的 dict。

我们已经知道如何定义一个队列。

```
mvp_list = ['Harden', 'Westbrook', 'Curry']
```

如果把中括号换成花括号，我们就定义了一个 set。

```
mvp_set = {'Harden', 'Westbrook', 'Curry'}
```

我们先来看 set 和 list 的相同点，它们都可以判断包含关系。

```
>>> 'Curry' in mvp_list
True
>>> 'Curry' in mvp_set
True
```

都支持遍历。

```
for mvp in mvp_list:
    print(mvp)

for mvp in mvp_set:
    print(mvp)
```

都可以取得所包含的元素的个数。

```
>>> len(mvp_list)
3
>>> len(mvp_set)
3
```

接下来我们看 set 和 list 不一样的地方。首先，set 不可以包含重复元素。我们可以尝试在 set 里放入重复的元素，这个操作并不会出错，但是 set 会自动去除重复的元素。

```
>>> mvp_set = {'Harden', 'Westbrook', 'Curry', 'Curry', 'KD'}
>>> mvp_set
{'KD', 'Curry', 'Harden', 'Westbrook'}
```

我们可以通过 add 方法尝试向 set 对象里添加元素，set 会确保没有重复元素被实际插入。

```
>>> mvp_set
{'KD', 'Curry', 'Harden', 'Westbrook'}

>>> mvp_set.add('Curry')
>>> mvp_set
{'Harden', 'KD', 'Curry', 'Westbrook'}

>>> mvp_set.add('Lebron')
>>> mvp_set
{'Harden', 'KD', 'Lebron', 'Curry', 'Westbrook'}
```

从一个 set 中删掉指定的元素有两个方法可用，分别是 remove 方法和 discard 方法，它们有一个区别，当尝试删掉的元素并不存在的时候，remove 会抛出异常，而 discard 不会。

```
>>> mvp_set = {'Harden', 'Westbrook', 'Curry', 'KD'}
>>> mvp_set.remove('Westbrook')
>>> mvp_set
{'KD', 'Curry', 'Harden'}
>>>
>>> mvp_set.discard('Leonard')
>>> mvp_set
{'KD', 'Curry', 'Harden'}
>>>
>>> mvp_set.remove('Leonard')
Traceback (most recent call last):
  File "<stdin>", line 1, in <module>
KeyError: 'Leonard'
```

很多应用场景下，我们需要从其他的数据类型中生成 set。比如，我们有一个队列对象，是历年 NBA 常规赛 MVP（最有价值球员）名单。

```
mvp_list = ['Harden', 'Westbrook', 'Curry', 'Curry', 'KD', 'Lebron', 'Lebron',
'Rose', 'Lebron', 'Lebron', 'Kobe', 'Nowitzki']
```

想知道这些年中都有谁获得过常规赛 MVP，我们可以用 list 的遍历来做到。

```
mvp_set = set()
for mvp in mvp_list:
    if mvp not in mvp_set:
        mvp_set.add(mvp)

print(mvp_set)
```

得到如下结果：

```
{'Kobe', 'Westbrook', 'Rose', 'Nowitzki', 'KD', 'Harden', 'Lebron', 'Curry'}
```

由于 set 的特性，add 操作会自动判断重复元素，从而决定是否需要真正做添加的操作，所以，我们完全可以把条件判断语句去掉。

```
mvp_set = set()
for mvp in mvp_list:
    mvp_set.add(mvp)

print(mvp_set)
```

可以得到如下结果：

```
{'Kobe', 'Westbrook', 'Rose', 'Nowitzki', 'KD', 'Harden', 'Lebron', 'Curry'}
```

其实我们还可以直接通过 list 对象来创建 set，简洁又易读。

```
>>> mvp_set = set(mvp_list)
>>> mvp_set
{'Harden', 'Kobe', 'KD', 'Nowitzki', 'Lebron', 'Rose', 'Curry', 'Westbrook'}
```

set 的核心特性是元素的唯一性，在使用这种数据结构的时候，这应该是我们考虑的重点。

比如，有两个 set，分别是近年 NBA 的常规赛和总决赛的 MVP。

```
>>> mvps = {'Harden', 'Westbrook', 'Curry', 'KD', 'Lebron', 'Rose', 'Kobe', 'Nowitzki'}
>>> fmvps = {'KD', 'Lebron', 'Iguodala', 'Leonard', 'Nowitzki', 'Kobe'}')
```

通过 union 方法，我们可以得到两个 set 的并集：近年来获得过常规赛或者总决赛 MVP 的球员。

```
>>> mvps.union(fmvps)
{'Harden', 'Kobe', 'KD', 'Nowitzki', 'Leonard', 'Lebron', 'Rose', 'Curry',
    'Westbrook', 'Iguodala'}
>>> mvps
{'Harden', 'Kobe', 'KD', 'Nowitzki', 'Lebron', 'Rose', 'Curry', 'Westbrook'}
```

要注意的是，union 操作会返回一个新的 set，不会修改参与 union 的已有 set。

通过 intersection 方法，我们可以得到两个 set 的交集，来看看近年来既获得过常规赛 MVP 也获得过总决赛 MVP 荣誉的球员。

```
>>> mvps.intersection(fmvps)
{'KD', 'Lebron', 'Nowitzki', 'Kobe'}
```

通过 difference 方法，我们可以得到两个 set 的差集，来看看在常规赛"打酱油"，但是在总决赛"打鸡血"的都有谁。

```
>>> fmvps.difference(mvps)
{'Leonard', 'Iguodala'}
```

在常规赛中"光芒万丈"，但是在季后赛或者总决赛中"空余恨"的都是谁。

```
>>> mvps.difference(fmvps)
```

```
{'Curry', 'Rose', 'Harden', 'Westbrook'}
```

set 的结果告诉我们，史蒂夫·库里没有获得过 FMVP 荣誉！（截至 2019 ~ 2020 赛季）

6.1.5 tuple

list 是很灵活的数据结构，我们可以很容易地更新它。但是，有些情况下我们不希望它这么灵活。比如，把一周七天的英文简写确定下来之后，我们希望这些值被确定下来不被修改，这种情况需要用到 tuple（元组）。

tuple 和 List 的差异很小，但是有一个非常明显的差异，即 tuple 是只读的。

定义一个 list，用中括号：

```
week_days = ['Mon', 'Tue', 'Wed', 'Thu', 'Fri', 'Sat', 'Sun']
```

定义一个 tuple，用小括号：

```
week_days = ('Mon', 'Tue', 'Wed', 'Thu', 'Fri', 'Sat', 'Sun')
```

因为 tuple 可以被认为是只读的 list，所以我们可以根据对 list 的了解来学习 tuple。

● list 的"读取"操作对于 tuple 都是适用的。

● list 的"修改"操作对于 tuple 都是非法的。

比如，对于 tuple，我们可以根据下标取值、可以遍历、可以获取长度，等等，这些都不涉及修改的操作。

```
>>> week_days_tuple = ('Mon', 'Tue', 'Wed', 'Thu', 'Fri', 'Sat', 'Sun')
>>> week_days_tuple
('Mon', 'Tue', 'Wed', 'Thu', 'Fri', 'Sat', 'Sun')
>>> week_days_tuple[0]
'Mon'
```

那么，哪些操作涉及修改呢?

不允许根据下标修改元素的值：

```
>>> week_days_tuple[2] = 'Wen'
TypeError: 'tuple' object does not support item assignment
```

不允许调整元素位置：

```
>>> week_days_tuple.sort()
AttributeError: 'tuple' object has no attribute 'sort'

>>> week_days_tuple.reverse()
AttributeError: 'tuple' object has no attribute 'reverse'
```

不允许添加元素：

```
>>> week_days_tuple.append('Extra')
```

```
AttributeError: 'tuple' object has no attribute 'append'
```

不允许删除元素：

```
>>> week_days_tuple.remove('Mon')
AttributeError: 'tuple' object has no attribute 'remove'
```

在这里不打算把所有支持和不支持的情况都列举出来，更多的操作能否应用于 tuple，需要读者思考、判断和尝试。

接下来，我们讨论 tuple 的另外一个用途。我们已经知道如何定义一个 tuple。

```
>>> candidates = ('Giannis', 'Paul George', 'Harden')
>>> type(candidates)
<class 'tuple'>
```

其实，我们定义 tuple 的时候甚至可以把圆括号去掉，用更简洁的方式。

```
>>> candidates = 'Giannis', 'Paul George', 'Harden'
>>> type(candidates)
<class 'tuple'>
>>> candidates
('Giannis', 'Paul George', 'Harden')
```

我们可以把一个 tuple 的值整体赋给另外一个变量。

```
>>> candidates_copy = candidates
>>> candidates_copy
('Giannis', 'Paul George', 'Harden')
```

除了这种用一个变量来接收整个 tuple 变量的方式以外，我们还可以用几个变量来分别接收 tuple 的元素。

```
>>> candidate1, candidate2, candidate3 = candidates

>>> candidate1
'Giannis'
>>> candidate2
'Paul George'
>>> candidate3
'Harden'
```

tuple 的语法特性需要读者仔细体会，在后续的章节中，会有更多的内容涉及它。

6.1.6　整型数的设计很优秀

如果你有 Java/C++/C# 的编程经验，对 int（整型）和 long（长整型）一定不会陌生。但是，即使很熟悉，你也未必很有成就感，因为不好用、不顺手。我们以 Java 为例，来看看为什么会有 int/long 类型的区分带来的问题。

Java 用 4 个字节来存储 int 类型的数值，能表达的最大值是 2 147 483 647（约 21 亿）；

用 8 个字节来存储 long 类型的数值，能表达的最大值是 9 223 372 036 854 775 807。

假设需要一个变量来定义一个人的财富，我们可能会用一个整型数，写下如下代码。

```java
// Java code example:
int wealthAmount;
```

这行代码在大部分时候都没有问题，但当某人拥有的财富很多时（比如超过 21 亿），这行代码就不适用了，我必须用 long 替换 int，把代码更新成这样：

```java
// Java code example:
long wealthAmount;
```

这样修改以后，这行代码可以处理更广泛的情况。如果这行代码在应用中所涉及的不超过 21 亿，那么，我们能不能先使用 int 类型以节约内存空间，等以后 int 类型不足以覆盖数值范围，我们再把数据类型修改成 long 类型？

这种思路是可行的，但是在实际操作中的代价很高，因为我们要修改的可能远不止这一个变量本身的定义，还会涉及很多相关的函数接口的更新。所以，Java 程序员倾向于一步到位，直接用 long 类型，宁可装不满，不能装不下！

在某种程度上来说，这是编程语言的设计缺陷，因为把语言的实现细节暴露出来了，让用户来处理一些他们其实并不应该关心的细节，这就是 Java/C++/C# 等语言中 int/long 类型的尴尬境地。

Python3 有更好的解决方案。Python3 不区分 int（整型）和 long（长整型），统一为 int 类型。并且，Python3 突破了传统的整型数的设计，它会根据数值的大小，动态地分配必要的内存空间来存放数据，而理论上所有的内存空间都可用。

6.1.7　浮点数为什么算不准

我们已经提到过，对于小数，Python 用浮点数来表达。但是，浮点数只能用于表达有限小数，不能用于表达无限小数，不管是无限不循环小数还是无限循环小数。

原因不难理解：对于无限小数，比如 1/3，无论保留小数点后多少位，我们都只能得到真正结果的近似值。根据精度要求的不同，这个近似值可以是 0.3，也可以是 0.333 333 333 333 333 3，但是它们都是近似值。

那么，对于有限小数，比如 0.6、0.5，Python 一定可以准确表达吗？不一定！我们来分析原因。

对于整数，十进制能表达的值一定能用二进制来表达，因为虽然它们的进制不一样，但是它们的步长是相等的，都是 1。

对于小数，十进制的小数点后第一位是把整数的步长 1 均分为 10 份，即每份 0.1，小数点后第二位是把 0.1 再均分为 10 份，即每份 0.01，以此类推。二进制的小数点后第一位是把整数的步长 1 均分为 2 份（因为是二进制），即每份 0.5，小数点后第二位是把 0.5 再均分为 2 份，即每份 0.25，小数点后第三位是把 0.25 再均分为 2 份，即每份 0.125，以此类推。

所以，十进制的 0.5 可以用二进制的 0.1 来表示，十进制的 0.75（0.5 + 0.25）可以用二进制的 0.11 来表示，对于二进制来说，它们是"规整"的值。

```
>>> 0.2 + 0.3
0.5

>>> 0.23 + 0.27
0.5
```

十进制的 0.6 对于二进制而言则是一个"不规整"的值，无法精确地表达，即使有无限个小数位也无法表达，只能无限逼近。正是因为这个问题的存在，我们会看到一些奇怪的现象。

0.2 加 0.4 的结果竟然不是 0.6。

```
>>> 0.2 + 0.4
0.6000000000000001

>>> 0.2 + 0.4 == 0.6
False
```

但是，换成另外一组小数，却又变成熟悉的结果。

```
>>> 0.1 + 0.3
0.4

>>> 0.1 + 0.3 == 0.4
True
```

这两个数明明不相等，但是 Python 认为它们相等。

```
>>> 0.10000000000000001 == 0.100000000000000005
True
```

这是用二进制来表达十进制小数的一个限制，没有办法完美解决，我们只能接受这个不完美的现实。

6.1.8　Decimal，准!

浮点数类型比较原始，它将计算机的缺陷直接暴露在程序员面前，其计算结果违背了基础数学知识。

我们需要更好的方案，Decimal 就是其中之一。

Decimal 是一个 Python 模块，它设计了一个 Decimal 数据类型以及一系列相关的函数，基本上让我们能够以符合数学常识认知的基础上做浮点数运算。说"基本上"，是因为还是有一些情况需要我们加以小心。

使用 decimal 模块的前提是导入这个模块。

```
>>> from decimal import Decimal
```

尝试定义两个 Decimal 类型的对象，一切正常。

```
>>> Decimal('3.14')
Decimal('3.14')

>>> Decimal('3.1415926')
Decimal('3.1415926')
```

但是请注意，我们在创建 Decimal 对象的时候，给出的参数是字符串，比如 3.14，如果给定的参数就是 float 类型呢？

```
>>> Decimal(3.14)
Decimal('3.140000000000000124344978758017532527446746826171875')
```

为什么又出现了小数点后那么长的位数？

我们在构造一个 Decimal 对象的时候，可以用整数值，可以用字符串，可以用 Tuple，也可以用浮点数。当用字符串 3.14 来构造 Decimal 对象的时候，我们给了 Decimal 明确的、精确的值；而当用浮点数 3.14 来构造 Decimal 对象的时候，因为浮点数没法精确地描述 3.14，只能近似描述为 3.140 000 000 000 000 124 344 978 758 017 532 5……，Decimal 的构造函数接收到的是这个近似值，所以我们看到一长串的小数位。

所以，我们应该尽量避免直接用浮点数来构造 Decimal，尽量用字符串来构造。

接下来我们来看看基本的计算。

```
>>> Decimal('1.1') + Decimal('2.2')
Decimal('3.3')

>>> Decimal('2.3') - Decimal('1.5')
Decimal('0.8')

>>> Decimal('2.3') * 2
Decimal('4.6')

>>> Decimal('4.5') / 9
Decimal('0.5')
```

再多试一些例子，又会看到一些问题。

```
>>> Decimal('3.14') + Decimal('1.21')
Decimal('4.4')
```

出现这样的问题，是因为 Decimal 模块设定精确度的影响，用 getcontext() 函数来看看 Decimal 的设定。

```
>>> getcontext()
Context(prec=2, rounding=ROUND_HALF_EVEN, Emin=-999999, Emax=999999, capitals=1,
    clamp=0, flags=[Inexact, FloatOperation, Rounded], traps=[InvalidOperation,
    DivisionByZero, Overflow])
```

我们先来关注其中的一个设定。

```
prec=2
```

prec 是指精确度（precision）。要特别注意，这里的精确度不是指小数点后的位数，而是整个数值（包括整数部分）的位数。

```
>>> Decimal('0.14') + Decimal('0.21')
Decimal('0.35')

>>> Decimal('11.1') + Decimal('22.2')
Decimal('33')

>>> Decimal('11.2') + Decimal('22.9')
Decimal('34')
```

我们更关注的是小数点后的精确度，而在 Decimal 模块的这个设计中，整数位的长度会影响计算的结果，这让我们无法准确控制结果的精确度。

此外，这个精确度值是针对计算的结果，不针对直接创建的 Decimal 值。

```
>>> Decimal('7.0000001')
Decimal('7.0000001')

>>> Decimal('7.0000001') + Decimal('1.0000888')
Decimal('8.0')
```

在 Decimal 发布对精确度指定更好的支持之前，我们可以把精确度设定为一个比较大的值（比如 30），这样即使把整数位也考虑进去，小数点后的精确度仍然有更大的可能满足我们的要求，数据丢失的可能性会降低。

```
>>> getcontext().prec = 30

>>> Decimal('11.2') + Decimal('22.9')
Decimal('34.1')

>>> Decimal('11.231211') + Decimal('22.92322')
Decimal('34.154431')
```

当然，这么做会有一个副作用，那就是小数点后可能会有很多位，而我们的实际需求根本就不需要那么高的精确度，这种情况下再配合适用 round 方法，就可以得到我们期望的精确度。

比如，有人年薪 10 万，我们计算他的平均月薪。

```
>>> annual_income = Decimal(100000)
>>> annual_income
Decimal('100000')
>>>
>>> getcontext().prec = 30
>>> annual_income / 12
Decimal('8333.33333333333333333333333333')
>>>
>>> round(annual_income / 12, 2)
Decimal('8333.33')
```

6.2　深入了解函数

经过之前章节的学习，我们已经对函数有了基本的认识。作为编程的核心概念之一，函数有更多深入的知识等待我们学习。

6.2.1　函数的调用

函数是一种对象类型，本身是一个静态的概念，意味着"我能做的事情"。

```
>>> from datetime import datetime
>>>
>>> datetime.utcnow
<built-in method utcnow of type object at 0x106cb6628>
```

函数调用是动态的概念，是让函数"动手做吧"。

```
>>> from datetime import datetime
>>>
>>> datetime.utcnow()
datetime.datetime(2020, 2, 25, 12, 59, 6, 108765)
```

不同的函数可能有不同的参数列表，在调用的时候，我们需要相应地提供参数。有些函数的参数列表是空的，比如 datetime.utcnow，在调用它的时候，我们不能提供参数，否则会出错。

```
>>> datetime.utcnow('gmt')
Traceback (most recent call last):
  File "<stdin>", line 1, in <module>
TypeError: utcnow() takes no arguments (1 given)
```

有些函数的调用需要提供一个参数。

```
>>> import random
```

```
>>> random.choice([111, 222, 333, 444])
111
```

有些函数的调用需要提供多个参数。

```
>>> from datetime import date
>>> birth_date = date(2013, 2, 28)
>>> print(str(birth_date))
2013-02-28
```

提供调用参数的时候，不仅需要提供合理的值，还需要注意顺序，否则，调用有可能会出错，或者出现得到意外的结果。

6.2.2 函数的返回

return 是 Python 的一个关键字，用于函数体中（也只能用于函数体中），结束函数的执行，把返回值带回给调用方。

函数可以没有 return 语句，但一定有返回值。如果函数没有显式的 return 语句，函数默认返回 None。要注意的是，调用方可以不接收函数的返回值，这不影响函数的执行，也没有语法错误。

比如，我们可以调用 datetime.now() 函数获取当前时间，用变量 current_time 来接收这个函数调用的结果。

```
from datetime import datetime

current_time = datetime.now()
```

如果以上函数的调用结果没有变量来接收，代码看起来就很怪异。

```
from datetime import datetime

datetime.now()
```

有些情况下，代码没有达成我们期望的结果，但是却不容易一眼看出问题，因为我们可能没有正确理解函数的设计，或者对语言的理解有偏差。

```
scores = [77, 99, 60, 100]
sorted(scores)

country = 'australia'
country.capitalize()
```

return 语句可以指定一个确定的返回值。

```
return 'Hello World'
```

也可以指定一个表达式，表达式会被计算，计算的结果被 return 语句返回。

```
return 1 + 100
```

也可以指定一个函数调用，函数被调用、执行、返回，返回值被 return 语句返回。

```
return 'Hello World'.upper()
```

在 C/C++/Java 等流行的编程语言里，一个函数只能有一个返回值。当然，我们可以利用复合数据类型，比如 list、map、类实例等，把多个值作为一个整体返回。在 Python 语言里，一个函数也只能有一个返回值。有一定 Python 编程背景的读者可能会有疑问：Python 明明可以返回多个值，就像下面代码中显示的那样。

```
def func1():
    return 'SUCCESS', 200

status, code = func1()
print(status)
print(code)
```

执行结果如下：

```
SUCCESS
200
```

在此重申一次：一个函数只能有一个返回值！我们看到的"多个"返回值，其实只是一个值，这种类型叫作 tuple。

Python 是弱类型语言，在设计函数的时候，我们无须指定返回类型，可以在不同的条件下返回不同类型的值，这在强类型的编程语言里是比较难实现的。当然，这是一把双刃剑，设计不当的话，可能会让代码陷入混乱。

6.2.3 不支持函数重载

函数重载（Overload），在计算机编程里是指在相同的作用域（类或者模块）内，有两个或更多方法具有相同的名字和不同的参数列表，根据调用方的参数的不同，相应的方法被调用。但是 Python 不支持函数重载，不支持相同作用域内的同名函数。

如果我们有如下的重载函数设计，结果会怎样？

```
def greet():
    print('Hi there')

def greet(name):
    print('Nihao', name)
```

这样的 Python 代码是"合法"的，只是结果不是重载，而是函数的重新定义，后面的函数声明会覆盖前面的函数声明。我们可以从调用结果来体会。

以下这段代码可以运行。

```
def greet():
    print('Hi there')

def greet(name):
    print('Nihao', name)

greet('Ava')
```

执行结果如下：

```
Nihao Ava
```

以下这段代码不能运行，有语法错误。

```
def greet(name):
    print('Nihao', name)

def greet():
    print('Hi there')

greet('Ava')
```

执行结果如下：

```
TypeError: greet() takes 0 positional arguments but 1 was given
```

如果理解这个结果？

对变量重新赋值的代码，我们已经非常熟悉：

```
obj = 3.14
obj = 'Get busy living'
obj += ', or get busy dying'

print(obj)
```

执行结果如下：

```
Get busy living, or get busy dying
```

我们也知道函数也是一种对象类型，def 关键字用于创建一个函数类型的对象，然后把它赋给一个变量。既然是变量，我们当然可以给它赋不同的值。当给变量重新赋值后，变量就只知道"新"值，而"旧"值就被忘记了。

事实上，因为 Python 的动态特性，我们甚至可以写出如下更加"意外"的代码，帮助理解这个问题。

```
def greet(name):
    print('Nihao', name)
```

```
greet = 'I am a string'

greet('Ava')
```

执行结果如下：

```
TypeError: 'str' object is not callable
```

在定义了 greet 函数之后，我们随即让 greet 指向了一个字符串，然后尝试调用 greet 函数。结果当然是出错，因为这个时候变量 greet 指向的是一个字符串，而字符串对象不是函数，是不可调用的。

6.2.4　默认参数

在上一节中，我们了解到 Python 不支持函数重载。不过，通过函数的默认参数的特性，我们可以在一定程度上模拟函数重载的效果。

在函数定义中，我们可以在参数列表里对参数设置默认值，函数的调用方可以选择提供或者不提供有默认值的参数。

```
def pay(amount, currency='cny'):
    print('paid', amount, currency)

pay(599)
pay(100, 'usd')
```

执行结果如下：

```
paid 599 cny
paid 100 usd
```

一个函数可以没有默认参数，可以有一个或多个默认参数，也可以同时有默认参数和非默认参数。在设计参数列表的时候，如函数同时有默认参数和非默认参数，默认参数一定要放在非默认参数之后，否则在被调用的时候，Python 无法正确判断参数的传递顺序。

以下是错误的参数顺序。

```
def set_address(street='', city='', province):
    pass
```

以下是错误的参数顺序。

```
def set_address(street='', province, city=''):
    pass
```

以下是正确的参数顺序。

```
def set_address(province, city='', street=''):
    pass
```

通过默认参数，我们可以澄清设计意图（默认值在一定程度上可以起到文档的作用），方便调用，提高对调用方的友好程度。作为函数的设计方，我们首先要确保默认值是合理的、公认的、不会引起误解的，这一点在很多情况下并不是很容易做到。如果做不到这一点，我们在设计函数的时候就应该避免设计默认参数，让调用方显式地提供相应的值，澄清意图，避免错误。

6.2.5　可变参数

在设计一个方法的时候，我们通常会根据实际的需求先确定好这个方法的参数列表，然后开始代码实现。如果需要设计一个函数来计算两个数的平均值，我们可以设计两个输入参数。

```
def average(value1, value2):
    pass
```

如果我们还想计算三个数的平均值呢？再加一个可选的参数。

```
def average(value1, value2, value3=0):
    pass
```

这个设计虽能满足需求，但是并不是最巧妙的方案，因为真正的需求显然不是计算两个或者三个数的平均值，而是计算多个（数量不确定）数的平均值。针对这种需求，我们需要用到可变参数的特性 [3]。先来看一段代码。

```
def average(*args):
    print(args)

average(1, 2)
average()
average(11, 22, 33)
```

执行结果如下：

```
(1, 2)
()
(11, 22, 33)
```

从运行结果可以看到，当我们把函数的参数设计成 *args，函数可以接受可变长度的参数，这些参数会被当作 tuple 类型接收到。根据对 tuple 的了解，我们可以遍历 tuple，可以根据下标来获取 tuple 中元素的值做计算。

```
def average(*args):
    if not len(args):
        return 0
```

```
    total = 0
    for arg in args:
        total += arg

    return total / len(args)

print(average())
print(average(11, 33))
print(average(11, 22, 33, 44))
```

执行结果如下：

```
0
22.0
27.5
```

另外，我们已经知道，在调用函数的时候，可以按顺序给定参数，也可以指定参数名来给定参数。

```
def get_orders(customer_id, user_id, client_id):
    print('customer id: ', customer_id)
    print('user id: ', user_id)
    print('client id: ', client_id)

customer_id = 11
user_id = 22
client_id = 33

get_orders(customer_id, user_id, client_id)
```

执行结果如下：

```
customer id:  11
user id:  22
client id:  33
```

像这种参数比较多并且可能值比较接近的情况，有可能因为参数给定的顺序弄混而得到了错误的结果，但是却很难被发现。

```
customer_id = 11
user_id = 22
client_id = 33

# this is correct:
get_orders(customer_id, user_id, client_id)

# this is incorrect but not easy to find out
get_orders(customer_id, client_id, user_id)
```

这种情况我们可以通过指定参数名的方式来给定参数，显式地指定参数传递的对应关系。

```
get_orders(client_id=client_id, customer_id=customer_id, user_id=user_id)
```

这种指定名字的参数给定方式，也可以做到支持可变参数。

```
def get_orders(**kwargs):
    print(kwargs)

customer_id = 11
user_id = 22
client_id = 33

get_orders(client_id=client_id, customer_id=customer_id, user_id=user_id, other_
    id=9527, other_list=['Shanghai', 'Beijing', 'Wuhan'])
```

执行结果如下：

```
{'client_id': 33, 'customer_id': 11, 'user_id': 22, 'other_id': 9527, 'other_
    list': ['Shanghai', 'Beijing', 'Wuhan']}
```

我们通常会两种方式同时支持可变参数，做到更大的灵活度。

```
def get_orders(*args, **kwargs):
    print('args: ', args)
    print('kwargs: ', kwargs)

customer_id = 11
user_id = 22
client_id = 33

get_orders(client_id, customer_id, user_id, other_id=9527, other_
    list=['Shanghai', 'Beijing', 'Wuhan'])
```

执行结果如下：

```
args:  (33, 11, 22)
kwargs:  {'other_id': 9527, 'other_list': ['Shanghai', 'Beijing', 'Wuhan']}
```

6.3　关于时间

时间是生活中非常重要的方面，在编程中也同样如此，以下我们来了解关于时间的编程场景和相应的处理方式。

6.3.1　时间差

时间区间的长度是用 timedelta 类型来处理的。比如，我们想知道一段代码的执行花了多少时间，可以按如下方式做。

```
>>> from datetime import datetime
>>> start_time = datetime.now()
```

```
>>> start_time
datetime.datetime(2019, 5, 23, 10, 14, 44, 661186)
>>>
>>> end_time = datetime.now()
>>> end_time
datetime.datetime(2019, 5, 23, 10, 15, 10, 843416)
>>>
>>> time_elapsed = end_time - start_time
>>> time_elapsed
datetime.timedelta(seconds=26, microseconds=182230)
```

两个 datetime 对象做减法的时候，得到的是一个 timedelta 对象，代表一个时间长度。timedelta 对象有一个 total_seconds 方法，可以取得这个时间长度的值，是以秒为单位的值。

```
>>> time_elapsed.total_seconds()
26.18223
```

很多时候，我们取得一个时间长度是为了做比较，比如判断某个操作的执行时间是否能在 10s 以内完成。

```
>>> time_elapsed
datetime.timedelta(seconds=26, microseconds=182230)

>>> time_elapsed.total_seconds() < 10
False

>>> time_elapsed.total_seconds() >= 10
True
```

那么，是否可以判断时间长度在三个月以内呢？答案是判断不了，因为"月"不是一个精确的时间单位，可能是 28 天，也可能是 29、30、31 天。所以，在编程语言里我们无法精确表示一个月的时间长度，也无法精确表示一年。

我们把问题修改一下：是否可以判断时间长度在 90 天以内？

```
>>> time_elapsed.total_seconds() < 7776000
True
```

7776000 是什么？我们猜想一下，应该是 90 天时间内有多少秒。来验证一下：

```
>>> 90 * 24 * 60 * 60
7776000
```

这种写法在结果上是正确的，但是可读性非常差，而且长的数值容易写错，写错了还不容易被发现。以下是一种改进的写法，在得到正确结果的情况下，还可以帮助我们理解代码的意图。

```
>>> time_elapsed.total_seconds() < 90 * 24 * 60 * 60
True
```

这还不够好，Python 让我们能够写出更简洁且可读的代码。

```
>>> time_elapsed < datetime.timedelta(days=90)
True

>>> time_elapsed < datetime.timedelta(days=1, hours=10, minutes=30, seconds=10)
True
```

两个时间对象做减法，可以得到一个时间差。时间和时间差做加减法，可以得到一个新的时间值。比如，电商系统自动给新用户发限时优惠券，在注册完成之时的 7 天内优惠券有效。

```
>>> from datetime import datetime, timedelta
>>> register_time = datetime.utcnow()
>>> register_time
datetime.datetime(2019, 11, 7, 0, 11, 2, 25524)

>>> register_time + timedelta(days=7)
datetime.datetime(2019, 11, 14, 0, 11, 2, 25524)
```

6.3.2　UTC 时间

UTC Coordinated Universal Time 是一个时间的全球标准即世界标准时间。一方面它准确而权威，全世界认可；另一方面它是全世界各地时间的参考基准点。每个地区知道自己和 UTC 之间的时差，每个 UTC 时间点都可以换算成不同时区的本地时间，不会有歧义。

所以，当我们和国外的同事安排在线会议的时候，"明天上午八点"是一个模糊有歧义的表述，"上海时间明天上午八点"是一个相对准确的表述，因为有语境和时区信息。但是对于计算机而言，"UTC 时间 2021 年 1 月 2 日 00:00:00"才是一个准确无歧义的表述。

datetime.now 方法可以取得当前的本地时间。

```
>>> datetime.now()
datetime.datetime(2019, 11, 7, 9, 46, 48, 761015)
```

datetime.utcnow 方法可以取得当前的 UTC 时间。

```
>>> datetime.utcnow()
datetime.datetime(2019, 11, 7, 1, 46, 58, 244301)
```

我们可以看到，在几乎同一个时间点取得的两个不同类型的时间对象，一个是 2019 年 11 月 7 日 9 点（北京时间），一个是 2019 年 11 月 7 日 1 点，有 8 个小时的时差。

那么，是不是 utcnow() 的返回值就是 aware 类型的时间呢？我们来看一下时间对象的时区信息，通过 tzinfo 属性可以查看。

```
>>> from datetime import datetime
>>>
```

```
>>> local_time = datetime.now()
>>> local_time
datetime.datetime(2020, 2, 20, 19, 41, 1, 355987)
>>>
>>> utc_time = datetime.utcnow()
>>> utc_time
datetime.datetime(2020, 2, 20, 11, 41, 17, 387829)
>>>
>>> local_time.tzinfo
>>> utc_time.tzinfo
>>>
```

从以上代码可以看到，我们可以通过 now 方法获取当前的本地时间，也可以通过 utcnow 方法获取当前的 utc 时间，但是，获取到的时间对象都是没有时区信息的。这意味着，utcnow() 的返回值里面并没有信息特别注明 UTC 时间，它的返回值是 naive 类型的时间对象，并不是 aware 类型。

那怎么才能取得 aware 类型的时间对象呢？我们需要在调用 now 方法的时候指定时区，比如，timezone.utc。

```
>>> datetime.now()
datetime.datetime(2020, 3, 21, 19, 23, 23, 202628)
>>>
>>> datetime.now(timezone.utc)
datetime.datetime(2020, 3, 21, 11, 23, 30, 70375, tzinfo=datetime.timezone.utc)
```

通过这种方法取得的时间对象是 aware 类型的，即它本身是有时区描述信息的，是可以准确无歧义地描述一个时间点的。

通过 astimezone 方法，aware 类型的时间对象可以准确地转换成任何时区的本地时间，而通过默认参数，我们可以方便地把它转换成当前系统的本地时间。

```
from datetime import datetime, timezone

TIME_FORMAT = "%Y_%m_%d, %H:%M"

print('local time:', datetime.now().strftime(TIME_FORMAT))

utc_time = datetime.now(timezone.utc)
print("utc time:", utc_time.strftime(TIME_FORMAT))

print('local time converted from utc:', utc_time.astimezone().strftime(TIME_FORMAT))
```

执行结果如下：

```
local time: 2020_03_21, 20:05
utc time: 2020_03_21, 12:05
local time converted from utc: 2020_03_21, 20:05
```

6.4　面向对象基础

软件开发和应用是为了解决现实世界的问题。当问题很简单的时候，"小作坊"也能做出可用的软件产品来。当问题变得复杂时，软件开发的复杂度会迅速膨胀，可能导致项目失控。

面向对象是设计复杂的软件系统的重要思路之一。

6.4.1　面向对象到底是什么意思

面向对象把软件要解决的现实问题抽象成对象和对象之间的交互。所谓的"对象"，是针对特定问题的一组数据以及基于这些数据操作的集合体。

这些概念听起来很晦涩，不容易理解。我们来看一个生活中的例子。比如，我和我的朋友们每周六都会约一场篮球，每当到了周五的时候，只要群主在微信群里简单地说一声"明天早上九点，洛克公园"，大家第二天就会准时出现在球场。

如果是幼儿园的小朋友们明天要去动物园秋游，事情就没有这么容易了。激动的是孩子们，但是忙碌的是家长们，要和老师确认集合时间，坐大巴的地点，需要准备的东西，喊小朋友起床，督促他们洗漱，吃早饭整理衣服，备好水和零食，计算好时间出门，送到指定地点，眼巴巴地目送孩子上大巴车……

为什么组织幼儿园秋游比组织大人打一场球要麻烦这么多？这其中的差别在于大人和小朋友的"自身本领"。如果每个"人"都知道自己是谁，知道自己的状态，知道如何处理好与自己相关的事情，那么组织大型的活动就不用陷入处理每个个体的具体差异的细节中去，而是可以从更高的层面来有序安排。

这个思路对于程序设计也是适用的。如果数据和它相关的操作是合理地安排在一起的话，程序的设计就可以从更高的层面来安排，条理和思路会更加清晰，实施起来也会更加有序。

这就是面向对象设计的思路。

6.4.2　类和对象

类（class）是创建对象（object）的模板和蓝图，一个类可以创建很多对象。如果说一栋房子是一个对象的话，这栋房子的设计施工图就是类，根据这个设计施工图可以建造很多结构相同的房子；如果说一瓶可乐是一个对象的话，可乐的配方就是类，根据这个配方可以制作出相同口味的可乐。

在 Python 里，创建类以及通过类来创建对象是很容易的事情，比如，创建一个客户类，然后创建两个客户类的对象（也叫实例）。

```
class Customer:
    pass


customer1 = Customer()
customer2 = Customer()
```

注意，pass 是 Python 的一个特殊关键字，它什么都不做，只是占位，表示"此处应有代码"。

在 Python 里面创建类和对象的代码很简单。上面这个例子实在是没有什么实际价值，我们来改造一下。

```
from datetime import datetime

class Customer:
    def __init__(self, customer_name):
        self.name = customer_name
        self.created_at = datetime.now()

    def introduce(self):
        print("Hi there, my name is", self.name, ', I was created at', self.created_at)

customer1 = Customer('Jack')
customer2 = Customer('Jackson')

customer1.introduce()
customer2.introduce()
```

执行结果如下：

```
Hi there, my name is Jack , I was created at 2019-08-30 20:50:37.747643
Hi there, my name is Jackson , I was created at 2019-08-30 20:50:37.747649
```

对象可以有数据，也就是成员变量；也可以有相应的操作，也就是成员方法。每个对象都有自己的成员变量，这些是它自己特定的状态和特征，就像每个人都有自己的名字、身高和体重。对象的成员方法可以访问它自己的成员变量，这样，类对象就成了一个"内聚"的存在，它们就是一组特征数据，以及应用于这些数据之上的一组相关操作。

6.4.3　初始化函数

在创建一个类的对象时，这个类的一些函数被依次调用。比如，有以下这么一个类。

```
class Car:
    pass
```

当我们想创建一个类的实例（instance）的时候，Java/C++/C# 都是按以下形式写的。

```
// Java/C++/C#
Car car = new Car()
```

而 Python 是按以下形式写的。

```
# Python
car = Car()
```

在可以清晰描述语义的前提下，Python 的表达更简洁，这也是 Python 吸引人的一点。

那么，Python 在创建一个类的对象时做了什么呢？Python 其实有两个创建对象相关的方法：__new__ 和 __init__。当我们创建一个类的对象时，这两个方法被自动依次调用。首先是构造函数 __new__，它会创建一个对象并返回，但是这个对象只是个空壳；紧接着是初始化函数 __init__，用于初始化这个空壳对象的状态，比如，给它的属性赋值。大部分时候我们关心的是初始化函数。

Python 不支持函数的重载，类的初始化函数是函数，所以也无法重载，但是可以有默认参数。来看一个例子。

```
class Rectangle:
    def __init__(self, length, width):
        self.length = length
        self.width = width
```

执行结果如下：

```
>>> rectangle = Rectangle(2, 3)
>>> rectangle.width
3
```

和类的其他成员方法一样，Python 会给初始化函数自动传递当前的类实例作为第一个参数，这个类实例会被参数 self 接收到。

```
class Rectangle:
    def __init__(self, length, width):
        self.length = length
        self.width = width
```
执行结果如下：
```
>>> rectangle = Rectangle(2, 3)
>>> rectangle.width
3
```

一个类的所有实例都应该具有的成员变量，都应该放到初始化函数 __init__ 中做初始化。请注意这句措辞——所有实例都应该具有的成员变量，难道有些成员变量可以不是所有实例都具有的而是部分实例特有的？

这听起来不太合理，但是，由于 Python 语言的动态特性，这确实是可以的。

```
class Rectangle:
    def __init__(this, length, width):
        this.length = length
```

```
            this.width = width

rectangle1 = Rectangle(2, 3)
print(rectangle1.width)

rectangle2 = Rectangle(5, 6)
print(rectangle1.width)

rectangle2.color = 'red'
print(rectangle2.color)

print(rectangle1.color)
```

执行结果如下：

```
3
Traceback (most recent call last):
3
red
  File "/Users/mxu/PycharmProjects/PythonCourse/constructor.py", line 16, in <module>
    print(rectangle1.color)
AttributeError: 'Rectangle' object has no attribute 'color'
```

从上面的代码中可以看到，如果一个成员变量在初始化函数中并不存在，我们可以直接对一个类实例的成员变量赋值。这样的赋值，只是针对被操作的实例，对其他的实例没有影响。我们也可以在某个成员方法中创建新的成员变量，只有调用过这个成员方法的对象，才会具有这个成员变量。

要特别注意的是，Python 的这种动态特性给编程带来了很大的自由度，但是也带来了风险，可能造成逻辑混乱和阅读上的困难，我们一定要非常谨慎。

6.5 模块是什么

模块化是软件工程的一个核心思想，它是把大而复杂的问题分解，分而治之，用一系列专注而灵活的小的"零件"来搭建系统，从而实现更高的代码复用、更高的代码质量、更合理的团队协作和更快的开发速度。

即使还没有特别思考过模块化的问题，我们也已经在事实上享受到了模块化带来的好处。比如，当项目中需要处理与日期相关的信息时，我们知道有 datetime 能把相关的烦琐细节都处理得很好了，可以使用；当需要处理与 HTTP 相关的逻辑时，我们知道有一系列的模块可选，选择最合适的一个就好。

函数是比较基础的模块化形式，它把相关的一组代码组织在一起，让我们可以通过函数名来调用而不用重复代码。

一个 Python 文件就是一个模块（module），模块是更高级别的模块化形式。在模块里，我们不仅可以定义函数，还可以定义变量和类，它们可以被其他的模块所导入而达到代码重用的目的。

如果说模块对应的是文件的话，包（package）对应的就是文件夹。包是最高层面的模块化形式，它把相关的一组模块按照一定的层次关系组织起来，以一个整体进行传播分发。包不涉及代码层面的设计，它是以合理的方式来组织和分发模块。Python3 自带的模块在以下网址可以查阅：https://docs.python.org/3/library/。

import 是 Python 的一个关键字，用于在一个模块中导入另外一个模块中的对象（函数、变量、类等），从而实现代码重用。假如有一些跟日期相关的逻辑需要处理，我们不需要从零开始写相关的底层逻辑，只需要站在前人的肩膀上来处理自己特定的逻辑需求就可以。前人的肩膀很多，我们需要选择最厚实、最可靠、最有接受度的那一个，对于时间日期而言，这个模块就是 datetime。

导入 datetime 模块，获取当天日期。

```
import datetime

print(datetime.date.today())
```

执行结果如下：

```
2020-02-04
```

我们也可以在导入的时候指定一个更有意义和区分度的别名。

```
from datetime import date as my_date

print(my_date.today())
```

datetime 模块里定义了多个相关的类，比如 date、time、datetime、timedelta、timezone 等，我们可以只导入需要的类。

```
from datetime import date, timedelta

print(date.today())
```

执行结果如下：

```
2020-02-04
```

我们也可以一次性导入一个模块中所有的对象。

```
from datetime import *

print(date.today())
```

执行结果如下：

```
2020-02-06
```

但是，要尽量避免 import * 的用法，因为这样可能会导入不必要的对象，并且增加了名字冲突的可能。

6.6　高级排序

排序是将一个无序的序列按照我们指定的方式变为有序，是一种常见的编程场景。

6.6.1　list 的排序

在学习 list 的章节中，我们已经知道如何对 list 做简单的排序，这已经可以应付大部分的排序需求了，但是，我们追求的是 100%。比如，list 中有一组人名，按照字母顺序排序是再容易不过了。

```
names = ['James', 'Antetokounmpo', 'Doncic']
names.sort()
print(names)
```

执行结果如下：

```
['Antetokounmpo', 'Doncic', 'James']
```

但是，如果我们不想按字母顺序的升序或者降序排序，而是想按名字的长度排序，怎么才能做到？其实，仍然简单。我们知道 len 函数可以取得字符串的长度，把这个函数作为参数传递给 sort 函数，sort 函数就会对每个元素依次执行 len() 函数，然后根据执行的结果来排序。

```
names = ['James', 'Antetokounmpo', 'Doncic']

names.sort(key=len)
print(names)

names.sort(key=len, reverse=True)
print(names)
```

执行结果如下：

```
['James', 'Doncic', 'Antetokounmpo']
['Antetokounmpo', 'Doncic', 'James']
```

再比如，有一个 list，它的元素是一维坐标系中的一组坐标值。

```
points = [12, 3, -5, 7, 0, -10, 10]
```

```
points.sort()
print(points)
```

执行结果如下：

```
[-10, -5, 0, 3, 7, 10, 12]
```

显然，对于坐标而言，数值的大小是一个重要的考量，到原点的距离也是一个很重要的考量，我们希望按照每个坐标到原点的距离排序。abs 函数可以取得指定数值的绝对值（absolute value），我们可以用这个函数作为排序的依据。

```
points = [12, 3, -5, 7, 0, -10, 10]
points.sort(key=abs)
print(points)
```

执行结果如下：

```
[0, 3, -5, 7, -10, 10, 12]
```

在以上两个例子中，我们演示了如何在 sort 函数中传入一个函数类型的参数，这个函数参数的执行结果作为排序的依据。演示的 len 和 abs 函数都是 Python 内置的函数。

我们可以很自然地联想：既然 Python 内置函数可以作为参数传递给 sort 函数，那么自定义函数是不是也可以做到？是的，自定义函数可以让我们定制各种各样独特的排序需求。

要做到这一点，我们需要导入一个 Python 的内置函数 cmp_to_key，另外需要设计一个函数，这个函数需要遵守以下规范要求：

1）接受两个参数，分别代表进行比较的两个值。（为了表述方便，我们把第一个参数称为"左值"，把第二个参数称为"右值"。）

2）返回一个数值，可以是整型数，也可以是浮点数，但是通常选择返回 1、–1、0 这三个值中的一个。

左值在什么情况下应该排在右值的前面，这就是我们根据业务需求来实现的部分。比如，一个 list 里面有一组字符串的元素，我们想根据每个字符串元素的最后一个字母进行排序。

```
import functools

def last_char_comparator(item1, item2):
    if item1[-1] > item2[-1]:
        return 1

    if item1[-1] < item2[-1]:
        return -1

    return 0
```

```
names = ['Antetokounmpo', 'Wiggins', 'Doncic', 'James']
names.sort(key=functools.cmp_to_key(last_char_comparator))
print(names)
```

执行结果如下:

```
['Doncic', 'Antetokounmpo', 'Wiggins', 'James']
```

再来看一个例子。我们知道 list 的元素也可以是 list。假设有一个 list, 它记录了一个班级学生的考试成绩, 它的每一个元素都是一个 list, 依次记录这个学生的语数英三科的成绩。

```
points = [
    [121, 75, 140],
    [90, 149, 80],
    [120, 120, 120]
]

points.sort()
print(points)
```

执行结果如下:

```
[[90, 149, 80], [120, 120, 120], [121, 75, 140]]
```

默认的 sort 逻辑会根据第一科的分数来排序, 但是如果想按照数学 (第二科) 的分数来从高到低排序, 我们就需要自定义比较函数。

```
from functools import cmp_to_key

def point_comparator(item1, item2):
    if item1[1] > item2[1]:
        return 1

    if item1[1] < item2[1]:
        return -1

    return 0

points = [
    [121, 75, 140],
    [90, 149, 80],
    [120, 120, 120]
]

points.sort(key=cmp_to_key(point_comparator))
print(points)
```

执行结果如下:

```
[[121, 75, 140], [120, 120, 120], [90, 149, 80]]
```

如果我们想按照三科总分来降序排序呢？还是很简单，调整比较函数的逻辑即可，先算出三科总分，再比较总分来决定返回 1、–1 或者 0。

```python
from functools import cmp_to_key

def point_comparator(item1, item2):
    item1_total = item1[0] + item1[1] + item1[2]
    item2_total = item2[0] + item2[1] + item2[2]

    if item1_total > item2_total:
        return 1
    if item1_total < item2_total:
        return -1

    return 0

points = [
    [121, 75, 140],
    [90, 149, 80],
    [120, 120, 120]
]

points.sort(reverse=True, key=cmp_to_key(point_comparator))
print(points)
```

执行结果如下：

```
[[120, 120, 120], [121, 75, 140], [90, 149, 80]]
```

这段代码让我们得到了想要的正确的结果。但是，这段代码有问题，并且问题很大。一个数值类型的数组，我们想得到它的数值元素的总和，这样的操作真的需要自己写吗？这显然是一个很常见的需求，有现成的函数可以调用。

```python
scores = [1000, 200, 30, 9]
total_score = sum(scores)
print(total_score)
```

```
1239
```

知道有 sum 这个函数之后，我们就可以对以上的代码逻辑做大幅的简化：

```python
points = [
    [121, 75, 140],
    [90, 149, 80],
    [120, 120, 120]
]

points.sort(reverse=True, key=sum)
print(points)
```

执行结果如下：

```
[[120, 120, 120], [121, 75, 140], [90, 149, 80]]
```

6.6.2　dict 的排序

dict（字典）这种数据结构的设计意图是无序的。通常我们说的"对字典排序"的需求，其实是希望对字典中的元素按照某种顺序来逐一访问，而不是让字典中的元素按照顺序来重新排列。就像查询数据库的时候，我们想要的并不是将数据在数据库中重新放置，而是将数据按照一定的顺序呈现出来。

Python 支持有序字典，即 OrderedDict。这种有序字典的"序"，是数据插入的顺序。也就是说，有序字典是维护数据插入的顺序，而不是数据的排序。在这里我们不讨论这种类型的数据结构。

到目前为止，我们不知道如何对字典排序，但是知道以下几点：

- 字典的 keys 方法可以得到一个集合，这个集合包含了字典所有的 key。
- list 也是一种集合。
- 如何对 list 排序。

在这三点的基础上，我们就可以把一个未知的问题转化成一个已知的问题来解决。先来看一个 dict。

```
points = {}

points[2] = {
    'id': 2,
    'name': 'Ryan',
    'maths': 66,
    'english': 99
}

points[1] = {
    'id': 1,
    'name': 'Ava',
    'maths': 88,
    'english': 80
}

points[5] = {
    'id': 5,
    'name': 'Ema',
    'maths': 100,
    'english': 90
}
```

```
for student_id in points:
    print(points[student_id])
```

执行结果如下：

```
{'id': 2, 'name': 'Ryan', 'maths': 66, 'english': 99}
{'id': 1, 'name': 'Ava', 'maths': 88, 'english': 80}
{'id': 5, 'name': 'Ema', 'maths': 100, 'english': 90}
```

根据以上的分析，我们先根据 key 遍历。

```
for student_id in points.keys():
    print(points[student_id])
```

执行结果如下：

```
{'id': 2, 'name': 'Ryan', 'maths': 66, 'english': 99}
{'id': 1, 'name': 'Ava', 'maths': 88, 'english': 80}
{'id': 5, 'name': 'Ema', 'maths': 100, 'english': 90}
```

接下来，我们尝试把 keys 排序之后再遍历，会看到错误。

```
for student_id in points.keys().sort():
    print(points[student_id])
```

执行结果如下：

```
AttributeError: 'dict_keys' object has no attribute 'sort'
```

出现这个错误是因为字典的 keys 方法返回的数据类型是 dict_keys，这种类型并不是 list，不支持 sort 方法。在这个情况下，待解决的问题就发生了以下变化：

- 如何把 dict_keys 类型转换成 list 类型（这样我们就可以针对 list 排序）。
- 或者，如何找到直接针对 dict_keys 的排序的方法。

先看第一种情况，把 dict_keys 类型转换成 list 类型，其实很简单。

```
student_ids = list(points.keys())
student_ids.sort()
for student_id in student_ids:
    print(points[student_id])
```

执行结果如下：

```
{'id': 1, 'name': 'Ava', 'maths': 88, 'english': 80}
{'id': 2, 'name': 'Ryan', 'maths': 66, 'english': 99}
{'id': 5, 'name': 'Ema', 'maths': 100, 'english': 90}
```

再看第二种情况。虽然 dict_keys 类型不支持 sort 方法，但是 Python 还支持一个名为 sorted 的内置函数。sorted 函数和 sort 方法很类似，只有几个差别：

- sorted 函数是一个内置函数，不属于某个特定的类。
- sorted 函数接受集合类型作为参数。

- sorted 函数不会对接收到的集合类型对象本身做排序，而是返回一个新的集合对象。
- sorted 函数返回一个新的有序集合，而 sort 方法是针对操作的集合类型对象"就地"排序。

```
for student_id in sorted(points.keys()):
    print(points[student_id])
```

执行结果如下：

```
{'id': 1, 'name': 'Ava', 'maths': 88, 'english': 80}
{'id': 2, 'name': 'Ryan', 'maths': 66, 'english': 99}
{'id': 5, 'name': 'Ema', 'maths': 100, 'english': 90}
```

6.6.3　自定义对象序列的排序

在实际应用中，list 的元素有可能是自定义的类型对象，我们来看看如何对这样的 list 排序。比如，有一个简单的 Student 类，它有四个基本的属性。

```
class Student:

    def __init__(self, student_id, name, age, height):
        self.id = student_id
        self.name = name
        self.age = age
        self.height = height

    def __str__(self):
        return '{}: {}, {} years old, height {}'.format(self.id, self.name,
            self.age, self.height)
```

默认情况下，list 中的元素是按照元素的插入顺序排序的。

```
students = [
    Student(1, 'Zhao', 18, 170),
    Student(5, 'Qian', 20, 160),
    Student(2, 'Sun', 19, 180),
    Student(9, 'Li', 21, 175)
]

for student in students:
    print(student)
```

执行结果如下：

```
1: Zhao, 18 years old, height 170
5: Qian, 20 years old, height 160
2: Sun, 19 years old, height 180
9: Li, 21 years old, height 175
```

如果希望按照学生的年龄升序排序，我们可以创建一个排序函数。

```
def student_age_sorter(student1, student2):
    if student1.age > student2.age:
        return 1

    if student1.age < student2.age:
        return -1

    return 0
```

设计好了这个排序函数以后，我们就可以用它来进行排序了。

```
print('Sort by age, asc')
students.sort(key=functools.cmp_to_key(student_age_sorter))
for student in students:
    print(student)


print()


print('Sort by age, des')
students.sort(key=functools.cmp_to_key(student_age_sorter), reverse=True)
for student in students:
    print(student)
```

执行结果如下：

```
Sort by age, asc
1: Zhao, 18 years old, height 170
2: Sun, 19 years old, height 180
5: Qian, 20 years old, height 160
9: Li, 21 years old, height 175

Sort by age, des
9: Li, 21 years old, height 175
5: Qian, 20 years old, height 160
2: Sun, 19 years old, height 180
1: Zhao, 18 years old, height 170
```

我们可以根据业务需求设计多个排序函数供用户代码调用，这会让用户代码非常简洁。

6.7　复杂的遍历场景

通过遍历，我们可以逐一读取集合中的元素。在很多应用场合中，我们想做的不只是读取，还涉及元素的修改和删除，这些操作其实并不是听起来这么简单。

6.7.1　一边遍历一边修改

到目前为止，我们看到的循环的情形都只是读取，还没有涉及对遍历到的元素进行修改和删除。

比如，有如下一个字符串类型的数组，里面的元素是一些国家名，但是有一部分书写不规范，首字母没有大写。

```
names = ['China', 'australia', 'singapore', 'Thailand']
for name in names:
    print(name)
```

执行结果如下：

```
China
australia
singapore
Thailand
```

我们把不规范的部分更正过来，保证每个国家名的首字母都是大写的。

```
names = ['China', 'australia', 'singapore', 'Thailand']
for name in names:
    name = name.capitalize()
    print(name)
```

执行结果如下：

```
China
Australia
Singapore
Thailand
```

看起来简单又直观！但是如果再加上一次遍历，我们会看到问题，list 中的元素并没有被修改。

```
names = ['China', 'australia', 'singapore', 'Thailand']

for name in names:
    name = name.capitalize()
    print(name)

print()

for name in names:
    print(name)
```

执行结果如下：

```
China
Australia
Singapore
Thailand

China
australia
```

```
singapore
Thailand
```

要理解以上的问题，我们先回顾一些 list 的操作。

```
>>> names = ['China', 'australia', 'singapore', 'Thailand']
>>> name = names[1]
>>> name
'australia'
>>> name = name.capitalize()
>>> name
'Australia'
>>> names[1]
'australia'
```

在以上代码中，name 是 list 元素的一个副本，对这个副本的修改不会影响集合的元素。如果需要修改集合元素，我们可以用下标方式来遍历。

```
for index in range(0, len(countries)):
    countries[index] = countries[index].capitalize()
```

执行结果如下：

```
China
Australia
Singapore
Thailand
```

6.7.2　一边遍历一边删除

要做到一边遍历一边删除并不是一件容易的事情，因为随着删除的发生，集合本身发生了变化，这对后续的遍历会带来影响。

比如，我们有一个 list，包含了一些自然数，我们想把其中的奇数删除掉，只保留偶数。

我们先确保把奇数筛选出来。

```
numbers = [3, 15, 8, 100, 7, 11, 66, 15]
for index in range(0, len(numbers)):
    number = numbers[index]
    if number % 2 != 0:
        print(number)
```

执行结果如下：

```
3
15
7
11
15
```

在确保程序逻辑可以把奇数筛选出来的情况下，我们来尝试在循环的时候删除。为了更直观地观察循环的过程，方便 debug，我们打印出一些辅助信息。

```
numbers = [3, 15, 8, 100, 7, 11, 66, 15]

for index in range(0, len(numbers)):
    if index >= len(numbers):
        print('index out of range:', index)
        break

    number = numbers[index]
    print(index, ':', number)

    if number % 2 != 0:
        print('\tdeleting by index:', index)
        del(numbers[index])

print()
print(numbers)
```

执行结果如下：

```
0 : 3
    deleting by index: 0
1 : 8
2 : 100
3 : 7
    deleting by index: 3
4 : 66
5 : 15
    deleting by index: 5
index out of range: 6
```

从运行结果来看，以上代码有两个严重的问题：

- 下标越界，因为有元素被删除以后，list 的长度发生了相应的变化。
- 有逻辑上的 bug，比如，数字 15 被跳过了，没有被处理。

在第一轮遍历迭代发生的时候，index 等于 0，list 的第 0 个元素是 3，第 1 个元素是 15。在这轮循环迭代中，程序正确地识别出数字 3 是奇数，从而把它删除，然后开始第二轮循环。

当第二轮遍历发生的时候，index 已经递增了，变成了 1，但是因为上一轮中删除的发生，list 已经变成了 [15, 8, 100, 7, 11, 66, 15]，它的第 0 个元素是 15，第 1 个元素是 8。于是，每当有元素被删除时，它后面紧跟的那个元素在后续一轮循环中就会被跳过。

要解决这个问题，至少有两个可行的思路。

第一个思路：不要让下标自动自增，而是由我们自己来控制什么时候自增。在每轮迭代中，如果有删除发生，因为后续的元素都"前移"了，为了避免有元素被跳过，我们不要让下标自增；如果没有删除发生，下标自增。

```python
numbers = [3, 15, 8, 100, 7, 11, 66, 15]

index = 0
while index < len(numbers):
    number = numbers[index]
    if number % 2 != 0:
        del(numbers[index])
    else:
        index += 1

print(numbers)
```

执行结果如下：

```
[8, 100, 66]
```

第二个思路：当删除发生的时候，只有靠后的元素的位置发生前移，位置靠前的元素不会受到影响。如果是这样的话，我们让遍历从后往前进行，当删除发生的时候，位置发生变化的元素是已经处理好的元素，它们位置的变化不会影响后续的处理。

先来看如何从后往前遍历。

```python
numbers = [3, 15, 8, 100, 7, 11, 66, 15]

indices = reversed(range(0, len(numbers)))
for index in indices:
    print(index)
```

执行结果如下：

```
7
6
5
4
3
2
1
0
```

在这个基础上，我们尝试从后往前遍历和删除。

```python
numbers = [3, 15, 8, 100, 7, 11, 66, 15]

indices = reversed(range(0, len(numbers)))
for index in indices:
    number = numbers[index]
    if number % 2 != 0:
        del(numbers[index])

print(numbers)
```

执行结果如下：

```
[8, 100, 66]
```

我们在编程过程中碰到的很多问题，都是可以基于我们已经掌握的基础知识来解决的，只是需要思考，找到合适的方案，这一节的内容就是很好的例子。

6.8　文件和文件系统操作基础

不同的软件产品有不同的编程需求，但是，对文件和文件系统的操作是其中非常常见的需求之一。

6.8.1　路径的正确操作方式

我有几个工具箱，里面有很多各种型号的钢钉、螺钉、螺丝、螺母。每当需要零件的时候，虽然我很确定一定能在某个工具箱里找到，但是免不了在工具箱里翻找一番。对于文件和文件夹路径的操作，Python 的支持给我们的感觉也是这样，功能支持很全，用法也不难，但是分散在几个不同的模块当中，要准确地记住某个功能到底在哪个模块里是比较困难的，特别容易混淆。

从 3.4 版本开始，Python 导入了 pathlib 模块，目的就是改善这个混乱的局面。pathlib 模块的设计目标，是以面向对象的方式来操作文件和文件夹路径，提供更加自然合理的接口。

我们可以导入整个 pathlib 模块：

```
import pathlib
```

也可以根据需要只导入我们想要的对象：

```
from pathlib import Path
```

获取 Home 路径：

```
>>> Path.home()
PosixPath('/Users/mxu')
```

获取当前路径：

```
>>> Path.cwd()
PosixPath('/Users/mxu/desktop')
```

获取当前路径的上一级路径：

```
>>> Path.cwd().parent
PosixPath('/Users/mxu')
```

获取当前路径的上两级路径：

```
>>> path = Path('/etc/share/python/tutorials')
>>> path.parent
PosixPath('/etc/share/python')
>>> path.parent.parent
PosixPath('/etc/share')
```

获取子目录路径：

```
>>> path = Path('/etc/share/python/tutorials')
>>> path.joinpath("examples", "1")
PosixPath('/etc/share/python/tutorials/examples/1')
```

获取多级子目录：

```
>>> path = Path('/etc/share/python/tutorials')
>>> path.joinpath("examples", "1", "videos")
PosixPath('/etc/share/python/tutorials/examples/1/videos')

>> path.joinpath('examples').joinpath('1')
PosixPath('/etc/share/python/tutorials/examples/1')
```

根据字符串构造 Path 对象：

```
my_path = Path('/etc/xxx/yyy')
```

判断路径是否存在：

```
>>> Path('/etc').exists()
True
>>> Path('/etc/xx/yy').exists()
False
```

根据路径删除文件：

```
>>> my_file_path = Path('/tmp/a.txt')
>>> my_file_path.unlink()
```

如果指定的文件路径并不存在，那 unlink 方法会抛出 FileNotFoundError。针对这种情况，我们可以在删除之前先判断路径是否存在，或者提供额外的参数给 unlink 方法，让它忽略文件不存在的情况，不要抛出异常。

```
>>> my_file_path = Path('/tmp/a.txt')
>>> my_file_path.unlink(missing_ok=True)
```

我们也可以根据路径来删除文件夹。要注意，rmdir 方法是不支持 missing_ok 参数的。

```
>>> my_folder = Path('/tmp/dir_a')
>>> my_folder.rmdir()
```

在已存在的路径下创建子文件夹：

```
my_file_path = Path('/tmp/xxx')
```

```
my_file_path.mkdir()
```

创建多级目录，需要加上额外的参数，否则会出错。

```
>>> my_path = Path('/tmp/yyy/mm/ccc')
>>> my_path.mkdir(Parents=True)
```

如果待创建的路径已经存在，我们应该提供一个额外的参数，否则会出错。

```
>>> my_path = Path('/tmp/yyy/mm/ccc')
>>> my_path.mkdir(Parents=True, exist_ok=True)
```

在已存在的路径下创建子文件夹：

```
my_file_path = Path('/tmp/xxx')
my_file_path.mkdir()
```

判断路径是文件夹还是文件夹：

```
>>> Path('/etc').is_dir()
True
>>> Path('/etc/hosts').is_dir()
False
>>> Path('/etc/hosts').is_file()
True
>>> Path('/etc/xx/yy').is_dir()
False
>>> Path('/etc/xx/yy').is_file()
False
```

给定一个文件的路径，要想获取这个文件的文件名、后缀名、文件夹路径等操作，在没有 pathlib 模块之前是比较烦琐的操作，现在有了 pathlib，事情变得简单了。

```
>>> file_path = Path('/etc/ssh/ssh_host_key.pub')

>>> file_path.name
'ssh_host_key.pub'

>>> file_path.suffix
'.pub'

>>> file_path.stem
'ssh_host_key'
```

用 glob 函数获取当前路径下所有的文件（不扫描子文件夹）。

```
for f in Path.cwd().glob('*'):
    print(f.name)
```

glob 函数只针对指定的文件夹，不会递归遍历到子文件夹中。如果想进行递归遍历操作，需要用 rglob 方法，这里的 r 代表 recursive。

```
for f in Path.cwd().rglob('*'):
    print(f.name)
```

获取当前路径下的指定子文件夹中的所有 csv 文件。

```
for f in Path.cwd().glob('*dir/*.csv'):
    print(f.name)
```

根据通配符来过滤文件：

```
for f in Path.cwd().glob('log*.log'):
    print(f.name)
```

过滤多种类型的文件：

```
media_files = glob('*.avi') + glob('*.mp4') + glob('*mov')
```

获取文件大小（以字节为单位）：

```
my_file = Path('/tmp/python_tutorial.mp4')
file_stat = my_file.stat()
file_stat.st_size
```

Python 在不断发展，每个阶段都会有大量的教程被发布到互联网上，这些教程的内容很可能已经过时，但是却仍然有效（因为语言的向前兼容性），很多人都没有意识到 Python 其实已经有更好的方式来做这些事情。

6.8.2　文件系统的基本操作

Pathlib 模块主要专注于"path"，是关于文件和文件夹路径的操作。而对于文件和文件夹本身的文件系统操作，比如复制、移动、删除等，需要另外更合适的模块来完成，比如 shutil。

用 copyfile 方法复制文件，目标路径必须是完整的文件路径，而不能只是目标文件夹的路径。

```
>>> import shutil
>>> shutil.copyfile('/Users/mxu/desktop/demo.png', '/tmp/demo.png')
'/tmp/demo.png'
```

用 copy 方法复制文件，目标路径可以是目标文件夹的路径。

```
>>> shutil.copy('/Users/mxu/desktop/demo1.png', '/tmp')
'/tmp/demo1.png'
```

也可以指定完整的目标文件路径。

```
>>> shutil.copy('/Users/mxu/desktop/demo1.png', '/tmp/demo111.png')
'/tmp/demo111.png'
```

复制文件夹：

```
>>> shutil.copytree('/Users/mxu/desktop/Olympic', '/tmp/Olympic')
'/tmp/Olympic'
```

移动文件夹：

```
>>> shutil.move('/tmp/Olympic', '/tmp/Olympic2020')
'/tmp/Olympic2020'
```

移动文件：

```
>>> shutil.move('/tmp/Olympic2020/badminton.png', '/tmp')
'/tmp/badminton.png'
```

删除整个文件夹：

```
>>> shutil.rmtree('/tmp/Olympic2020')
```

6.8.3　文本文件的读

要读取文件内容，我们需要用到 Python 内置的 open 函数。

```
f = open('movies.txt')
file_content = f.read()
print(file_content)
f.close()
Inception
Matrix
Forrest Gump
The Shawshank Redemption
```

我们来逐行解读以上代码。

1）用 Python 内置的 open 函数，打开指定路径的文件，返回 TextIOWrapper 类型的对象。

```
f = open('movies.txt')
```

open 函数接收两个参数，第一个参数是文件的路径；第二个是可选参数，用于指定文件的打开模式，默认值为 rt，表示只读、文本文件。该函数的更多常见参数及用法如表 6-3 所示。

表 6-3　读写模式

模　式	解　释
r	read，读模式，是本参数的默认值。若指定的文件不存在，代码执行会报错
w	write，写模式。如果指定的文件不存在，则在指定路径自动创建文件
a	append，追加写模式。如果指定的文件不存在，则在指定路径自动创建文件

（续）

模　式	解　释
x	create，文件创建模式。如果指定的文件已经存在，代码执行会报错
t	text file，文本文件
b	binary file，二进制文件，在读取二进制文件的时候需要指定

2）TextIOWrapper 类型的对象支持一系列的方法，其中，read 方法可以把文件内容一次全部读取出来，作为字符串返回。

```
file_content = f.read()
```

3）关闭文件对象。

```
f.close()
```

在很多编程场景中，我们需要逐行处理文本文件的内容，这在 Python 语言里也非常容易做到。

```
f = open('movies.txt')

index = 1
for line in f:
    print(str(index) + ': ' + line.rstrip())
    index += 1
f.close()
```

执行结果如下：

```
1: Inception
2: Matrix
3: Forrest Gump
4: The Shawshank Redemption
```

6.8.4　文本文件的写

Python 对文本文件的写操作分为两种情况，一种是在文件末尾追加内容（append 模式）；另一种是清空现有内容，重新写入新内容的覆盖模式（write 模式）。

假设有一个文本文件 movies.txt，它的内容如下。

```
Inception
Matrix
Forrest Gump
The Shawshank Redemption
```

我们可以在文件末尾追加内容（在 open 函数里，把模式设置为 a）。

```
f = open('movies.txt', 'a')
f.write('疯狂的赛车')
```

```
f.close()

f = open('movies.txt')
print(f.read())
```

执行结果如下：

```
Inception
Matrix
Forrest Gump
The Shawshank Redemption
疯狂的赛车
```

如果打开文件的模式是覆盖模式，则现有的文件内容会被覆盖。

```
f = open('movies.txt', 'w')
f.write('疯狂的石头')
f.close()

f = open('movies.txt')
print(f.read())
```

执行结果如下：

```
疯狂的石头
```

要特别注意的是，文本文件的写操作只支持两种模式，末尾追加模式和整体覆盖模式，我们无法很容易地做到文件内容的部分更新，虽然这是一个比较普遍的需求。要做到部分更新，可以先把文件内容先读取出来，在内存中加以修改，然后用覆盖模式写到原文件中去。

6.8.5　文本文件的关闭

在前面的学习中，我们了解了如何读写文本文件，在读写操作的最后，我们总是显式地调用方法来关闭文件。

```
f = open('movies.txt')
file_content = f.read()
print(file_content)
f.close()
```

这种做法总是让程序员不安心，因为我们可能忘记关闭文件，或者在文件打开和关闭之间的代码发生了异常，都会导致文件未被及时关闭，从而因为缓存的问题引起后续读写的冲突。为了避免这类问题，我们可以利用异常处理的功能，把文件关闭的逻辑放在 finally 代码块中。

```
try:
    f = open('movies.txt')
```

```
    file_content = f.read()
    print(file_content)
finally:
    f.close()
```

随着 with 的引入，此类问题得到了更好的解决，代码可读性更高。

```
with open('movies.txt') as f:
    print(f.read())
```

with 可以作用于一类特别的对象，这类对象支持上下文管理协议，即实现了 __enter__ 和 __exit__ 方法的对象。此类对象被应用于 with 语句时，在 with 代码块第一行代码执行之前，对象的 __enter__ 方法被调用，可以借此配置代码块的前置条件；当 with 代码块执行全部结束之后（或者发生异常的情况下），对象的 __exit__ 方法被调用，可以借此清理代码块的后续清理工作。

在软件编程中，经常会有一些外部资源需要管理，比如文件和数据库连接。这类资源在被使用之前通常需要连接或者打开，在使用完成之后需要断开或者关闭。如果断开、关闭的操作没有执行，会给资源的共享使用带来很多麻烦。现代的编程语言都为此做了设计，尽可能保证资源的正确释放。Python 的 with 关键字就是为此设计的，在用于文件的读写操作时，它可以保证文件的关闭操作总是被执行，即使有异常发生。

6.8.6   CSV 文件的读写

CSV 文件是一种比较常见的文本文件格式，在简单的格式约束下，它可以作为轻量化的结构化数据格式广泛使用。

假如我们有这样一个文本文件，movies.csv。

```
movie   IMDB Rating year
Inception   8.8   2010
Matrix Reloaded   7.2   2022
Forrest Gump   8.8   1994
The Shawshank Redemption   9.3   1994
```

既然是把 csv 文件内容当作结构化数据来看待，我们自然希望用结构化数据的方式来处理它。我们可以用 csv 模块，把文件内容读取到 dict 类型的对象中去。

```
import csv

with open('movies.csv') as csv_file:
    reader = csv.DictReader(csv_file, delimiter='\t')
    # reader = csv.DictReader(csv_file)
    for row in reader:
        print(row)
```

执行结果如下：

```
OrderedDict([('movie', 'Inception'), ('IMDB Rating', '8.8'), ('year', '2010')])
OrderedDict([('movie', 'Matrix Reloaded'), ('IMDB Rating', '7.2'), ('year', '2022')])
OrderedDict([('movie', 'Forrest Gump'), ('IMDB Rating', '8.8'), ('year', '1994')])
OrderedDict([('movie', 'The Shawshank Redemption'), ('IMDB Rating', '9.3'),
    ('year', '1994')])
```

根据已经学习过的 dict 和 tuple 的遍历方法，我们可以很容易地读取到感兴趣的值。同理，对于 CSV 文件的写操作，我们也希望用结构化的方式来做到。

以下是覆盖模式的写操作。

```python
import csv

file_name = 'movies.csv'
headers = ['movie', 'IMDB Rating', 'year']

with open(file_name, 'w') as f:
    csv_writer = csv.DictWriter(f, delimiter='\t', fieldnames=headers)

    csv_writer.writeheader()

    csv_writer.writerow({'movie': 'Inception', 'IMDB Rating': 8.8, 'year': 2010})
    csv_writer.writerow({'movie': 'Matrix Reloaded', 'IMDB Rating': 7.2, 'year': 2003})

with open('movies.csv') as csv_file:
    print(csv_file.read())
```

执行结果如下：

```
movie   IMDB Rating  year
Inception  8.8  2010
Matrix Reloaded  7.2  2003
```

往 CSV 文件中追加以下内容。

```python
import csv

file_name = 'movies.csv'
headers = ['movie', 'IMDB Rating', 'year']

with open(file_name, 'a') as f:
    csv_writer = csv.DictWriter(f, delimiter='\t', fieldnames=headers)

    csv_writer.writerow({'movie': 'Avatar', 'IMDB Rating': 7.8, 'year': 2009})


with open('movies.csv') as csv_file:
    print(csv_file.read())
```

执行结果如下：

```
movie  IMDB Rating  year
Inception  8.8  2010
Matrix Reloaded  7.2  2003
Avatar  7.8  2009
```

值得一提的是，CSV 格式的文件是可以被 Excel 或者 Google Sheet 这样的表格程序直接导入导出的。当我们还没有掌握如何用代码去读写 Excel 或者 Google Sheet 的时候，不妨先用 CSV 文件作为中间格式，让重复的手工劳动做到半自动化，也不失为一种务实的策略。

6.8.7 Excel 文件的读写

有一些项目组的测试用例是用 Excel 文件来组织的，有很多 Python 模块可以读写 Excel 文件，openpyxl 是其中之一。

首先，我们需要安装 opennpyxl 模块。

```
pip install openpyxl
```

假定有一个 Excel 文件，文件名为 tests.xlsx，它有一个 sheet，叫作 regression，这个 sheet 有三个列，如图 6-1 所示。

图 6-1　一个简单的 Excel 文件

用代码加载 Excel 文件。

```
from openpyxl import load_workbook

excel_file = 'tests.xlsx'
workbook = load_workbook(filename=excel_file)
```

workbook 对象有一个属性，叫作 worksheets，这是一个 list，里面的元素是这个 Excel 文档里面所有的 sheet，我们可以遍历它来定位想要读写的 worksheet。

```
target_sheet_title = 'regression'
target_sheet = None
```

```
for work_sheet in workbook.worksheets:
    print(work_sheet.title)
    if work_sheet.title == target_sheet_title:
        target_sheet = work_sheet
        break

if target_sheet:
    print("worksheet with title '{}' found".format(target_sheet_title))
```

获得 worksheet 对象之后，我们就可以逐行逐列遍历每个数据单元了。

```
for row_cells in target_sheet.rows:
    for row_cell in row_cells:
        print(row_cell.value)
    print()
```

执行结果如下：

```
Test Case
Priority
Owner

新用户注册
P1
Xu

修改用户昵称
P1
Xu

修改用户头像
P2
Liu
```

修改 cell 的 value 属性值，然后保存 workbook，就可以完成对 Excel 文件内容的插入或者更新。

```
for row_cells in target_sheet.rows:
    if row_cells[0].row == 1:
        continue
    row_cells[-1].value = 'unassigned'

for row_cells in target_sheet.rows:
    for cell in row_cells:
        print(cell.value)
    print()
workbook.save(filename=excel_file)
Test Case
Priority
Owner
```

```
新用户注册
P1
unassigned

修改用户昵称
P1
unassigned

修改用户头像
P2
unassigned
```

这是用 Python 解决实际问题的一个典型范例，寥寥几行代码就可以实现对 Excel 文件的读写操作，工作效率非常高。

6.9　浅拷贝与深拷贝

字符串和数值的拷贝我们已经很熟悉了，用简单的赋值符号就可以做到，拷贝双方的联系只发生在赋值的那一瞬间，拷贝之后，其中一方的改变不会对另一方有任何的影响。

```
>>> my_stock_choice = 601818
>>> your_stock_choice = my_stock_choice
>>>
>>> my_stock_choice
601818
>>> your_stock_choice
601818
>>>
>>> my_stock_choice = 600116
>>>
>>> my_stock_choice
600116
>>> your_stock_choice
601818
```

对于容器数据类型，比如 list 和 dict 的拷贝，需要特别注意。以 list 为例，假定有如下代码和运行结果。

```
>>> chars1 = ['H', 'U', 'S', 'T']
>>> chars2 = chars1
>>>
>>> id(chars1)
4397131592
>>> id(chars2)
4397131592
```

我们定义了一个 list 对象，定义了一个变量 chars1 指向了它，然后用赋值符号把

chars2 赋给了 chars1。从运行结果来看，这两个变量的 id 是一样的，也就是说，它们指向同一个对象。

这意味着，通过其中任意一个变量来修改这个 list 对象，通过另外一个变量都可以看到结果。

```
>>> chars1[1] = 'O'
>>> chars1
['H', 'O', 'S', 'T']
>>> chars2
['H', 'O', 'S', 'T']
```

在这个例子中，有两个变量，它们指向同一个 list 对象，list 对象自始至终都只有一份。这种情况，就像是两个商品标签，粘贴在同一件商品上。

list 类型有一个方法，叫作 copy，我们来看看它的行为是怎样的。

```
>>> chars1 = ['H', 'U', 'S', 'T']
>>> chars2 = chars1.copy()
>>>
>>> id(chars1)
4397132680
>>> id(chars2)
4397131656
>>>
>>> chars1[1] = 'O'
>>>
>>> chars1
['H', 'O', 'S', 'T']
>>> chars2
['H', 'U', 'S', 'T']
```

从结果来看，chars2 和 chars1 的 id 是不同的，说明它们指向的是两个不同的 list 对象，而后续的赋值操作的结果也证明了这一点，chars1 的修改不会影响到 chars2。

但是，这真的是真相吗？我们把 list 对象定义得复杂一点，让它的元素不再是简单的字符串，而是 list，也就是说，我们用嵌套的 list 来继续试验。

```
>>> names1 = [['A', 'A'], ['B', 'B'], ['C', 'C']]
>>> names2 = names1.copy()
>>>
>>> id(names1)
4397132616
>>> id(names2)
4397132552
>>>
>>> names1[0][0] = 'X'
>>>
>>> names1
[['X', 'A'], ['B', 'B'], ['C', 'C']]
```

```
>>> names2
[['X', 'A'], ['B', 'B'], ['C', 'C']]
```

这显然和前一次试验的结果不一致。为什么有这样截然不同的行为？我们来了解浅拷贝和深拷贝。

list 对象的 copy 方法，会生成一个"浅拷贝"（Shallow Copy）。之所以说它"浅"，是因为它只会处理最外一层数据，把原件中的第一层元素一一赋值给拷贝对象的对应元素。

这里有两个地方值得特别强调：

- 第一层元素可能是简单数据类型，比如字符串；也可能是复合数据类型，比如 list 等。
- 对于简单数据类型和复合数据类型，赋值操作的行为有差异。

如果原件中的第一层元素是简单数据类型，那么，拷贝对象相应位置的元素，通过赋值操作，得到的是一个克隆。

如果原件中的第一层元素是复合数据类型，那么，拷贝对象相应位置的元素，通过赋值操作，得到的是一个标签，这个标签指向的是原件中的对象。

通过查看对象的 id，我们可以验证这一点。names1 和 names2 虽然是指向两个不同的 list 对象，但是这两个 list 对象的第一个元素却都指向了同一个子 list。

```
>>> id(names1)
4397132616
>>> id(names2)
4397132552
>>>
>>> id(names1[0])
4397131592
>>> id(names2[0])
4397131592
```

与浅对应的当然是"深拷贝"（Deep Copy）。深拷贝会生成一个深度克隆，这个克隆和原件的每个对应位置的值都是一模一样的，但是它们是独立的，在拷贝完成之后，它们之间不会有相互影响。

要做到深拷贝，我们需要导入一个新的模块，叫作 copy，这个模块有一个方法，叫作 deepcopy，可以让我们做到深拷贝。

```
>>> from copy import deepcopy
>>>
>>> names1 = [['A', 'A'], ['B', 'B'], ['C', 'C']]
>>> names2 = deepcopy(names1)
>>>
>>> names1
[['A', 'A'], ['B', 'B'], ['C', 'C']]
```

```
>>> names2
[['A', 'A'], ['B', 'B'], ['C', 'C']]
>>> names1[0][0] = 'X'
>>> names1
[['X', 'A'], ['B', 'B'], ['C', 'C']]
>>> names2
[['A', 'A'], ['B', 'B'], ['C', 'C']]
>>>
>>> id(names1[0])
4397131912
>>> id(names2[0])
4397133064
```

用深拷贝，我们才能真正做到在拷贝之后再无关联。

6.10　深入了解 import

在 import（导入）发生的时候，被导入模块中的代码被执行，这意味着什么？为了说明这个问题，我们先在 mod.py 里面写一个简单的模块。

```
# mod.py
PI = 3.14159

def greet(name):
    print('Hello', name)
```

在 mod 里面，我们定义了一个变量和一个函数。接下来，我们在 Python 交互式解释器里尝试导入这个模块。

```
>>> import mod
>>> mod.PI
3.14159
>>> mod.greet('world')
Hello world
>>>
```

在 mod 模块里，目前只有一个简单的变量赋值，和一个简单的函数定义，它们是相对静态的。接下来，我们在 mod 模块里加上更多代码逻辑：

- 声明 PI 变量，让它指向一个浮点数。
- 声明 IMPORT_TIME 变量，并且调用 datetime.now 方法给它赋值。
- 定义一个函数 greet。
- 调用 print 函数来打印一个时间戳。

```
# mod.py
from datetime import datetime
```

```
PI = 3.14159

IMPORT_TIME = 'IMPORTED AT ' + str(datetime.now())

def greet(name):
    print('Hello', name, 'at', datetime.now())

print('mod at ', datetime.now())
```

现在，重新打开交互式解释器，导入修改后的 mod 模块。

```
>>> import mod
mod at  2020-03-29 19:50:27.789760
```

导入 mod 之后，再尝试访问其中的对象。

```
>>> mod.IMPORT_TIME
'IMPORTED AT 2020-03-29 19:50:27.789733'
>>> mod.greet('world')
Hello world at 2020-03-29 19:51:10.156161
>>> mod.greet('world')
Hello world at 2020-03-29 19:53:30.394263
```

我们可以观察到如下现象：

- print 语句在 import 的时候就被执行了。
- IMPORT_TIME 的初始化在 import 的时候就完成了，因为它其中的时间戳比模块最后的 print 语句打印出来的时间戳更早。
- 调用 greet 函数打印出来的时间戳是变化的，每次调用都会打印出当时的时间戳。

在本节开始的部分讲到过 import 的流程，当我们尝试 import 一个叫作 abcd 的模块，Python 首先去看是否有一个内置的模块叫作 abcd。其实，这个说法是不严谨的。在查找内置模块之前，Python 会先确认模块 abcd 是否已经被 import 过了，如果是，那么查找的流程就结束了。

那么，Python 如何确认一个模块是否已经被 import 过了呢？很简单，Python 把相关的信息维护在一个 dict 里，这个 dict 叫作 sys.modules。

```
>>> import sys
>>> sys.modules
{'builtins': <module 'builtins' (built-in)>, 'sys': <module 'sys' (built-in)>,
    '_frozen_importlib': <module 'importlib._bootstrap' (frozen)>, '_imp':
    <module '_imp' (built-in)>, 'rlcompleter': <module 'rlcompleter' from
    '/Library/Frameworks/Python.framework/Versions/3.6/lib/python3.6/rlcompleter.py'>}
```

实际上，这个 dict 中的元素很多，为了方便展示，我们只列出来了其中很小的一部分，大家可以自己尝试，看看这个 dict 到底有多少元素，有什么元素。在 sys.modules 这个字典中，key 是字符串类型，value 是 module 类型。

如果 abcd 模块被成功 import，它会体现在 sys.modules 中。（为了方便展示，大部分内容被删减。）

```
>>> import sys
>>> import abcd
>>> print(sys.modules)
{'builtins': <module 'builtins' (built-in)>, 'sys': <module 'sys' (built-in)>,
    'abcd': <module 'abcd' from '/Users/mxu/Workspace/pythonCourse/abcd.py'>}
```

要注意的是，sys.modules 中的值是以模块为单位的，即使只是 import 模块中的一个对象。

```
>>> import sys
>>> from abcd import greet
>>> sys.modules
{'builtins': <module 'builtins' (built-in)>, 'abcd': <module 'abcd' from '/
    Users/mxu/Workspace/pythonCourse/abcd.py'>}
```

假设 abcd 模块是按如下形式设计的。

```
from datetime import datetime

def greet():
    greeting = 'greeting from abcd at: ' + str(datetime.now())
    return greeting


salutation = greet()
```

这个模块定义了两个对象，一个是函数 greet，另一个是变量 solutation。greet 方法的返回值有时间戳，每次调用都会有不同的返回值。我们来验证这一点。

```
>>> import abcd
>>> abcd.greet()
'greeting from abcd at: 2020-02-25 19:36:25.960899'
>>> abcd.greet()
'greeting from abcd at: 2020-02-25 19:36:29.395675'
```

而变量 salutation 的值是函数 greet 的返回值。如果 greet 方法每次都调用都会返回带不同时间戳的值，这是不是意味着我们每次 import 这个变量的时候，都可以得到不同的值？

我们用 "import as" 来尝试验证。

```
>>> from abcd import salutation as aaa
>>> aaa
'greeting from abcd at: 2020-02-25 19:48:05.113210'
>>>
>>> from abcd import salutation as ccc
>>> ccc
'greeting from abcd at: 2020-02-25 19:48:05.113210'
```

这个结果和这一节的标题是互相印证的：一个模块只会被导入一次。要特别注意的是，

sys.modules 是一个内存缓存，也就是说，当我们退出 Python 程序的时候，这个缓存会被清空。

6.11 变量的作用域

关于局部变量和全局变量，大部分的 Python 书和教程的讲解都是这样的：在函数体内被定义的变量是局部变量，在函数体外被定义的变量是全局变量。这么讲解是没有问题的，但是讲解的角度比较碎片化，不容易让人有全局的理解。

关于局部变量和全局变量甚至包括类的静态变量，最核心的概念是 Python 变量的作用域，一定是限定于声明它最近的函数、类或者模块。

假定，我们在模块 demo.py 中有如下代码。

```python
def greet(name):
    greeting = 'Hello ' + name + ', nice to meet you!'
    print(greeting)
```

greeting 这个变量当然是存在于 demo 模块中，但是它更存在于 greet 函数中，greet 函数是离它最近的一层"容器"，所以它的作用域就限定于离它最近的这个"容器"，即 greet 函数。在这个函数之外的代码是不知道这个变量存在的。

继续扩充这个 demo 模块。

```python
greeting_template = 'Hello {}, nice to meet you!'

def greet(name):
    greeting = 'Hello ' + name + ', nice to meet you!'
    print(greeting)
```

在 greet 函数之外，我们定义了一个变量 greeting_template，这个变量存在于 demo 模块中，但是不在任何函数中。所以，demo 模块是离它最近的一层容器，它的作用域就限定于 demo 模块。

再继续扩充，在 demo 模块中定义一个类。

```python
greeting_template = 'Hello {}, nice to meet you!'

def greet(name):
    greeting = 'Hello ' + name + ', nice to meet you!'
    print(greeting)    print(greeting)

class Driver:
    MAX_POINT = 12

    def __init__(self, name):
```

```
        self.name = name

    def drive(self, car_make):
        log = self.name + " is driving " + car_make
        print(log)
```

Driver 类的 drive 方法里定义了一个变量 log，离这个变量最近的容器是 drive 方法，所以，变量 log 的作用域就限定在 Driver 类的 drive 方法。Driver 类还定义了一个变量 MAX_POINT，离这个变量最近的容器是这个类本身，所以，变量 MAX_POINT 的作用域就限定在 Driver 类。

总结一下：

- 容器是函数（不管是函数还是类方法）的变量，是局部变量。
- 容器是类的变量，是类的静态变量。
- 容器是模块的变量，是全局变量。

也就是说，我们可以根据作用域把变量分为三类：函数变量、类变量和模块变量。严格来讲，所有的变量都是局部的，只是局部的范围有大有小，小如函数变量被称为局部变量，大如模块变量就被称为全局变量。

我们再从另外一个角度来看全局变量。一个模块的顶层对象在这个模块中是全局的，假定在一个模块中我们定义了一个函数 func1。

```
def func1():
    return '11111'
```

接下来，我们在这个模块中再定义一个函数 func2，我们在这个函数体里可以调用函数 func1 吗？当然可以，因为 func1 在这个模块中是一个顶层的对象，在这个模块中是全局的，所以，同在这个模块中的其他函数是认识它的，可以调用它。

```
def func1():
    return '111'

def func2():
    output = func1() + '_222'
    return output

def func3(prefix):
    return prefix + func2()
```

如果我们可以理解函数与函数之间的访问，那就容易理解函数与变量之间的访问了。如果我们在这个模块顶层定义了一个变量，这个变量就和这个模块中的顶层函数一样，是全局的，这个模块中的函数都认识它，可以访问它。

```
signature = ' from yomocode.com'
```

```
def func1():
    return '111'

def func2():
    output = func1() + '_222'
    return output

def func3(prefix):
    return prefix + func2() + signature

result = func3('Python')
print(result)
```

执行结果如下：

```
Python111_222 from yomocode.com
```

同理，如果我们在这个模块顶层定义了一个类，这个类在这个模块中也是全局的。

```
signature = '@Engine'

def make_sound():
    return print('gogogo!')

class Car:
    def accelarate(self):
        make_sound()
        print(signature)

car = Car()
car.accelarate()
```

执行结果如下：

```
gogogo!
@Engine
```

接下来请看另外一段代码：

```
def get_location(city):
    if city.lower() == 'beijing':
        location = 'Beijing'
    else:
        location = 'Out of Beijing'

    return location
```

读者如果有其他编程语言经验（比如 Java），可能会觉得这段代码有问题，因为 location 这个变量是在一个 if 代码块里定义的，那么，它的作用域不是应该局限于这个 if 代码块吗？

我们回顾之前讲过的一句话：Python 变量的作用域，一定是限定于它被赋值的最近的函数、类或者模块。在 Python 语言里，代码块不是一个独立的变量作用域。所以，location 这个变量虽然是在一个 if/else 代码块中定义的，它的作用域却不是仅限于这个代码块，而是限定于离它最近的函数，也就是 get_location 函数。

如果只是用 Python 写一些简单的脚本，我们可能不会特别留意变量作用域的问题。但是，当程序变得更复杂以后，这是我们一定要了解的知识。

6.12　局部变量和全局变量的冲突

当局部变量和全局变量重名的时候，会是什么样的情景？

```python
mvp = 'Curry'

def func1():
    print(mvp)

def func2():
    mvp = 'Wang Dachui'
    print(mvp)

func1()
func2()
func1()
```

执行结果如下：

```
Curry
Wang Dachui
Curry
```

从结果我们可以看到，在局部环境中，如果局部变量和全局变量重名，全局变量被"屏蔽"（Shadow）。

在局部环境中，我们可以读取全局变量。如果我们想更加激进，不只是想读取全局变量，还想改变全局变量的值。从技术上讲，Python 是可以做到的。

```python
mvp = 'Curry'

def func1():
    print(mvp)

def func2():
    global mvp
    mvp = 'Wang Dachui'
    print(mvp)
```

```
func1()
func2()
func1()
```

执行结果如下：

```
Curry
Wang Dachui
Wang Dachui
```

在局部环境中，通过 global 关键字来修饰一个变量，是在特别申明："注意，我要修改这个全局变量了！"但是，做这样的操作我们一定要三思，技术上可以做到，不代表我们应该这么去做。全局变量可能在很多地方被用到，如果在某个隐蔽的代码小角落，全局变量的值被修改了，所有用到这个变量的代码都会受到影响，而且，我们还很难定位问题。

6.13　__name__ 和 __main__

如果需要写一个可执行的程序，对于大部分的编程语言而言，都需要显式地写一个入口函数（通常被称为 main 函数）。比如，Java 里的 main 函数大概是如下这样的。

```
// Java code example:
public Class MyClass {
    public static void main(String args[]) {

    }
}
```

在语言设计的很多方面，Python 的设计都非常简洁，在这一点上也不例外。Python 并不要求我们显式地声明 main 函数。对于一个 Python 文件，我们可以把它当作可重用的模块来导入，也可以直接把它当作脚本来执行。

比如，我们来设计模块 mod.py。在这个模块里，我们定义一个函数 is_even_number 判断给定的参数是否是偶数；我们再定义一个函数循环接受用户输入，并且判断用户输入值是否是偶数。

```
# mod.py
def is_even_nuber(val):
    val = int(val)
    if val % 2 == 0:
        return True
    return False

def loop_inputs():
    user_input = input('Please input an integer: ')
    while user_input != 'exit':
```

```
        if is_even_nuber(user_input):
            print(user_input, 'is even number')
        else:
            print(user_input, 'is NOT even number')

        user_input = input('Please input an integer: ')
```

写好这个模块后，我们可以在其他模块中导入它，调用 loop_inputs 函数循环接收用户输入。

```
>>> import mod
>>> mod.loop_inputs()
Please input an integer: 12
12 is even number
Please input an integer: 33
33 is NOT even number
Please input an integer: exit
>>>
```

我们也可以直接把 mod.py 当成脚本运行，只是这个脚本定义了两个函数，并没有去调用它们，所以我们无法开始接受用户输入。

```
python3 mod.py
```

我们可以看到，mod 模块其实已经非常接近可运行的状态了，只要在最后调用 loop_inputs 方法就可以做到。但是，如果我们这么做了，其他尝试导入它的模块（或者脚本）就会进入接收用户输入的状态，这未必是我们想要的。所以，我们需要能够区分一个模块到底是被其他模块导入，还是被当成脚本直接执行。

__name__，（注意首尾都是双下划线，不是单下划线），是 Python 的一个特殊变量。当一个模块被当作脚本来执行时，这个变量的值是字符串 __main__；如果它是被当作模块被导入，这个变量的值是模块的名字。

要验证这一点，我们对 mod.py 做一些细微的调整，在模块最后加了简单的条件判断语句。

```
# mod.py
def is_even_nuber(val):
    val = int(val)
    if val % 2 == 0:
        return True
    return False

def loop_inputs():
    user_input = input('Please input an integer: ')
    while user_input != 'exit':
        if is_even_nuber(user_input):
            print(user_input, 'is even number')
```

```
        else:
            print(user_input, 'is NOT even number')
        user_input = input('Please input an integer: ')

if __name__ == '__main__':
    loop_inputs()
else:
    print('__name__ =', __name__)
```

现在，我们尝试导入 mod.py。

```
>>> import mod
__name__ = mod
```

再尝试把 mod.py 当作脚本来直接执行：

```
python3 no_main.py
Please input an integer: 12
12 is even number
Please input an integer: 13
13 is NOT even number
Please input an integer:
```

利用 __name__ 变量，我们可以很容易地区分模块被导入时的逻辑和被当成脚本执行时的逻辑，并且这个特性让我们可以非常容易地调试模块本身的代码。

6.14　注释

注释是编程的一部分，它帮助解释和说明程序的逻辑，但是它本身不影响程序的运行逻辑。注释的语法很简单，在"#"后面接注释信息即可。

```
# programming language
language = 'Python'
```

注释不一定是单独占一行，它也可以接在代码的后面。

```
language = 'Python'   # favorite language
```

如果注释很长，需要分多行来书写，可以用三引号来做。

```
"""
    This is long comments.

    Comment line 1
    Comment line 2...

"""
```

软件行业有一个流传甚广的笑话，说程序员最讨厌做两件事：一是自己需要写注释，二是别人不写注释。我们在读别人的代码时，如果读不懂又没有注释帮助理解，我们会很抓狂，觉得别人不负责任。我们自己写代码的时候又很讨厌写注释，因为要耗费自己额外的时间。注释的语法简单，但是注释本身却绝非简单的事情，它让程序员很纠结和困惑。

困惑点之一：写注释占用太多时间，耽误写代码。

写注释确实会占用时间，但是，注释可以帮助别人理解我们的代码逻辑，从而减少误解，提高团队整体的工作效率。从这个角度来说，注释有成本，但是更有收益，值得做。

困惑点之二：公司要求代码必须写注释，所以只能写，但是真的不想写。

很多公司确实对代码注释有要求，这是以团队协作的效率为出发点考虑的。但是，这个事情如果要做，就要做得有质量，不要敷衍，不要流于形式。

困惑点之三：代码逻辑很简单，很容易看得懂，真的没有必要写注释。

如果不是自己图省事，而是理性判断没有必要写注释，那就不要写。注释不要流于形式，写注释需要时间，是有成本的，如果阅读代码的人觉得这个注释对他们没有任何帮助，那这样的注释还是不要写比较好。

图 6-2 展示了一个让人生气的注释范例：

×××2020 年参观养猪场（注：左起第一位为 ×××）

图 6-2　让人生气的注释范例

困惑点之四：代码更新之后，注释没有更新，形成不同步的状况。

这其实是一个比较普遍的现象，特别是有比较紧急的 bug 出现的时候，大家都着急先把问题解决，然后再来更新注释。但是代码问题解决之后，大家的关注点已经在更多新的问题上了，更新注释的事情就被抛之脑后了。所以，如果代码有更新，尽量把注释也同步更新好，不要留隐患。

代码有更新，但注释没有被及时相应更新，更让人生气（见图 6-3）。

代码本身就是沟通的载体，用于和机器的沟通，也用于跟人的沟通，我们应该尽量提高代码的可读性，给变量更有意义的命名，设计条理更加清晰的逻辑，从而减少注释的需求。

×××2021 年参观养猪场（注：左起第一位为 ×××）

图 6-3　更让人生气的注释范例

如何写注释，注释中应该包含什么信息？我们可以从官方的代码中得到一些参考，比如如下代码。

```
def join(self, ab=None, pq=None, rs=None):
    """
    Concatenate any number of strings.

    The string whose method is called is inserted in between each given string.
    The result is returned as a new string.

    Example: '.'.join(['ab', 'pq', 'rs']) -> 'ab.pq.rs'
    """
    pass
def isdigit(self, *args, **kwargs):
    """
    Return True if the string is a digit string, False otherwise.

    A string is a digit string if all characters in the string are digits and there
    is at least one character in the string.
    """
    pass
```

6.15　pip 的工程用法

在使用 pip 安装模块包的时候，如果我们不指定版本，那么最新版本会被安装。

```
pip3 install beautifulsoup4
```

我们也可以指定版本号，这样，指定的版本会被安装。

```
pip3 install beautifulsoup4==4.1.0
```

虽然更新的版本通常意味着更强更新的功能，但是，在工程实践中，我们担心更新的版本可能没有经过足够的用户验证，会有潜在的问题，或者出于与其他模块的兼容考虑而选择一个确定的旧版本。我们需要采用更加可控的方式来管理模块包，这个方式就是 requirements.txt。

创建一个文本文件，名字叫作 requirements.txt，里面的内容是模块包的名字和相应的版本，如下所示。

```
requests==2.23.0
beautifulsoup4==4.8.2
```

有了 requirements.txt 之后，我们可以通过一条 pip 命令把所有的模块包都安装好。

```
pip3 install -r requirements.txt
```

通过 requirements.txt，我们可以清晰地指定项目所需的模块包及相应的版本，并且 requirements.txt 文件可以被版本控制软件（比如 git）所管理，在项目中应用的时候，这可以让项目成员很容易地建立起统一的 Python 开发环境。

pip 支持 freeze 参数，我们可以把当前已经安装的模块包导出到 requirements.txt 文件中，这样可以快速建立 requirements.txt，而不用手工编辑。

```
pip3 freeze > requirements.txt
```

Python 项目还会碰到一个普遍的问题：开发环境、测试环境和生产环境需要的模块包可能会不一样，主要是开发和测试环境可能需要一些额外的模块包，它们只在开发或者测试的环节会被用到，不需要也不应该被带到生产环境中。

针对这种情况，我们可以为每个环境建立和维护不同的 requirements.txt。

```
requirements_dev.txt
requirements_qa.txt
requirements_prod.txt
```

这样完全可以满足我们的需要，因为 requirements.txt 只是一个最常见的约定文件名，并不是强制的，我们可以用不同的文件名来区分它们针对的环境。但是，这么做会有一个问题：它们之间的差异其实不大，大部分内容是重复的，这样会带来一些额外的工作量，同时也为配置环境的不一致带来隐患。针对这个问题，我们可以让 requirements.txt 建立依赖关系，把共用的部分抽取出来。

比如，生产环境有如下 requirements_prod.txt。

```
requests==2.23.0
beautifulsoup4==4.8.2
```

而测试环境需要额外的模块 PyTest，requirements_qa.txt 是下面这样的。

```
requests==2.23.0
```

```
beautifulsoup4==4.8.2
pytest==5.4.1
```

我们可以把 requirements_qa.txt 重构成如下所示。

```
-r requirements_prod.txt
pytest==5.4.1
```

这样，测试环境就不需要专门维护与生产环境重叠的模块版本信息了，每当 requirements_prod.txt 有改动，测试环境就可以自动同步，消除了模块包不一致的隐患。

6.16   本章小结

本章介绍了 Python 编程语言更多、更深入的特性，包括函数、字符串、条件判断、模块的概念、更复杂的遍历场景、时间的处理、dict 类型更复杂的应用场景、变量的作用域等。

对这些知识的了解，可以让我们在写代码的时候更加得心应手，更重要的是让我们不仅知其然，还能知其所以然，这对于工程师向更高的水平进阶是必不可少的。

在下一章中，我们开始学习 PyTest 测试框架的高级功能。

## 第 7 章

PyTest 进阶

PyTest 很容易上手，可以让我们快速展开自动化测试的工作。同时，PyTest 还有很多高级特性，对软件自动化测试有更多支持，让我们可以更有条理地创建和维护测试用例、自定义测试行为和结果。

7.1 自动发现测试类

前面我们已经了解了 PyTest 如何自动发现测试模块和测试函数。在工程实践中，为了更好地组织相关的测试用例代码，我们通常会为测试用例创建类。在这种情况下，要让 PyTest 自动识别其中的测试用例，我们需要做到以下几点：

- 类名以 Test 开头（注意，首字母是大写）。
- 类没有初始化函数（__init__ 函数），否则，PyTest 会忽略这个类，不会去尝试发现测试函数。
- 测试方法的名字以 test 开头。

以下是一个简单的范例。

```
class TestString:

    def test_1(self):
        ...

    def test_string(self):
        ...

    def testify(self):
        ...
```

PyTest 还支持对自动发现规则的定制，但是本书不做深入介绍，因为默认的规则已经可以应对绝大多数的应用场景，并且过多的定制化会加大维护的难度，笔者并不建议对这个功能进行过多的挖掘和应用。

7.2 测试集合

在工程实践中，我们经常需要执行一个测试集合（Test Suite），其中包含的测试可能分布在不同的文件中，还可能分布在不同的路径下，但是 PyTest 没有测试集合相关的功能支持，我们需要自己想办法解决，有几个思路值得借鉴：

1）合理组织测试用例文件的内容。一个测试用例文件作为一个最小执行单元，其中的测试函数和测试用例应该作为一个整体被执行。

2）用文件夹来合理组织测试用例文件，文件夹的层次关系应该体现测试用例的层次关系。

3）在执行 PyTest 命令的时候，我们可以指定多个路径，这些路径下的测试用例会被执行。

```
pytest string_tests integer_tests float_tests
```

4）利用模块引用的特性，我们可以设计测试集合。比如，在 test_class_demo_integer.py 文件中有如下一个测试类。

```python
class TestInteger:

    def test_add(self):
        ...

    def test_subtract(self):
        ...
```

在 test_class_demo_integer.py 文件中有如下另外一个测试类。

```python
class TestString:

    def test_reverse(self):
        ...

    def test_upper_case(self):
        ...
```

我们可以设计一个测试集合的 Python 源文件，这个文件没有具体的逻辑代码，只是导入它想包含的测试用例模块。

```python
# testsuite_demo.py
from .test_class_demo_integer import TestInteger
from .test_class_demo_string import TestString
```

当我们执行这个测试集合的时候，它所引用的测试模块中的所有测试用例都会被执行。

```
pytest testsuite_demo.py
```

这个设计实用而简单，但是，在工程实践中，我们要特别留意测试集合文件的命名，避免以 test_ 开头或者以 _test 结尾。也就是说，我们希望它被 PyTest 的自动发现机制忽略，这样才能避免测试用例的重复执行。

对于测试集合文件，我们建议以 testsuite_ 开头来命名，这样，从名字上我们可以澄清它的设计意图，但是不会被 PyTest 自动发现为测试用例文件。

7.3 标记

假如有一个如下的简单的测试类。

```
class TestString:

    def test_reverse(self):
        ...

    def test_append(self):
        ...

    def test_substring(self):
        ...

    def test_capitalize(self):
        ...
```

这个测试类有 4 个测试函数，当这个测试类被执行的时候，这 4 个测试函数会被依次执行。这是一个非常简单的例子，而工程实践中的测试比这要复杂得多，我们需要对测试用例进行更多的控制。

7.3.1 忽略执行

互联网上有很多在线词典，可以很方便地查阅英语单词的中文含义，但是一些比较生僻的单词可能并不是所有的词典中都有收录，在这种情况下，我们可能需要查阅好几个不同的词典才能知晓某个单词的释义。假如我们设计一个软件，它会自动去不同的在线词典中爬取某个单词的释义，聚合显示在一个页面中。要测试这个聚合词典软件，我们需要分别测试它对各个不同的在线词典内容的抓取。

```
class TestDictAggregator:

    def test_google_translate(self):
        # 谷歌翻译: https://translate.google.com/
        pass
```

```python
    def test_youdao(self):
        # 有道词典: http://fanyi.youdao.com/
        pass

    def test_cambridge(self):
        # 剑桥词典: https://dictionary.cambridge.org/zhs/
        pass

    def test_longman(self):
        # 朗文词典: https://www.ldoceonline.com/
        pass
```

在聚合词典运行一段时间之后，假如剑桥词典网站倒闭了（纯技术讨论，我们不希望任何这样优质的网站倒闭），我们就需要对测试用例做相应的调整，最直接的方案当然是把相应的测试函数（test_cambridge）删掉，因为它测试的对象一去不复返了。

如果剑桥词典网站并没有倒闭，而是暂时停止服务，或者网站本身是正常的，但是对页面进行了调整，导致聚合词典对它的解析出现混乱，出现 bug，而产品经理认为这个 bug 的优先级比较低，暂时不会安排资源去修复。在这样的情况下，我们不能将这个测试一删了之（因为后续很有可能还是需要），而是应该先停止执行，等到合适的时间点再恢复执行。对于这种情况，我们可以用 PyTest 的 pytest.mark.skip 装饰器标记测试函数。

```python
import pytest

class TestDictAggregator:

    def test_google_translate(self):
        # https://translate.google.com/
        pass

    def test_youdao(self):
        # http://fanyi.youdao.com/
        pass

    @pytest.mark.skip
    def test_cambridge_dict(self):
        # https://dictionary.cambridge.org/zhs/
        pass

    def test_longman(self):
        # https://www.ldoceonline.com/
        pass
```

相应的测试函数会被忽略，不会被执行。在测试结果中，我们可以清晰地看到这一点。

```
pytest test_dict.py
========== test session starts =============
platform darwin -- Python 3.9.1, pytest-5.4.2, py-1.8.1, pluggy-0.13.1
```

```
rootdir: /Users/mxu/Workspace/book/chapters/codes/marker1
plugins: html-3.1.0, metadata-1.11.0
collected 4 items
test_dict.py ..s.                              [100%]

============= 3 passed, 1 skipped in 0.02s ==========
```

在应用 pytest.mark.skip 的时候，我们最好加上相应的信息，标注忽略的理由。

```
import pytest

class TestDictAggregator:
    ...

    @pytest.mark.skip(reason='BUG_12345 needs to be fixed before this test is
        enabled back')
    def test_cambridge_dict(self):
        pass
```

在项目实践中应用 pytest.mark.skip 的时候，虽然 reason 部分在语法上不是必要的，但是我们不应该把它省略掉，一定要谨慎对待，加上有帮助的信息，可为项目的长远维护打好基础。

7.3.2　条件执行

还有很多情况，我们并不是想无条件地忽略某个测试函数的执行，而是希望在某个条件满足的情况下才执行。比如，某个测试需要在 Mac OS 上执行，在其他操作系统上不应该执行，我们如何做到这一点？

首先判断操作系统，可以通过 platform 模块的 system 方法，这个方法在 Mac OS 上会返回字符串 Darwin。

```
import platform
print(platform.system())
Darwin
```

PyTest 有另外一个内置的函数装饰器 pytest.mark.skipif，我们可以通过它指定测试函数被忽略执行的条件。

```
import platform
import pytest

class TestBrowsers:

    def test_chrome(self):
        pass

    def test_edge(self):
```

```
        pass

    @pytest.mark.skipif(platform.system() != 'Darwin', reason='Safari testing
        against Mac OS only')
    def test_safari(self):
        pass
```

如果条件更复杂，比如只有操作系统是 Mac OS 并且是 Catalina 版本（10.15）的情况下，测试才被执行，如果不符合这个条件，测试会被忽略。针对这个需求，我们也可以把这个复杂的组合条件写在 pytest.mark.skipif 的表达式中，但是这样会导致代码的可读性大幅降低。我们可以把条件判断部分抽取出来，写成一个函数，然后在 pytest.mark.skipif 中调用这个函数。

```
import platform
import pytest

def is_mac_catalina():
    if platform.system() != 'Darwin':
        return False

    mac_version = platform.mac_ver()[0]  # something like '10.14.6'
    version_parts = mac_version.split('.')
    if version_parts[0] == '10' and version_parts[1] == '14':
        return True
    return False

class TestBrowsers:

    def test_chrome(self):
        pass

    def test_edge(self):
        pass

    @pytest.mark.skipif(not is_mac_catalina(), reason='Safari testing against
        Mac Catalina only')
    def test_safari(self):
        pass
```

通过这个设计，代码的可读性更强，也更容易复用，但其实 PyTest 有更赏心悦目的方案。

```
import platform
import pytest

def is_mac_catalina():
    if platform.system() != 'Darwin':
        return False
```

```
        mac_version = platform.mac_ver()[0]  # something like '10.14.6'
        version_parts = mac_version.split('.')
        if version_parts[0] == '10' and version_parts[1] == '14':
            return True

        return False

mac_catalina_only = pytest.mark.skipif(not is_mac_catalina, reason='Safari
    testing against Mac OS only')

class TestBrowsers:

    def test_chrome(self):
        pass

    def test_edge(self):
        pass

    @mac_catalina_only
    def test_safari(self):
        pass
```

7.3.3　期待失败的发生

到目前为止，我们讨论的测试逻辑都是"如果一切顺利，测试通过；如果有异常发生且未被捕获，则测试失败"，这是正面测试用例（Positive Case）。与此对应的是负面测试用例（Negative Case），主要测试在非正常的情况下程序的表现。

比如，设计一个函数，根据指定的半径计算圆的周长，而且，这个函数只接受整型值参数，任何其他类型的参数都会引起异常。

```
PI = 3.14

def calculate_perimeter(r):
    if not isinstance(r, int):
        raise TypeError('Accept integer radius only for calculating perimeter')

    if r < 0:
        raise ValueError('Radius cannot be negative')

    return 2 * PI * r
```

如果想确定这个函数在输入值是字符串类型的情况下是不是真的会抛出异常，我们可以采用如下代码。

```
def test_perimeter_calculator_by_str_input():
    try:
```

```
        calculate_perimeter('12')
    except TypeError:
        print('TypeError happens as expected')
```

这么做可以达到目的，但是略显烦琐。PyTest 可以用更简洁的代码实现这一点，用
pytest.mark.xfail，告知 PyTest 某个测试函数会失败，而这个失败是我们预期的。

```
@pytest.mark.xfail(raises=TypeError, reason="Any type other than int is illegal")
def test_perimeter_calculator_by_str_input():
    calculate_perimeter('12')

@pytest.mark.xfail(raises=ValueError, reason="Radius cannot be negative")
def test_perimeter_calculator_by_negative_integer():
    calculate_perimeter(-1)
```

执行这个测试模块，可以看到输出结果中有如下的信息。

```
=========== 2 xfailed in 0.06s ============
```

要特别留意的是，xfailed 是与 passed 和 failed 并列的一种执行结果，它表示"预期
会失败的测试确实失败了"，这是测试通过的一种结果，只是 PyTest 将它与 passed 进行了
区分。

如果因为 bug 没有被修复导致测试失败，我们可以用 pytest.mark.skip 来忽略测试的
执行，也可以用 pytest.mark.xfail 更显式地表明测试用例的状态，比如，这是一个正常的
测试。

```
def test_perimeter_calculator_by_positive_integer():
    actual = calculate_perimeter(1)
    expected = 6.28
    assert actual == expected, 'Radius of positive integer is supported'
```

假如，存在 BUG-12345，让 calculate_perimeter 函数在计算正常的正整数输入的时候
会出错，但是产品经理坚持说 BUG-12345 的影响不大，暂时不会安排人手修复。那么，在
这个 bug 被修复之前，这个测试的执行都会失败，测试团队可以用 pytest.mark.xfail 来标记
它，表明"这个测试的执行会失败，但这是预期的结果"，这样，它的执行结果会被标记为
xfailed，而不是 failed。

```
@pytest.mark.xfail(reason="BUG-12345 waiting to be fixed")
def test_perimeter_calculator_by_positive_integer():
    actual = calculate_perimeter(1)
    expected = 6.28
    assert actual != expected, 'Radius of positive integer is supported'
=========== 1 xfailed in 0.05s =============
```

当到了某个时间点，如果 BUG-12345 被修复，正整数输入值可以得到正确的计算结
果，这个时候测试的执行其实可以正常通过，但是因为我们没有移除测试函数的 pytest.

mark.xfail 标记，PyTest 会发现问题："这个测试的结果应该是失败，但其实并不是"，对此，PyTest 将测试结果标注为"xpassed"。

```
=========== 1 xpassed in 0.02s ==========
```

xpassed 的状态会更显式地提醒我们：业务逻辑有变化，或者有 bug 被修复，测试用例可能需要调整，需要引起注意。

7.3.4　限时执行

对于复杂的软件，某些操作可能需要进行大量的计算，比如处理海量的数据，或者访问外部慢速资源。测试这些功能需要的执行时间会比较长，对此我们是有心理预期的。但是，程序逻辑如果很长时间没有结束，有可能是已经"僵死"了，如果我们还在等待，就会浪费宝贵的时间。

针对这种情况，我们可以为测试设置超时时间，当测试在指定的时间长度内没有完成（即使程序并没有"僵死"，只是处理得比较慢），测试会被强行终止。要做到这一点，我们需要安装一个 PyTest 的插件。

```
pip install pytest-timeout
```

安装好以后，我们就可以用它来指定测试函数的执行超时时间，以秒为单位。

```python
import pytest

class TestBrowsers:

    @pytest.mark.timeout(30)
    def test_safari(self):
        pass
```

除了针对测试函数指定超时时间，pytest-timeout 插件还支持其他粒度的超时设定，比如针对一次测试执行（可能包含多个测试用例）的超时时间。在工程实践中，我们通常在持续集成工具（比如 Jenkins）的层面来设置测试执行的超时设置。在此我们不对 pytest-timetout 的其他功能做更多介绍。

7.3.5　自定义标签

通过 PyTest 的 mark 系列装饰器，我们可以对测试函数添加元数据，为测试函数添加一些描述信息。比如，在工程实践中，我们需要对测试的优先级进行设置，P0 表示最高优先级，P1 次之，P2、P3 更次之。

要把测试的优先级信息体现在代码中，有一些测试团队把它加在测试函数名中。

```
class TestBrowsers:

    def test_chrome_p0(self):
        ...
```

这种做法在一定程度上可以解决问题，但是解决得不够好，因为测试的优先级是可能发生变化的，它可能随着时间和应用场景的变迁而调整，这样的话，函数名就会有很强的误导性。如果要更新函数名，代价并不小，因为持续集成系统（比如 Jenkins）中有可能针对这个函数名进行了设置，我们需要修改的很可能不止代码中的测试函数名一处。

一个更好的方案是利用 PyTest 的功能为测试加上标记，比如，用 P0 标记 test_chrome 函数。

```
import pytest

class TestBrowsers:

    @pytest.mark.P0
    def test_chrome(self):
        ...
```

执行这个测试模块，可以看到测试的结果是通过，但是会有一个警告，提醒我们 P0 是一个未知的标记。

```
test_browsers.py::TestBrowsers::test_chrome PASSED                    [100%]

========== warnings summary ============
test_browsers.py:6
  /Users/mxu/Workspace/book/chapters/codes/marker_browsers/test_browsers.py:6:
  PytestUnknownMarkWarning: Unknown pytest.mark.P0 - is this a typo?
  You can register custom marks to avoid this warning - for details,
  see https://docs.pytest.org/en/stable/mark.html
    @pytest.mark.P0

-- Docs: https://docs.pytest.org/en/stable/warnings.html
============ 1 passed, 1 warning in 0.02s ========
```

出现这个警告，是因为我们使用了自定义的一个标记 P0，没有"介绍"给 PyTest 认识，所以 PyTest 不认识它。我们可以在测试模块所在的文件夹中新建一个文件 pytest.ini，内容如下所示。

```
[pytest]
markers =
    P0: critical tests
    P1: key tests
    P2: important tests

    UI: api tests
```

```
API: api tests

Regression: regression tests
```

经过这个设置，我们把自定义的一系列标签"介绍"给 PyTest 认识了，再重新执行测试，刚才的警告就消失了。我们可以通过命令行确认这些标记被正确注册。（为了方便演示，输出结果被截取，只保留了自定义的部分。）

```
pytest --markers
@pytest.mark.P0: critical tests
@pytest.mark.P1: key tests
@pytest.mark.P2: important tests

@pytest.mark.UI: api tests
@pytest.mark.API: api tests

@pytest.mark.Regression: regression tests
...
```

当然，我们想要的可能不仅是标记测试、添加描述信息，更想根据这些信息来对测试进行分组和筛选。比如，测试模块应用了如下标签。

```
import pytest

class TestBrowsers:

    @pytest.mark.P0
    @pytest.mark.UI
    @pytest.mark.Regression
    def test_chrome(self):
        ...

    @pytest.mark.P1
    @pytest.mark.UI
    def test_safari(self):
        ...

    @pytest.mark.P1
    def test_firefox(self):
        ...

    @pytest.mark.P2
    def test_edge(self):
        ...
```

如果我们只想执行 P1 的测试用例，可以很容易地做到。

```
test_browsers2.py -m P1
C02TM1XKGTFL:marker_browsers mxu$ pytest test_browsers2.py -m P1
============ test session starts =============
```

```
platform darwin -- Python 3.9.1, pytest-5.4.2, py-1.8.1, pluggy-0.13.1
rootdir: /Users/mxu/Workspace/book/chapters/codes/marker_browsers, inifile: pytest.ini
plugins: html-3.1.0, metadata-1.11.0
collected 4 items / 2 deselected / 2 selected
test_browsers2.py ..                                           [100%]

=========== 2 passed, 2 deselected in 0.09s ===========
```

执行所有 P0 和 P1 的测试。

```
pytest -m "P0 or P1"
```

执行所有优先级为 P1 的 UI 测试。

```
pytest -m "P1 and UI"
```

执行所有优先级不是 P2 的测试。

```
pytest -m "not P2"
```

另外，要特别留意的是，标记是区分字母大小写的，P0 和 p0 是两个不同的标签，我们很有可能注册的是 P0，而在应用标记时误写成了小写的 p0。为了避免混淆，我们可以要求 PyTest 不接受未经注册的标记，这需要在 pytest.ini 文件中加上一行设置。

```
[pytest]
addopts = --strict-markers
markers =
    P0: critical tests
    P1: key tests
    P2: important tests

    UI: api tests
    API: api tests

    Regression: regression tests
```

经过这样的设置，当 PyTest 看到未经注册的标记时，不是抛出警告，而是抛出错误，从而更显式地提醒我们，避免潜在的问题。

7.4 参数化测试

为了达到更高的测试覆盖率，我们不可避免地会设计出一些非常类似的测试用例，这些测试用例有不同的输入，可能有不同的结果，但是它们有相同的测试逻辑。为这些测试用例设计独立的测试函数显然会带来很大的冗余。

参数化测试可以改善这种情况。比如，有一个函数，它可以用来将输入字符串中的空字符去掉。

```
def remove_whitespaces(input_str):
    ...
    return output_str
```

为了测试这个函数，我们设计的测试用例中需要至少覆盖如表 7-1 中所示的情况。

表 7-1　测试用例及测试数据示例

描　述	输　入	期望输出
中间的空白字符可以被正常删除	"A b c"	"Abc"
尾部的空白字符可以被正常删除	"ab "	"ab"
头部的空白字符可以被正常删除	" ab"	"ab"
连续的空白字符可以被正常删除	" \t ab"	"ab"
不连续的空白字符可以被正常删除	" ab \t c"	"abc"
全部是空白字符的字符串可以得到空字符串输出	" \t \t\t "	""
空字符串作为输入可以得到空字符串输出	""	""
None 作为输入可以得到 None 输出	None	None

用数据来驱动这一系列的测试，我们可以写出如下代码。

```
import pytest

def remove_whitespaces(input_str):
    # a buggy implementation
    return input_str.strip()

test_data = [
    ("a bc", "abc"),
    ("ab ", "ab"),
    (" ab", "ab"),
    (" \t ab", "ab"),
    (" ab \t c", "abc"),
    ("  \t \t\t ", ""),
    ("", ""),
    (None, None)
]

@pytest.mark.parametrize("input_str, expected_str", test_data)
def test_remove_whitespaces(input_str, expected_str):
    actual = remove_whitespaces(input_str)
    assert actual == expected_str
```

有了这样的参数化设计以后，如果我们需要加入新的测试用例，只要添加新的测试数据就可以，测试函数是可以重用的。

📖注意　从某种意义来说，以上例子演示的是"参数化测试"，不是严格意义上的"数据驱动测试"，因为很多测试方面的教程认为"数据驱动测试"需要做到"测试数据"和"测

试代码"的严格分离，"数据"的部分需要以独立的数据源存在，比如文件、数据库、测试用例管理系统等。笔者对这种区分的必要性持保留意见，因为数据驱动的核心在于数据和代码的分离，而这种分离，并不一定体现于独立的数据源。在测试代码中设计专门的测试数据，以 dict/list/tuple 等方式存在，也可以达到同样效果，对于简单的测试用例，这么做还可以降低代码阅读理解的难度。对于更复杂的情况，我们当然可以引入独立的数据文件，或者数据库来管理测试用例的数据部分。

7.5　测试用例的 ID

在不同的语境中，测试用例的 ID 有不同的含义，在这里，我们指的是用来描述测试用例简洁概括的文字，可以让人快速理解测试用例的基本意图。

在上一节提到的例子中，测试用例的描述部分（参见表 7-1）就可以作为测试用例的 ID。

这些描述信息对于理解测试用例是至关重要的。如果这些信息只是存在于测试设计文档中，没有被带入到自动化测试过程中或者后续的自动化执行的结果报告中，那会是非常可惜的，因为这些信息对于测试的理解和维护是非常有帮助的。

以下代码没有主动设定测试用例的 ID，PyTest 会为我们自动生成。

```
import pytest

def remove_whitespaces(input_str):
    # a buggy implementation
    return input_str.strip()

@pytest.mark.parametrize(
    "input_str, expected_str",
    [
        pytest.param("a bc", "abc"),
        pytest.param("ab ", "ab")
    ]
)
def test_remove_whitespaces(input_str, expected_str):
    actual = remove_whitespaces(input_str)
    assert actual == expected_str
```

当执行这个测试模块时，我们看到的测试用例是用 PyTest 自动生成的 ID 标识的，是用测试用例的输入值和期望值自动生成的。

```
a bc-abc
ab -ab
```

这种自动生成的 ID 描述性不强，对我们理解测试用例没有太大的帮助。工程实践需要测试用例有更有意义、更容易理解的 ID，这需要我们在调用 pytest.param 方法时提供 ID 的值。

```
@pytest.mark.parametrize(
    "input_str, expected_str",
    [
        pytest.param("a bc", "abc", id="whitespace in the middle can be removed"),
        pytest.param("ab ", "ab", id="whitespace at the end can be removed")
    ]
)
def test_remove_whitespaces(input_str, expected_str):
    actual = remove_whitespaces(input_str)
    assert actual == expected_str
```

当执行这个测试模块时，测试用例的 ID 是我们自己指定的。当测试用例的数量比较多时，这种有意义、有描述性的 ID 会让维护变得容易。

```
whitespace in the middle can be removed
whitespace at the end can be removed
```

在工程实践中，测试团队应该要求所有的参数化测试用例都必须指定有意义的 ID，这需要一点额外的工作量，但这部分投入会在测试维护的过程中得到加倍的回报，在敏捷开发模式中尤为如此。

在以上例子中，测试用例 ID 是用英文指定的。截止到版本 5.4.3，PyTest 对于测试用例中文 ID 的支持是有 bug 的，在本书后续章节中会给出解决方案。

7.6　Fixture 初探

Fixture 是一个模糊的概念，即使是在测试这个具体的语境中，它的含义也有差异。在 PyTest 中，Fixture 是一种被特别对待的函数。

以下是一个普通的 Python 函数，当它被调用的时候，会返回一个 0 ~ 1000 范围内的随机整数。

```
import random

def random_int():
    return random.randrange(1000)
```

当我们给它加上 PyTest 的 Fixture 标记后，它就成了一个 PyTest Fixture。

```
import pytest
import random
```

```
@pytest.fixture()
def random_int():
    return random.randrange(1000)
```

当这个函数被标记成为 Fixture 后，我们就可以在测试函数中使用它了。当 PyTest 看到测试函数参数列表里的参数名 random_int 后，它会去搜索函数名为 random_int 的 Fixture，找到后，执行这个函数，把这个函数的返回值作为参数传递给测试函数。

```
def test_remove_whitespaces(random_int):
    print('random integer:', random_int)
    assert random_int < 500, 'random integer should be less than 500'
```

Fixture 的主要使用场景是为一组近似的测试函数提供一致的状态，让测试函数不用关注这些状态的引入、设置和清理，从而可以专注于业务测试逻辑。Fixture 有作用范围（Scope）的约束，是在定义 Fixture 的时候确定的。@pytest.fixture() 标记可以带参数，我们可以在这里指定作用范围，如表 7-2 所示。

表 7-2　Fixture 的作用范围

标　记	作用范围
@pytest.fixture()	默认是 function
@pytest.fixture(scope="function")	测试函数
@pytest.fixture(scope="class")	测试类
@pytest.fixture(scope="module")	模块
@pytest.fixture(scope="package")	包
@pytest.fixture(scope="session")	一次执行中搜集到的所有测试用例

Fixture 是在第一次被请求的时候创建的，在作用范围结束的时候被销毁。

Fixture 的作用范围是在创建 Fixture 的时候被指定的，这在使用上并不是很灵活。从 PyTest 5.2 版本开始，PyTest 支持 Fixture 的动态作用范围。但是，笔者认为这只是一个折中方案，设计得并不优雅，也不好用，所以在此就不展开讲解了。

Fixture 的作用范围有大有小，更大作用范围的 Fixture 会被更早执行。作用范围为 module 的 Fixture 比作用范围为 function 的 Fixture 更早执行。如果两个 Fixture 有相同的作用范围，那么，在代码中先声明的 Fixture 会被更早执行。

Fixture 可以在测试类中定义，可以在测试模块中定义，也可以在 conftest.py 文件中定义。测试函数在使用 Fixture 之前，并不需要特别指定 Fixture 的来源，因为 PyTest 会自动搜寻 Fixture，搜寻的顺序依次是测试类、测试模块、conftest.py 文件、内置插件和第三方插件。其中，conftest.py 文件和插件的知识，我们很快会讲到。

7.7　PyTest 的插件机制

插件（plugin）是一种常见的软件架构，通常有两个基本组成部分：一个核心框架和一组可以扩充功能的组件（插件）。核心框架对于它所支持的插件有一些基本的规范要求，插件遵守这些规范要求，可以被核心框架识别和执行，为核心框架"添砖加瓦"。

PyTest 采用的正是插件架构，也正因为这种架构，各种各样的插件被设计出来，让 PyTest 可以适用于各种不同的测试场景。

7.7.1　Hook 函数

Hook 函数是 PyTest 的一个特别设计，它允许定制测试过程中的各个方面。先来看一个简单的例子，在 report 文件夹里创建一个测试文件 test_hook.py。

```
def test_hook():
    assert 1 == 2, 'stupid mistake'
```

很明显，这个测试用例中包含错误，执行的结果一定是失败。

```
FAILED                                          [100%]
AssertionError: stupid mistake
1 != 2
```

接下来，在这个文件夹里，我们创建一个新的文件 conftest.py。

```
def pytest_report_teststatus(report):
    print(report.when, report.outcome)
```

添加了这个新文件夹之后，在对测试用例代码不做任何修改的前提下，重新执行测试用例，我们可以看到输出结果中多了一些信息。

```
setup passed
call failed
FAILED                                          [100%]
AssertionError: stupid mistake
1 != 2
```

以上的例子只是添加了一些额外的信息到测试报告中，我们可以更进一步，去改变测试的结果。我们更新 conftest 的代码，如果检测到 report.output 的值是 failed，就把这个值强制设置成 passed。

```
def pytest_report_teststatus(report):
    print(report.when, report.outcome)
    if report.outcome == 'failed':
        print("\tDon't worry, I will let you pass")
        report.outcome = 'passed'
```

重新执行测试用例（无须对测试用例代码做任何修改），可以看到输出结果变成了如下这样。

```
setup passed
call failed
    Don't worry, I will let you pass
PASSED                                        [100%]
```

在更新了 conftest.py 的代码后，即使测试用例中有一个明显的错误，测试结果也是成功通过的。这个例子当然没有太多实际参考价值，但是它展示了 Hook 函数可以做的事情。在了解了更多 Hook 函数可以做的事情之后，我们可以知道利用 Hook 函数能定制哪些行为。

7.7.2　PyTest 插件

了解了 Fixture 和 Hook 函数，我们也就了解了 PyTest 插件。

我们可以把 Fixture 直接写在测试用例模块中，这样可以工作，但是不利于重用。如果我们把 Fixture 写到测试用例同目录下名为 conftest.py 的文件中，这些 Fixture 就可以被这个目录下的所有测试用例代码使用，有更好的重用性。同理，写到 conftest.py 中的 Hook 函数也具有更好的重用性。

测试用例代码通常是用文件目录来组织的，方便管理和使用。在每个目录下，都可以创建一个 conftest.py 文件。每个 conftest.py 文件可以被它同级文件夹中的测试代码所用，也可以被它子文件夹中的测试代码所用。

那么，在项目的顶层文件夹中如果有 conftest.py，那它就可以被这个项目中所有的测试代码所用，它就是一个 PyTest 插件。

conftest.py 和普通 Python 模块的设计并没有什么不同，只是在使用上，PyTest 会自动搜寻 conftest，自动进行代码依赖注入，而不要求我们在测试用例代码中显式地导入它。

7.7.3　多级 conftest 协同

我们已经知道，在实际项目中，测试代码通常会用目录结构来组织，每个目录下都可以有一份 conftest.py，在父目录的 conftest.py 中定义的 Fixture 和插件可以被子目录中的测试代码使用。

来看一个例子，假如测试代码的组织结构如下所示。

```
- tests
  - conftest.py
  - aa
    - conftest.py
    - test_hierarchy.py
```

其中的代码如下所示。

```
# root/conftest.py
def pytest_report_teststatus(report):
    if report.when == 'call':
        print('customization from root directory')
# root/aa/conftest.py
def pytest_report_teststatus(report):
    if report.when == 'call':
        print('customization from aa')
# root/aa/test_hierarchy.py
def test_hook():
    assert 1 == 2, 'stupid mistake'
```

在我们执行 aa/test_hierarchy.py 的时候，输出如下所示。

```
customization from aa
customization from root directory
FAILED                                            [100%]
```

在以上范例中，我们在不同层级的 conftest.py 中对同一个 Hook 函数进行了行为定制，输出不同的信息。PyTest 会从测试用例的同级目录开始搜寻 conftest.py，如果找到，则执行相应的 Fixture 和插件，然后逐层往上，在父目录中做同样的处理，直至项目根目录。父目录和子目录中的 conftest.py 可能会对同一个 Hook 函数进行定制，在这种情况下，后执行的 Hook 函数基于先执行的 Hook 函数的结果来处理。

修改 conftest.py 的代码如下所示。

```
# root/conftest.py
def pytest_report_teststatus(report):
    if report.when == 'call':
        print('customization from root directory')

        if report.outcome == 'failed':
            print("\tI got you!")

        report.outcome = 'failed'
# root/aa/conftest.py
def pytest_report_teststatus(report):
    if report.when == 'call':
        print('customization from aa')

        if report.outcome == 'failed':
            print("\tDon't worry, I will let you pass")
            report.outcome = 'passed'
```

执行 aa/test_hierarchy.py 的输出如下所示。

```
customization from aa
    Don't worry, I will let you pass
```

```
customization from root directory
FAILED                                                      [100%]
```

子目录中的 conftest.py 对测试用例的执行结果进行了处理，把失败的结果强制改成成功。父目录中也对测试用例的执行结果进行了处理，所有的执行结果统一改成失败。分析结果，我们可以看出：

- 测试用例执行的原始结果是 failed，所以我们可以看到 "Don't worry, I will let you pass" 的输出。
- 子目录中的 Hook 函数把执行结果强制改成了 passed，父目录中的 Hook 函数是基于 passed 的结果来处理的，所以在输出中我们看不到 "I got you!"。
- 父目录把执行结果又改写成了 failed，所以测试执行的最终结果是 failed，执行结果为失败。

7.7.4　第三方插件

PyTest 的插件机制让广大的程序员可以参与进来，创建和分享自己设计的插件。PyTest 插件的搜索与安装和普通的 Python 模块并没有差别，我们可以在 pypi.org 网站搜索，PyTest 插件的名字通常以 pytest- 开头，如图 7-1 所示。

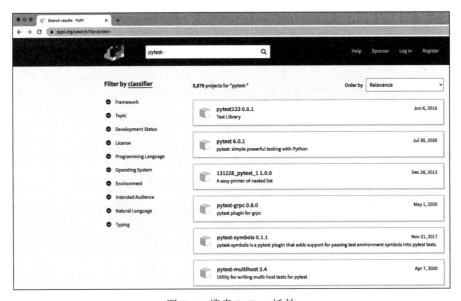

图 7-1　搜索 PyTest 插件

比如，待测试的系统如果是基于 Flask 框架的，我们可以以 pytest-flask 为关键字来搜索可用的插件，如图 7-2 所示。

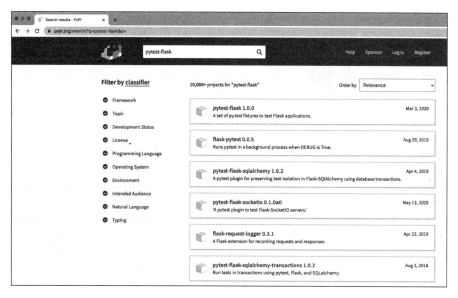

图 7-2　搜索 Flask 测试相关的 PyTest 插件

用 pip 命令安装 pytest-flask 插件（模块）。

```
pip install pytest-flask
```

这个插件实现了一系列的 Fixture，让 Flask 程序的测试更加简单。关于这个插件更具体的信息，我们可以在 PyPI 的详情页面中看到，该页面网址为 https://pypi.org/project/pytest-flask/。

卸载一个插件与卸载一个普通的 Python 模块没有任何差别。

```
pip uninstall pytest-flask
```

作为测试工程师，了解插件的工作机制是必要的。但是在动手设计自己的插件之前，我们应该先看看是不是已经有插件可以使用，插件是不是满足自己的需求，避免重复"造轮子"。

7.8　本章小结

本章介绍了 PyTest 框架的高阶特性，包括参数化测试、测试用例 ID 的定制化、Fixture 的工作机制以及 PyTest 最吸引人的插件机制。通过这一章的学习，我们对 PyTest 框架有了更深的认识，了解了它的工作机制，知道如何利用这些高级特性去更好地做自动化测试。

在下一章中，我们将要学习 Selenium 的高级功能。

## 第 8 章

Selenium 进阶

我们已经了解了 Selenium 的基本操作，可以用 Selenium 来完成一些自动化测试的工作。在这一章，我们来了解 Selenium 的更高级的特性，学习如何让 Web UI 的自动化测试更加高效和合理。

8.1 页面元素的 XPath 定位

CSS 定位可以应对大部分页面元素定位的需求，XPath 定位比 CSS 定位更加强大，但是也更复杂，一般用于更复杂的页面元素定位的情况。

1）根据元素类型和 class 精准匹配定位。

```
<div class="s-hotsearch-title"></div>
```

相应的元素定位方式如下：

```
browser.find_element_by_xpath("//div[@class='s-hotsearch-title']")
```

注意，在以上定位方式中，class 属性值的匹配关系是"＝"，这要求元素的 class 属性正好等于指定的值，不能多，不能少，顺序也不能乱。比如，有如下 HTML 片段。

```
<div class="title-text c-font-medium c-color-t">百度热榜</div>
```

以下这段代码是无法定位到这个元素的，即使这个元素的 class 属性包括 title-text 值。

```
browser.find_element_by_xpath("//div[@class='title-text']")
```

以下这段代码也不行，因为顺序不匹配。

```
browser.find_element_by_xpath("//div[@class='c-font-medium c-color-t title-text']")
```

2）根据元素类型和 class 包含关系定位。

```
<div class="title-text c-font-medium c-color-t">百度热榜</div>
```

相应的元素定位方式如下：

```
browser.find_element_by_xpath("//div[contains(@class, 'title-text')]")
```

3）加入逻辑组合条件。

```
<div class="title-text c-font-medium c-color-t">百度热榜</div>
```

相应的元素定位方式如下：

```
browser.find_element_by_xpath("//div[contains(@class, 'title-text') and
    contains(@class, 'c-font-medium')]")
browser.find_elements_by_xpath("//div[contains(@class, 'title-text') or
    contains(@class, 'c-font-medium')]")
```

4）根据属性值的模糊匹配来定位元素。

```
elem = browser.find_elements_by_xpath("//div[starts-with(@class, 'title-te')]")
```

页面元素的 XPath 定位学习曲线陡峭，学得很慢，忘得很快。在工程实践中，对于一些特别复杂的元素定位场景，我们可以考虑不追求用复杂的 XPath 一步到位，而是用简单的 XPath 定位或者 CSS 定位，配合 Python 的遍历和逻辑判断，让代码更易懂，也更方便对问题进行排查。

8.2 页面元素的等待

对于 Selenium，有一个永远困扰测试工程师的问题，就是"现在可以开始下一步了吗？"

对于手工测试来说，这不是问题，因为我们可以肉眼观察页面，看看数据是不是加载完成了，看看按钮是不是出现了、有没有被遮挡、是不是 Enabled 状态、有没有意外的弹窗出现等，手工测试速度慢，让这类问题出现的概率大幅降低。

一旦用 Selenium 来做自动化测试，特别是用无图形界面的浏览器来做自动化测试，这类问题很快就浮现出来了。

比如，我们用代码去获取一个页面元素，结果 Selenium 报错，说这个页面元素不存在。针对这种情况，最简单直观的解决方案就是让代码等待一段时间，让页面加载时间更加宽裕，然后再来获取页面元素。

```
import time

time.sleep(2)
element = browser.find_element_by_id('save_button')
```

这种方法可以解决 60% 以上的问题，如果 2s 不够，那就等 5s 甚至更长时间。页面元素可能真的需要 5s 才能加载，也可能在第 1s 内就已经加载完成了，但是代码会一直到等待时间结束才会进行后续的执行，这就让测试的时间无谓地增加了。

针对这种情况，我们可以做轮询。比如，每秒钟尝试一次定位元素，如果找到了，就返回，否则如果还没有达到最大的尝试次数，就继续尝试定位，如果已经达到了最大的尝试次数，就抛出错误。

```python
def wait_for_element_by_id(element_id, max_retries=5):
    while max_retries > 0:
        element = browser.find_element_by_id(element_id)
        if element:
            return element

        time.sleep(1)
        max_retries -= 1
    raise Exception("Failed in locating element by id '{}'".format(element_id))
```

但是，页面元素的等待是一个普遍需求，Selenium 针对这种情况是有功能设计的，分别是隐式等待（Implicit Wait）和显式等待（Explicit Wait）。

8.2.1　隐式等待

隐式等待的代码很简单，如下所示。

```python
from selenium import webdriver
from chromedriver_py import binary_path as chromedriver_binary_path

browser = webdriver.Chrome(executable_path=chromedriver_binary_path)
browser.implicitly_wait(20)
```

通过 implicitly_wait 方法，我们可以指定 Web Driver 的隐式等待时间长度（以秒为单位）。当尝试定位页面元素但是定位失败的情况下，它会不断重试，直到用时超出了指定的隐式等待时间。

这种方案简单易行，只是等待的逻辑比较模糊，在更多的情况下，我们需要用到显式等待。

8.2.2　显式等待

显式等待是 Selenium 更推荐的页面元素等待方式，因为它可以更精确地指定等待条件。

以百度的搜索页面为例，用以下代码打开百度首页，输入搜索关键字。

```python
<div class="s-hotsearch-title"></div>
from selenium import webdriver
from chromedriver_py import binary_path as chromedriver_binary_path
```

```
from selenium.webdriver.common.by import By
from selenium.webdriver.support.ui import WebDriverWait
from selenium.webdriver.support import expected_conditions

browser = webdriver.Chrome(executable_path=chromedriver_binary_path)
browser.maximize_window()

browser.get('http://www.baidu.com')

WebDriverWait(browser, 5).until(expected_conditions.presence_of_element_
    located((By.ID, "su")))

elem = browser.find_element_by_id("su")
elem.click()

browser.close()
```

在以上代码片段中，我们特别感兴趣的是以下这句：

```
WebDriverWait(browser, 5).until(expected_conditions.presence_of_element_
    located((By.ID, "su")))
```

它尝试定位 ID 等于 su 的元素并且等到它出现在页面，如果失败的话则继续重新尝试，直到成功，或者超过指定的 5s 的最长等待时间而失败。

要特别留意的是，presence_of_element_located 接收的是一个参数，而不是两个，（By. ID, su）是作为一个整体传递给 presence_of_element_located 方法的。

expected_conditions 有一系列的方法，让我们可以很容易地指定等待的条件，根据参数的不同，大致可以分为以下类别：

1）接收 ui_locator 参数的情况如表 8-1 所示。

表 8-1　ui_locator 参数

方　法	参　数	解　释
visibility_of_element_located	ui_locator	等待满足筛选条件的页面元素被定位到，并且在页面可见
visibility_of_any_elements_located	ui_locator	等待至少有一个满足筛选条件的页面元素被定位到，并且在页面可见
visibility_of_all_elements_located	ui_locator	等待所有满足筛选条件的页面元素都被定位到，并且都在页面可见
invisibility_of_element_located	ui_locator	等待满足筛选条件的页面元素在页面不可见，或者在 DOM 中不存在
element_to_be_clickable	ui_locator	等待满足筛选条件的页面元素被定位到，并且是可点击的状态
element_located_to_be_selected	ui_locator	等待满足筛选条件的页面元素被定位到，并且是被选择的状态

（续）

方　法	参　数	解　释
element_located_selection_state_to_be	ui_locator, is_selected	等待满足筛选条件的页面元素被定位到，并且选择状态是指定的状态
text_to_be_present_in_element	ui_locator, inner_text	等待满足筛选条件的页面元素被定位到，并且文字值等于指定值

2）接收 ui_element 的情况，在这种情况下，页面元素已经被定位到，Selenium 等待的是它的某种状态，如表 8-2 所示。

表 8-2　ui_element

方　法	参　数	解　释
element_selection_state_to_be	ui_element, is_selected	等待指定页面元素的选择状态变成指定的状态
element_to_be_selected	ui_element	等待指定页面元素变成被选择的状态
staleness_of	ui_element	等待指定页面元素从 DOM 中被删除

这些方法，需要读者去一一尝试和体会，才能够在实际工程实践中得心应手。

8.3　Selenium 的局限

不可否认，Selenium 是一个强大的工具，我们可以用它来自动化很多手动操作。但是，Selenium 在自动化测试的应用中还是有一些问题，限制了它更大规模的应用。

1）对于 Web 产品，页面加载的速度很难准确预估，网络速度有快有慢，服务器的响应速度也会有变化，浏览器可以有图形界面也可以没有图形界面，这些因素都会导致页面元素加载和渲染速度的差异，可能导致自动化测试运行结果的不稳定。

2）产品在不断迭代开发，因为有前端页面这样的"客户"，后端 API 的变化调整会和前端做好沟通协调，在可能的情况下会保证向前兼容，保证产品可以正常工作。而对于前端来说，UI 的自动化测试是"非正式的客户"，即使同在一个软件工程团队，UI 的调整也不会过多考虑对自动化测试结果的影响。所以，UI 的自动化测试通常是"后知后觉"的，测试团队很难对 UI 的调整做太多提前的测试准备，比较被动。UI 的自动化测试经常因为 UI 的调整导致出错。但是，UI 的调整可能并不大，对功能也没有明显的影响，但是即使细微的非功能性改动也可能导致自动化测试的失败，经常修复这样的自动化测试 bug 对于自动化测试工程师来说是一件很头疼的事情。

3）我们用 Selenium 做自动化测试，大部分的情况还是会让持续集成工具（比如 Jenkins）来重复、自动化地运行，这和我们在本地开发测试用例的环境是有差异的。用 CI 跑出来的结果和我们在本地执行的结果可能有差异，却很难重现。

4）有很多潜在的前端 bug 在手工测试的过程中很容易被发现，但是用 Selenium 却很难发现，例如：页面元素出现错位；图片有变形；文字超长，超出了控件的范围，导致用户不能完整阅读；文字颜色和控件底色相近，导致辨识困难。

虽然 Selenium 有不少不足，但仍然是一个值得认真学习和考虑的工具，我们需要动手去尝试，对它的强大和不足有真实的感受，再来判断是不是可以在项目中推行使用。

8.4　本章小结

本章介绍了 Selenium 的一些更高级的特性，包括页面元素的 XPath 定位方式、页面元素定位的等待逻辑。这些知识的掌握让我们可以应对绝大部分的测试场景。同时，本章也列举了 Selenium 的一些局限，让我们可以更全面地认识这个工具。

## 第 9 章

实战 12306 之进阶篇

在实战初级篇中，我们实现了 12306 网站余票查询页面车型过滤功能的自动化测试。作为初级程序员，在技术能力还不够强的时候，我们专注的更多是如何进行代码实现。在学习了更多 Python 的编程知识、对面向对象设计有了初步的理解、对 PyTest 和 Selenium 有了更深入的学习之后，我们自然而然地会开始关注如何做得更好。

在这一章里，我们从更高的层面继续讨论初级篇中的范例。

9.1 PO 设计模式

PO（Page Object）是一种设计模式，在 Web 自动化测试中有着广泛的应用，它应用面向对象设计思想，针对每个待测试的页面设计相应的类，对页面细节进行封装，对外提供具有业务逻辑意义的接口。有了这样的 PO 类，测试用例的代码可以大幅简化，避免陷入烦琐的页面细节中，提高了可读性，便于维护。

比如，在余票查询页面，我们可以在热门城市列表中选择一个城市作为始发站。在实战初级篇中，我们是按如下形式实现的。

```
elem = browser.find_element_by_id('fromStationText')
elem.click()

elements = browser.find_elements_by_css_selector("ul.popcitylist > li")
for elem in elements:
    if elem.text == '上海':
        elem.click()
        break
```

这涉及比较多的页面细节，代码比较烦琐，但是在业务逻辑上它的意义是很简单的：选择指定的城市作为查询车次的起始站点，用伪代码来表达是如下所示的形式。

```
page.select_station_from('上海')
```

自动化测试工程师在自动化测试用例的时候，一定要尽量保证在逻辑上清晰，要做到这一点，我们先要把业务逻辑理清楚，设计好页面类的接口。

```
class LeftTicketPage:

    def select_station_from(self, station_name):
        ...

    def select_station_to(self, station_name):
        ...

    def select_departure_date(self, gap_days_from_today=1):
        ...

    def select_train_type(self, train_type_code):
        ...

    def get_displayed_trains(self):
        ...
```

以上伪代码是针对测试车型筛选做的 PO 类设计，随着测试的展开，这个类的接口会更加丰富。为了便于演示，我们在本节里只讨论车型筛选这个小的功能。

要特别注意的是，虽然 PO 类是为了便于测试而设计的，但是这个类本身不应该包含测试方法，只应该包含业务逻辑上有意义的接口。比如，我们筛选车型之后，需要验证筛选结果是否正确，验证的逻辑应该是写在测试用例代码中，而不应该写在 PO 类中，这是自动化测试中的常见问题，应该予以重视。

```
class LeftTicketPage:

    # 这个方法是和测试强相关的，不是页面的业务逻辑，不应该成为这个类的一部分
    def validate_filtered_trains(self, train_type_code):
        ...
```

在实现 LeftTicketPage 类的业务方法之前，我们要加上创建 Web Driver 实例的逻辑。

```
class LeftTicketPage:
    PAGE_URL = 'https://kyfw.12306.cn/otn/leftTicket/init'

    def __init__(self):
        self.browser = webdriver.Chrome(executable_path=chromedriver_binary_path)
        self.browser.get(LeftTicketPage.PAGE_URL)

    def __del__(self):
        if self.browser:
            self.browser.close()
```

在实现了它的初始化函数和析构函数之后，我们可以保证在创建 PO 类对象的时候，相应的底层 Web Driver 实例会被创建好，在这个 PO 类对象被销毁的时候，相应的 Web Driver 实例会被关闭。在这个基础上，我们就可以着手实现具体的业务方法了。

在实战初级篇中，我们已经知道具体页面逻辑的细节，对这些代码稍加修改，就可以用于实现这些业务方法了，举一个如下的例子。

```python
class LeftTicketPage:
    PAGE_URL = 'https://kyfw.12306.cn/otn/leftTicket/init'

    def __init__(self):
        self.browser = webdriver.Chrome(executable_path=chromedriver_binary_path)
        self.browser.get(LeftTicketPage.PAGE_URL)

    def __del__(self):
        if self.browser:
            self.browser.close()

    def _select_station_from_pop_list(self, city_name):
        elements = self.browser.find_elements_by_css_selector("ul.popcitylist > li")
        for elem in elements:
            if elem.text == city_name:
                elem.click()
                return

        raise Exception("Not able to find {} from pop city list", city_name)

    def select_station_from(self, station_name):
        self.browser.find_element_by_id('fromStationText').click()
        self._select_station_from_pop_list(station_name)

        return self
```

有了这样的 PO 类，测试用例的代码就可以简化很多。

```python
def test_train_type_filter():
    page = LeftTicketPage()

    page.select_station_from('上海')
    page.select_station_to('北京')
    page.select_departure_date(1)

    all_trains = page.get_displayed_trains()

    page.select_train_type('T')
    filtered_trains = page.get_displayed_trains()

    for train in all_trains:
        if train.startswith('T'):
            assert train in filtered_trains

    for train in filtered_trains:
        assert train.startswith('T')
```

限于篇幅，其余方法的代码实现，我们在此就不一一赘述了，请读者举一反三，自行尝试。

PO 设计模式带来的好处很明显，它可以让测试代码清晰地表达业务逻辑，极大提高了代码的可读性。并且，因为 PO 类在测试用例代码和页面细节之间加入了一层抽象，如果页面的细节有调整，我们只需要调整 PO 类的代码，测试用例的代码可以保持不变。

9.2　更有针对性的显式等待

在实战初级篇的例子中，我们指定了起始站点和目的站点并选择了列车出发日期后，页面会加载数据，加载的过程需要一些时间才能完成。在初级篇的范例代码中，我们用最简单的方式实现了等待的逻辑，让程序执行暂停 20s，在绝大部分的情况下，页面数据可以在这个时间内完成。

```
time.sleep(20)
```

随着对 Selenium 了解的加深，我们可以看出这种等待方式的缺陷，应该采用更合适的显式等待。通过分析页面元素可以看出：车次查询的数据会显示在一个 table 元素中，table 元素的 tbody 子元素的 ID 是 queryLeftTable。如果查询结果加载完成了，这个 tbody 元素就会有 tr 类型的子节点，我们可以利用这一点来做判断。

```
from selenium.webdriver.common.by import By
from selenium.webdriver.support import expected_conditions
from selenium.webdriver.support.wait import WebDriverWait

WebDriverWait(browser, 20).until(expected_conditions.presence_of_element_
    located((By.CSS_SELECTOR, "#queryLeftTable > tr.bgc")))
```

在 PO 设计模式下，我们可以把这个等待的逻辑放在获取车次列表信息的方法的最前面。

```
from selenium.webdriver.common.by import By
from selenium.webdriver.support import expected_conditions
from selenium.webdriver.support.wait import WebDriverWait

class LeftTicketPage:

    def get_displayed_trains(self):
        WebDriverWait(self.browser, 20).until(expected_conditions.presence_of_
            element_located((By.CSS_SELECTOR, "#queryLeftTable > tr.bgc")))

        trains = []
        elements = self.browser.find_elements_by_css_selector("#queryLeftTable > tr")
        for elem in elements:
```

```
            train_info = elem.get_attribute("datatran")
            if not train_info:
                continue

            trains.append(train_info)

        return trains
```

通过这样更有针对性的显式等待，我们可以减少无谓的等待时间，让程序执行更加高效，也让程序逻辑更加清晰。

9.3　更健壮的代码逻辑

在范例代码中，我们设计了 select_train_type 方法，可以根据指定的车型勾选对应的复选框。

```
class LeftTicketPage:

    def select_train_type(self, train_type_code):
        elem = self.browser.find_element_by_css_selector("#_ul_station_train_
            code > li > input.check[value='{}']".format(train_type_code))
        elem.click()
```

在以上代码实现中，我们在定位到了相应的复选框页面元素后，点击复选框，完成勾选。但是，如果这个复选框在点击之前已经被勾选上了呢？很显然，再次点击复选框，会取消它的勾选状态，这与我们的预期南辕北辙。以上范例代码实现有一个前提条件：假定目标复选框的初始状态是未被勾选的，但这个前提条件显然是无法保证的。

在编写代码的时候，我们需要全面考虑各种情况，要尽可能保证逻辑的正确性。所以，在定位到复选框元素后，我们需要判断它的状态，确认它未被勾选，我们才进行点击操作。

```
    def select_train_type(self, train_type_code):
        elem = self.browser.find_element_by_css_selector(
            "#_ul_station_train_code > li > input.check[value='{}']".format(train_
                type_code))

        if not elem.is_selected():
            elem.click()
```

经过这样的重构之后，我们可以保证被指定的车型会被勾选上，而不是被意外地取消勾选，测试代码更加强壮，测试的结果更加可靠。

9.4　函数单一职责原则

在我们讨论的测试用例中，车次被查询出来后，我们选择了车型后，紧接着会获取筛选后的车次列表，为接下来的验证做准备。测试用例代码如下所示。

```python
def test_train_type_filter():
    ...
    page.select_train_type('T')
    filtered_trains = page.get_displayed_trains()
    ...
```

在实际工作中，很多工程师觉得选择车型和获取车次列表是在业务逻辑上紧密相关的操作，于是倾向于把这两个方法的逻辑合并。

```python
class LeftTicketPage:

    def filter_trains(self, train_type_code):
        elem = self.browser.find_element_by_css_selector(
            "#_ul_station_train_code > li > input.check[value='{}']".
                format(train_type_code))
        elem.click()

        WebDriverWait(self.browser, 20).until(
            expected_conditions.presence_of_element_located((By.CSS_SELECTOR,
                "#queryLeftTable > tr.bgc")))

        trains = []
        elements = self.browser.find_elements_by_css_selector("#queryLeftTable > tr")
        for elem in elements:
            train_info = elem.get_attribute("datatran")
            if not train_info:
                continue

            trains.append(train_info)

        return trains
```

这样，测试代码可以进一步简化，从两行简化为一行。

```python
def test_train_type_filter():
    ...
    filtered_trains = page.filter_trains('T')
    ...
```

软件编程领域有一条重要的设计准则：单一职责原则（Single-Responsibility Principle），它是指模块、类、函数（方法）应该有清晰而专注的功能。具体到以上的范例代码，虽然 filter_trains 方法让代码调用看起来更加简化，但是，它把两个独立的功能混杂在一起了（虽然它们有一定联系），这给代码重用带来了障碍，这样的简化其实是弊大于利的。

以上范例演示的测试用例只是验证单选车型，在实际测试中，我们肯定还需要验证多选车型的情况（比如，高铁 + 动车的组合），在这种情况下，filter_trains 方法就不容易被重用，而遵循单一职责原则设计的函数更容易被重用。

```
def test_train_type_filter():
    ...
    page.select_train_type('G')
    page.select_train_type('D')
    filtered_trains = page.get_displayed_trains()
    ...
```

9.5　测试单一职责原则

在实战范例中，我们演示的测试用例是一个非常细分的功能点：勾选"T- 特快"选项会把所有非特快车次过滤隐藏。此外，我们需要为车次筛选功能设计一系列独立的测试用例。

- 勾选"GC- 高铁 / 城铁"选项会把所有非"GC- 高铁 / 城铁"车次过滤隐藏，只显示"高铁 – 城铁"车次。
- 勾选"D- 动车"选项会把所有非"D- 动车"车次过滤隐藏，只显示"动车"车次。
- 勾选"Z- 直达"选项会把所有非"Z- 直达"车次过滤隐藏，只显示"直达"车次。
- 勾选"T- 特快"选项会把所有非"T- 特快"车次过滤隐藏（在范例中已经演示），只显示"特快"车次。
- 勾选"K- 快速"选项会把所有非"K- 快速"车次过滤隐藏，只显示"快车"车次。
- 勾选"其他"选项会把所有非"其他"车次过滤隐藏，只显示"绿皮车"车次。

这是一组紧密相关的用户使用场景，我们为什么要设计独立的测试用例，而不是用一个大而全的测试用例来涵盖呢？

在上一节中，我们讨论了函数设计的单一职责原则，这其实是软件工程的通用原则，并不只适用于函数的设计，也适用于模块的设计、类的设计以及测试用例的设计。

从更大的角度来看，软件系统里都会有一些成组的功能点。如果从用户的角度来看，对于每个功能组，如果组内的功能点使用的场景有差异，不能被当作一个整体看待，我们就应该为这些细分的功能点设计独立的测试用例。

这个世界不存在完美的软件产品，每个软件产品，软件产品的每个迭代版本，都或多或少有一些 bug，软件测试的目标是把这些 bug 找出来。但是，并不是有 bug 的软件产品或者软件迭代版本就不能发布。我们可以思考以下几种情况。

1）如果我们是用一个大的测试用例逐一测试每个车型的筛选，比如，测试了"T- 特快"车型筛选以后,紧接着测试"D-动车"车型的筛选。有可能在前面进行的测试失败了,导致后续的测试没有机会执行,这样我们能否得到更全面的测试报告?

2)假设 12306 网站出现了问题,余票查询页面的查询结果总是为空,这显然是一个非常严重的 bug,需要立刻修复。技术团队第一时间找出了问题,修复了查询结果为空的 bug。但是,这个修复方案导致了"K-快速"车次的筛选失效。在这个情况下,这个修复方案是否应该"带病"上线?

3)在软件功能变得更多更复杂、测试用例数量变得更大的情况下,"车型筛选功能测试未通过"和"车型筛选功能中的'T-特快'筛选测试未通过",哪个描述更能让团队快速理解问题所在,从而更准确地做出相应的决策?

当测试遵循单一职责原则后,测试的结果会更精准,可以更准确地描述软件系统的状态,为决策提供有效的支持。不可否认的是,细分的测试用例会带来一些时间成本,因为测试用例有一些共有步骤被反复执行,从而需要花费了更多时间。但是,在软件项目变得更大以后,清晰、有条理、结构化的测试变得更加重要。更重要的,自动化测试的思路就是用机器的力量来替代人工,当我们做到用代码来自动执行测试,以及用多台机器并行执行测试以后,测试用例执行中重复操作的成本并不大。

9.6　本章小结

在这一章里,我们演示了 PO 设计模式,演示了如何利用 Selenium 的显式等待来改进代码逻辑,阐述了函数设计的单一职责原则,测试用例的单一责任原则,并分析了健壮的代码逻辑的必要性。

随着技术水平的提升,我们不会只满足于写出可以工作的代码,而是会追求更高质量、更优雅的代码和设计。在对 Python 语言、PyTest、Selenium 有了更多了解之后,我们朝这个目标就更近一步了。

在接下来的章节中,我们开始进入更高阶的学习中。

## 第 10 章

Python 高阶

通过之前章节的学习，我们已经可以应对很多自动化测试的编程场景，写出可以工作的代码，让自动化测试可以比较顺畅地进行。遗憾的是，在实际工作中，很多自动化测试工程师止步于此，把 Python 当作一门简单的脚本语言来使用，开始堆砌重复代码，用更多的人力来应对代码设计的不足。如果对编程语言和软件工程缺乏更深入的了解，很多时候我们甚至无法意识到有些问题可以有更优雅的解决方案。

在这一章里，我们将深入学习 Python 的语言特性和面向对象编程的思想，这是软件测试工程师向更高阶技术水平迈进的必经之路。

10.1 面向对象设计思想

尽管不断地有新的挑战者出现，但面向对象仍然是软件工程最主流的编程思想，我们需要对它有更深入、具体的了解。

10.1.1 继承

继承（inheritance）是面向对象设计最核心的概念之一，是指基于已有的类设计新的类。Python 语言里的继承如以下代码所示。

```
class Shape:
    pass

class Triangle(Shape):
    pass
```

以上简单的几行代码并没有太大的实际意义，但是继承关系已经产生了。Shape 是一个类，Triangle 也是一个类，Triangle 在声明类名之后的括号里指定 Shape，表示它要继承（也称派生，Derive）自 Shape 类。在这个情况下，Shape 是父类（或者称为基类），Triangle 是它的一个子类（或者称为派生类）。

要特别注意的是，在面向对象设计里，继承关系意味着"子类是一种父类"，比如，Triangle 继承自 Shape 是合理的，因为三角形是一种形状；但是如果让 Triangle 继承自 Color 就不合理了，因为三角形显然不是一种颜色。如果代码中体现出来的继承关系在现实世界中不合理，那这种继承关系的设计很可能有问题，虽然代码本身是合法的。

父类中定义的成员变量和成员方法，子类会自动拥有。

```python
class Shape:

    def __init__(self):
        self.name = 'Shape'

    def self_introduction(self):
        print('I am a shape')

class Triangle(Shape):
    pass

shape = Shape()
shape.self_introduction()

triangle = Triangle()
triangle.self_introduction()
print(triangle.name)
```

执行结果如下：

```
I am a shape
I am a shape
Shape
```

从以上代码可以看到，Shape 类里有成员变量 name，有成员方法 self_introduction，而 Triangle 只要宣称它继承自 Shape，就成为 Shape 类的子类，就拥有了这一切，不需要再重复代码。值得注意的是，声明继承关系的时候，只要子类单方面声明即可，不需要父类的同意，父类也不知道这种继承关系的存在。

继承关系意味着"子类是一种父类"，比如，三角形是一种形状，香蕉是一种水果，熊猫是一种动物。我们可以用 isinstance 函数来判断和确认继承关系。

```python
class Shape:
    pass

class Triangle(Shape):
    pass

shape = Shape()
triangle = Triangle()
```

```
print(isinstance(shape, Triangle))
print(isinstance(triangle, Shape))
```

执行结果如下：

```
False
True
```

看起来继承并不费力，也不需要经过父类的同意，那么子类是不是可以继承自多个父类，让自己变得全能呢？答案是可以的。

继承自多个父类，叫作多继承（multi-Inheritance）。Python 语法是支持多继承的。但是多继承在面向对象编程里是一个有争议的设计，因为它会带来理解和使用上的诸多困扰，很多语言并不支持多继承，本书也不做介绍。如果大家有兴趣，可以在对编程有了足够经验之后，再来了解相关的知识，这样可以对这个设计有更准确的判断。

10.1.2 封装

封装（encapsulation）是面向对象编程的一个核心概念，体现在以下两个方面。

1）合理设计类，使之包含在问题域内有意义的属性和相应的操作，使之内聚，角色和功能专注而清晰。

比如，人有各种各样的属性，包括姓名、身份证号、性别、年龄、身高、体重、学历、兴趣爱好、籍贯等，不同的应用场景只应该关注与之相关的属性。

2020 年人口普查，工作人员上门登记人口信息，关注的信息包括姓名、性别、身份证号、出生年月、民族、户籍所在地、学历。虽然身高和体重也是个人的重要信息，但是"人口普查"这个问题域不关注它们。

```
class Citizen:
    def __init__(self):
        self.name = ''
        self.id = ''
        self.sex = ''
        self.nation = ''
        self.education = ''
        self.hukou = ''
```

健身房的管理系统会登记会员个人信息，但是健身房关注的信息和人口普查关注的信息不一样，对信息的精确度要求也不一样（比如年龄，精确到年就可以了，不需要精确到具体日期）。

```
class Customer:
    def __init__(self):
        self.name = ''
        self.sex = ''
```

```
        self.birth_year = ''
        self.height = ''
        self.weight = ''
```

2）隐藏内部细节，通过公开接口提供对外服务。

招聘网站会登记求职者的详细信息，比如姓名、性别、出生年月、学历、毕业院校、专业、英语等级、毕业时间、工作经历等，这些求职者信息是招聘网站的核心资产。对于未付费的招聘单位，网站提供的求职者信息一般来说是有限的、模糊的。

```
class JobCandidate:
    def __init__(self):
        self.name = ''
        self.major = ''
        self.degree = ''

        self._phone = ''
        self._email = ''

        self._university = ''
        self._english_level = ''
        self._graduation_year = ''

    def graduated_from_double_first_class_university(self):
        ...

    def passed_cet_4(self):
        ...
```

在这个例子中，JobCandidate 类包含了具体的个人信息，有一些信息可以被外界自由访问，比如姓名；有一些信息不对外公开，比如电话号码；还有一些信息通过间接的方式提供对外访问，对外暴露相对模糊的数据，比如毕业院校。这体现的是对数据的隐藏。

作为求职者，我们可以修改个人信息，比如我的毕业院校（假定网站有学历验证机制），但是，我们不能直接设定自己毕业于双一流高校，这应该是网站的程序逻辑根据我们提交的毕业院校信息来判断的，是一个只读的属性。这体现的是对操作的限制。

对于类的成员的访问控制，不同的编程语言有不同的设计。Java/C#/C++ 都有访问权限的关键字，比如 public、protected、private 等。Python 没有设计类似的关键字，它的类封装设计更加简单，是用成员的命名方式来约定访问控制的。

如果类的成员变量或者成员方法的名字是以字母开头，那它们是公开成员；如果以双下划线开头的，意味着这个成员是私有成员。

```
class Person:
    def __init__(self, name, age):
        self.name = name
        self.__age = age
```

```
person = Person("Guido van Rossum", 50)
print(person.name)
print(person.__age)
```

以上代码执行结果为：

```
AttributeError: 'Person' object has no attribute '__age'
```

私有成员函数的例子如下：

```
class Person:
    def __init__(self, name, age):
        self.name = name
        self.__age = age

    def __sleep(self):
        print("I am sleeping")

person = Person("Guido van Rossum", 50)
person.__sleep()
```

以上代码执行结果为：

```
AttributeError: 'Person' object has no attribute '__sleep'
```

封装是面向对象设计极其重要的一个方面，它体现的是我们对现实世界的抽象能力，以及对事物交互的理解能力。

10.1.3　多态

"多态"（Polymorphism）这个词本身不太好理解，但是它代表的理念其实很简单，我们来看一个生活的例子来帮助理解。

比如，在才艺展示的选秀节目中，选手们来展示的才艺五花八门。评委并不知道每个选手的才艺到底是什么样的，但他们知道，如果让选手们开始表演，选手们就会展示才艺。虽然"表演"是一个通用的词，但是对于每个选手而言是能理解的，因为他们知道自己要表演什么。如果评委对表演唱歌的选手说："唱！"，选手能够理解要求；如果评委对表演跳舞的选手说："唱！"，选手就不能理解了。如果评委需要对每个选手下达很具体的指令，那评委就需要了解每个选手，工作量就变得很大。

这就是多态代表的理念：相同的函数调用在不同的子类中有不同的实现。

以实际的例子来进一步理解。对于基础的几何图形，每种不同图形的特性都不一样，不同几何图形的面积计算方法不一样，但是，它们都知道自己是什么形状，该如何计算自己的面积。

```
class Shape:
    def get_area(self):
```

```
        pass

class Circle(Shape):
    def __init__(self, r):
        self.radius = r

    def get_area(self):
        return 3.14 * self.radius * self.radius

class Rectangle(Shape):
    def __init__(self, width, height):
        self.width = width
        self.height = height

    def get_area(self):
        return self.width * self.height
```

对于调用方而言，无须知道每个图形具体是什么，更不需要知道图形的面积具体是如何计算的，只需要调用通用的接口就可以了，代码非常简洁。

```
shapes = [
    Circle(1),
    Rectangle(2, 3),
    Circle(8),
    Rectangle(3, 4)
]

for shape in shapes:
    print(shape.get_area())
```

多态是一种重要的设计思想，它在一定程度上隐藏了烦琐的细节，提高了代码可读性，更重要的是，它可以帮助我们理清楚事物更本质的属性，设计出更合理的系统。

10.2　对类的深入了解

作为面向对象编程的核心元素，类在实际编程中有着非常重要的地位，我们需要对类有深入的了解。

10.2.1　析构函数

构造函数（Constructor）是在创建对象的时候被调用的函数，与此相对应的是析构函数（Destructor），是在销毁对象的时候被调用的函数。

在 Python 编程中，绝大部分时候我们都注意不到析构函数的存在，原因如下。

1）Python 有内存垃圾自动回收（GC）机制，在设计类的时候，很多情况下不需要专门去设计它的析构函数。

2）析构函数是在销毁对象的时候被自动调用的，不需要显式地去调用。

当我们觉得自己需要对析构函数有了解，这说明我们已经开始尝试摆脱初级选手的状态，原因有二：

第一，我们在用面向对象思路设计类，而不是写简单的脚本。

第二，我们设计的类需要管理一些更复杂的资源，需要数据库、文件等。

学习析构函数，最重要的是想清楚在这个函数里要做什么，以及如果不做的话会有什么后果。比如，我们设计的类涉及文件的操作，如果在构造函数里打开了这个文件，在析构函数里最好确保这个文件会被关闭。如果不关闭会怎么样？大部分情况下都不会有什么后果，因为 Python 的垃圾自动回收机制会保证在某个时间点关闭这个文件对象。在这个文件对象被关闭前，这个文件在大部分情况下仍然可以被其他代码或者程序打开、读取、修改。

用 Selenium 和浏览器来更直观地理解这个问题。用 Selenium 做 Web UI 自动化测试的时候，一个 Web Driver 对象的创建对应的是一个浏览器程序被打开，如果我们在事后没有关闭 Web Driver 对象，那么之前打开的浏览器就不会被自动关掉。每构造一个这样的 Web Driver 对象，就有一个浏览器实例被创建。到后来，系统里就有大量的浏览器实例，它们的使命已经完成了，但是仍然"活着"，会消耗系统的资源。如果程序在长期运行的服务器上被反复执行，服务器的性能就会受到影响。

在 Python 里，定义析构函数很简单，就是重写类的 __del__ 函数，把资源使用后的收尾和清理步骤放在这里。

```python
from selenium import webdriver

class SeleniumTester:
    def __init__(self):
        print("Initializing Chrome")
        self.chrome_driver = os.path.join(current_path, 'binaries', 'chromedriver_mac')
        self.driver = webdriver.Chrome(self.chrome_driver)

    def __del__(self):
        print('Closing Chrome')
        self.driver.close()

if __name__ == '__main__':
    tester = SeleniumTester()
    tester.driver.get('http://www.bing.cn')
```

执行结果如下：

```
Initializing Chrome
Closing Chrome
```

10.2.2　访问权限控制

我们已经对面向对象的封装思想有了一定的了解，在本节中，我们对 Python 的类成员访问权限控制做更深的了解。

对于类的成员变量或者成员方法，如果它的名字是以字母开头的，那么它是公开成员，可以被外界访问，这是我们最常见到的情况。对于类的成员变量或者成员方法，如果它的名字是以单下划线开头的，意味着这是内部成员，不建议外界访问，但是，这只是“建议”，我们其实还是可以访问。

```python
class Person:
    def __init__(self, name, age):
        self.name = name
        self.__age = age

    def _sleep(self):
        print("I am sleeping")

person = Person("Guido van Rossum", 50)
person._sleep()
```

执行结果如下：

```
I am sleeping
```

对于类的成员变量或者成员方法，如果它的名字是以双下划线开头的，那么它是私有成员，是内部成员，对外界不可见。

```python
class Person:
    def __init__(self, name, age):
        self.name = name
        self.__age = age

    def __sleep(self):
        print("I am sleeping")


person = Person("Guido van Rossum", 50)
person.__sleep()
```

执行结果如下：

```
AttributeError: 'Person' object has no attribute '__sleep'
```

那外界是不是完全无法访问私有成员呢？其实也不是。我们在私有成员名前面加上下划线和类名，就可以访问相关的私有成员，如下所示。

```python
class Person:
```

```
    def __init__(self, name, age):
        self.name = name
        self.__age = age

    def __sleep(self):
        print("I am sleeping")


person = Person("Guido van Rossum", 50)
person._Person__sleep()
```

执行结果如下：

```
I am sleeping
```

这是一个有争议的设计。很多人诟病 Python 的这个设计，说封装不严密，私有成员可以被很容易地访问到，缺少真正的访问控制。

以 Java 为例，当一个 Java 类的成员变量或者成员方法被设置成私有时，对外界就不可见了。但是通过反射机制（Reflection），我们完全可以访问到 Java 类的私有成员。从这个角度来说，Java 和 Python 一样，都支持通过某种方式让私有成员对外界可见。只是 Java 需要通过反射机制来做到，有一定的门槛，需要更高的编程功底，就像是加了一道不锈钢的安全门。而 Python 只是加一个简单的名字前缀就可以访问，就像只加了一个虚掩的木栅栏。

既然 Java 和 Python 都支持通过某些机制对类的私有成员进行访问，说明这是一个普遍的需求。既然有这样的需求，Java 和 Python 也都支持这样的需求，那么门槛更低的方案就可以让开发的效率更高。从这个角度来看，Python 比 Java 的设计更好，对开发人员更友好。

既然私有成员其实并不私有，我们为什么还要设计私有成员，都设计成公有成员不就好了吗？为了回答这个问题，我们来看一个生活中关于汽车的例子。

作为汽车的驾驶员，汽车给我们提供的操作部件是有限的，最主要就是油门、刹车、方向盘。那么汽车能不能给我们提供更多的操作部件呢？当然可以。把仪表盘面板扒开，把底座撬开，我们就可以看到更多内部电路和机械结构，只是作为普通的驾驶员，在日常使用中不需要这么多可操作部件。当日常的操作部件和界面不能解决问题的时候（比如汽车出了故障），拥有更多汽车知识的工程师知道如何打开面板、打开车壳访问到内部，内部并非完全不可访问。

所以，封装的意义并不在于把内部焊死，确保其与世隔绝，而是提供提醒：这些是私有成员，日常使用应该用不到它们，也不建议直接访问，所以它们被隐藏起来，免得干扰使用或者被误用。如果我们真的想这么做，也了解了潜在的风险，那么也可以这么做。

10.2.3　self 不是关键字

对于普通的函数，如果在函数的定义里要求提供参数，调用方在调用的时候一定要提供参数，否则调用会出错。

```
def greet(name):
    print('Hello', name)

greet('world')
greet()
```

执行结果如下：

```
TypeError: greet() missing 1 required positional argument: 'name'
```

我们来看一个简单类的例子。

```
class Customer:

    def __init__(self, customer_name):
        self.name = customer_name

    def introduce(self):
        print("Hi there, my name is", self.name)

customer1 = Customer('Jack')
customer1.introduce()
```

执行结果如下：

```
Hi there, my name is Jack
```

如果我们仔细观察上面的代码，就会留意到一个现象：introduce 方法的定义里，有一个参数名为 self。但是，我们在调用 introduce 方法的时候并没有提供参数，为什么没有出错？

我们提到过，Python 里有两个概念很接近：方法和函数。它们基本上是同一个概念，除了一个细小的差别：方法是依附于类对象的，而函数则没有这种依附对象。比如，print 是一个函数，不依附于某个类；introduce 是一个方法，依附于 Customer 类对象，要调用它，一定是要针对一个 Customer 的对象。

```
print('Hello')
customer1.introduce()
```

对于方法，在调用的时候 Python 会隐式地自动把方法所依附的对象作为第一个参数传递进去，对于调用方来说，这个过程是透明的，Python 会自动进行处理。而在类的设计中，方法的定义需要设计一个参数来接收这个对象。

来看如下所示错误的代码。

```
class Customer:
```

```
    def __init__(self, customer_name):
        self.name = customer_name
    def introduce():
        print("Hi there, my name is")

customer1 = Customer('Jack')
customer1.introduce()
```

执行结果如下：

```
TypeError: introduce() takes 0 positional arguments but 1 was given
```

错误信息告诉我们：introduce 方法的参数列表是空的，但是调用方在调用的时候却传了一个参数。而实际上我们在调用的时候，customer1.introduce() 是没有指定参数的，这个多出来的参数就是 customer1 对象本身，是 Python 加进去的。因为这个参数是对象本身，所以我们可以通过这个对象取得它的成员变量，或者调用它的其他成员方法。

```
class Customer:
    def __init__(self, customer_name):
        self.name = customer_name

    def rename(self, new_name):
        self.name = new_name

customer1 = Customer('Jack')
print(customer1.name)
customer1.rename('Jackson')
print(customer1.name)
```

执行结果如下：

```
Jack
Jackson
```

this 在 C++ 和 Java 里是保留关键字，意味着在 Java 或 C++ 里，我们不能把一个变量命名为 this。但是在 Python 里，self 不是保留关键字，它只是一个约定俗成的名字。以下代码用 this 来替代 self，这在语法方面是没有任何问题的。

```
class Customer:

    def __init__(this, customer_name):
        this.name = customer_name

    def rename(this, new_name):
        this.name = new_name

        self = 'hello ' + this.name
        print(self)
```

```
customer1 = Customer('Jack')
customer1.rename('Jackson')
print(customer1.name)
```

执行结果如下：

```
hello Jackson
Jackson
```

如果没有特别的理由，我们最好遵照这个约定，避免没有必要的沟通成本。

10.2.4　实例属性和类属性

我们已经了解过：类对象是一组相关的数据信息（属性），以及针对这组数据信息的操作（函数）的集合。这个表述其实是有些含糊的，因为不同属性可能有一些差异。比如，在设计学校学生的管理系统时需要设计一个学生类 Student，每个学生都有自己的学号和姓名，所以我们有如下设计。

```
class Student:
    def __init__(self, name):
        self.name = name
        self.student_id = None
```

我们还想设计一个属性 total_count，是所有学生人数的总和。

```
class Student:
    def __init__(self, name):
        self.name = name
        self.student_id = None
        self.total_count = None
```

问题就浮现出来了：total_count 确实是这个类的相关属性，但显然不属于某个对象个体，而是这个类所有对象的集体特征，这样的属性称为类变量。很多其他的编程语言有专门的关键字来定义类变量（比如 Java 有 static 关键字），而 Python 没有。Python 的设计很简单：在类中，在方法之外定义的变量就是类变量，通常放在类定义的最前部分。

```
class Student:

    min_age = 16
    total_count = 0

    def __init__(self, name):
        self.name = name
        self.student_id = None
```

对于类变量，我们可以直接通过类名来访问，也可以通过实例来访问。

```
print(Student.min_age)
```

```
student1 = Student("Ema")
print(student1.min_age)
```

执行结果如下：

```
16
16
```

在类的成员方法内部，也可以访问类变量。

```
class Student:

    min_age = 16
    total_count = 0

    def __init__(self, name):
        self.student_id = None
        self.name = name
        Student.total_count += 1

print(Student.total_count)

Student('student1')
print(Student.total_count)

Student('student2')
student3 = Student('student3')

print(Student.total_count)
print(student3.total_count)
```

执行结果如下：

```
0
1
3
3
```

对于实例属性和类属性，我们要了解它们在 Python 中如何定义和访问的，更重要的是要理解它们在使用场景上的差异。

10.2.5　成员方法和类方法

成员变量是类的个体的属性，成员方法是与之对应的类的个体的函数；类变量是属于整个类的全局属性，类方法是与之对应的全局函数。

以下是一个类方法的范例。

```
class Student:
    total_count = 0
```

```
@classmethod
def next_id(cls):
    cls.total_count += 1
    return cls.total_count
```

上面的代码有以下两点比较特殊。

1）函数上有一个特殊的标记 @classmethod（函数装饰器，在后续章节中会详细介绍），如名字所示，它用于标识一个函数为类方法。

2）函数的第一个参数名不再是我们是熟悉的 self，而是 cls（表示 class）。在调用发生的时候，Python 会把类（而不是类的某个实例）作为第一个参数传到这个函数里。

至此，我们了解了实例属性和类属性、成员方法和类方法，它们之间的关系可以简单地汇总如下。

1）个体知个体：成员方法可以访问所有的成员变量，也可以调用其他成员方法。

2）全局知全局：类方法可以访问所有的类变量，也可以调用这个类的其他类方法。

```
class Student:

    def __init__(self, name):
        self.name = name

    def greet(self):
        print('Hello, my name is ' + self.name)
```

执行结果如下：

```
Hello, my name is Ema
```

3）个体知全局：成员方法可以访问所有的类变量，还可以调用类方法。

```
class Student:
    min_age = 16
    total_count = 0

    @classmethod
    def next_id(cls):
        cls.total_count += 1
        return cls.total_count

    def __init__(self, name):
        self.student_id = Student.next_id()
        self.name = name


student1 = Student('Ema')
print(student1.student_id)

Student('Emma')
```

```
Student('Emmma')
Student('Emmmma')
print(Student.total_count)
```

执行结果如下：

```
1
4
```

4）全局不知个体：类方法不能访问成员变量和成员方法。体现在三个方面：

- 类变量不知道成员变量的存在，所以，我们不能用成员变量来初始化类变量。
- 类方法不知道成员变量的存在，所以，类方法不能访问成员变量。
- 类方法不知道成员方法的存在，所以，类方法不能调用成员方法。

我们可以从这个角度来理解：在成员方法的语境里，Python 已经定位了一个具体的类对象，但是，在类方法的语境里，是没有定位到特定的类对象的，连目标是谁都不知道，自然也就无从访问。

10.2.6　类方法和静态方法

如果需要设计一个类来计算简单的几何体的面积，我们可以按如下代码来做。

```
class AreaCalculator:

    @classmethod
    def calculate_rectangle_area(cls, width, height):
        return width * height

print(AreaCalculator.calculate_rectangle_area(2, 3))
```

执行结果如下：

```
6
```

这个设计可以得到预期的正确结果。在实际工作中，很多程序员确实是在这样设计类方法，但是结果正确并不表示这个设计就是合理的。对于 calculate_rectangle_area 这个方法，我们加上了 @classmethod 装饰器，Python 在调用的时候会自动把 AreaCalculator 类作为第一个参数传进来，我们需要用相应的参数 cls 来接收这个它。我们接收了这个参数，但是根本就没有用到它。既然不需要它，我们要这参数有何用？

除了 @classmethod，类中定义的方法还经常会用到另外一个函数装饰器 @staticmethod，用于标识类的静态方法。静态方法被调用时，Python 不会将类作为第一个参数传进来，而是会严格按照调用方提供的参数来调用。

```
class AreaCalculator:
```

```
    @staticmethod
    def calculate_rectangle_area(width, height):
        return width * height

print(AreaCalculator.calculate_rectangle_area(2, 3))
```

执行结果如下：

```
6
```

在被调用的时候，因为没有类或者对象被自动传递，静态方法的参数列表会更简洁，逻辑会更清晰，并且因为减少了参数的传递，程序的执行会更快。当一个类方法的实现中并没有用到类变量时，我们就应该考虑把这个函数标记为静态方法。

```
class AreaCalculator:
    PI = 3.14

    @staticmethod
    def calculate_circle_area(r):
        return cls.PI * r * r

print(AreaCalculator.calculate_circle_area(10))
```

执行结果如下：

```
NameError: name 'cls' is not defined
```

理解了类方法和静态方法的区别，我们就可以在正确的地方用到正确的装饰器。

```
class AreaCalculator:
    PI = 3.14

    @classmethod
    def calculate_circle_area(cls, r):
        return cls.PI * r * r

    @staticmethod
    def calculate_rectangle_area(width, height):
        return width * height


print(AreaCalculator.calculate_circle_area(10))
print(AreaCalculator.calculate_rectangle_area(3, 5))
```

执行结果如下：

```
314.0
15
```

通过静态方法，我们可以把一些相关的操作用汇总到类中，方便调用和维护，也减少了名字发生冲突的可能。

10.3　重写

继承是面向对象设计的一个重要方面。在继承关系中，父类的公开方法都会悉数传承到子类。如果父类会开车，子类就会开车；如果父类会游泳，子类就会游泳。继承机制让我们能够基于已有的类进行扩展。

假定父类的游泳方式是"狗刨"：

```python
class Parent:
    def swim(self):
        print('Dog paddle')


parent = Parent()
parent.swim()
```

执行结果如下：

```
Dog paddle
```

子类继承自这个父类，这项技能自动传承：

```python
class Child(Parent):
    pass


child = Child()
child.swim()
```

执行结果如下：

```
Dog paddle
```

子类如果希望游泳方式是优雅的自由泳，而不是祖传的"狗刨"，那就需要对自己的游泳方式进行修改调整，这就涉及重写（Override，也称覆写）。

10.3.1　如何重写

在 Python 语言里，重写很简单，在子类里定义和父类中重名的方法，就是对该方法的重写。

```python
class Parent:
    def swim(self):
        print('Dog paddle')

class Child(Parent):
    def swim(self):
        print('Free style')


parent = Parent()
parent.swim()
```

```
child = Child()
child.swim()
```

执行结果如下：

```
Dog paddle
Free style
```

值得注意的是，重写只要求函数重名，对函数的参数列表没有要求，也就是说，重写的方法可以有不同的参数列表。

```
class Parent:
    def swim(self):
        print('Dog paddle')

class Child(Parent):
    def swim(self, posture):
        print(posture)

parent = Parent()
parent.swim()

child = Child()
child.swim('Butterfly stroke')
```

更值得注意的是，虽然重写的方法可以有不同的参数列表，但是我们要尽量避免这么做，为什么？我们要想清楚一个问题：使用函数重写的目的是什么？是修改父类方法的行为吗？当然不是，这只是做函数重写的结果。函数重写是实现多态的途径，而多态让我们可以用相同的代码来处理不同的情况。如果重写方法的参数列表不一样，我们就很难做到用相同的代码来处理不同的情况，这样我们就无法优雅地做到多态，面向对象编程的优势就无法体现。

来看一个范例，在这个例子中，我们可以用一致的代码处理不同的对象。

```
class Parent:
    def __init__(self, name):
        self.name = name

    def swim(self):
        print(self.name + ': ' + 'Dog paddle')

class Child(Parent):
    def swim(self):
        print(self.name + ': ' + 'Butterfly stroke')

family = [Parent('Dad'), Child('Son'), Child('Daughter')]

for member in family:
    member.swim()
```

执行结果如下：

```
Dad: Dog paddle
Son: Butterfly stroke
Daughter: Butterfly stroke
```

如果重写函数的参数列表不一样，我们就很难做到这样的设计。

```python
class Parent:
    def __init__(self, name):
        self.name = name

    def swim(self):
        print(self.name + ': ' + 'Dog paddle')

class Child(Parent):
    def swim(self, posture):
        print(self.name + ': ' + posture)

family = [Parent('Dad'), Child('Son'), Child('Daughter')]

for member in family:
    member.swim()
```

执行结果如下：

```
Dad: Dog paddle
TypeError: swim() missing 1 required positional argument: 'posture'
```

如果我们发现在子类中重写的方法确实需要和父类不一样的参数列表，怎么办？有两种常见的方法：

1）重构父类，根据新的需求重新设计父类方法的参数列表，为子类中的重写奠定基础。

2）利用函数的默认参数来设计子类中的重写方法，争取可以做到与父类方法用同样的代码调用。但是，不是所有的情况下我们都能做到这一点，很多时候我们还是只能依靠代码重构。

```python
class Parent:
    def __init__(self, name):
        self.name = name

    def swim(self, posture):
        if posture != 'Dog paddle':
            print(self.name + ': ' + posture + ' is too hard...')
        else:
            print(self.name + ': ' + 'Dog paddle')

class Child(Parent):
```

```
    def swim(self, posture):
        print(self.name + ': ' + posture)

family = [Parent('Dad'), Child('Son'), Child('Daughter')]

for member in family:
    member.swim('Dragonfly stroke')
```

执行结果如下:

```
Dad: Dragonfly stroke is too hard...
Son: Dragonfly stroke
Daughter: Dragonfly stroke
```

10.3.2　重写中的代码复用

重写和多态让我们可以写出更优雅可读的代码。但是,很多时候重写并不是对父类方法的彻底重写,而是基于父类方法的改进或扩展。在这种情况下,子类方法的实现逻辑,和父类中的方法可能有大幅的重叠。

比如,父类有画龙之术。

```
class Parent:
    def draw_dragon(self):
        print('\r\nDraw a dragon:')
        print('\tdraw the head')
        print('\tdraw the body')
        print('\tdraw the tail')
        print('\tdraw the claws')

person = Parent()
person.draw_dragon()
```

执行结果如下:

```
Draw a dragon:
    draw the head
    draw the body
    draw the tail
    draw the claws
```

子类继承了这个父类,自动获得了画龙之术。但是子类不仅想画龙,还想添上点睛之笔。

```
class Child(Parent):
    def draw_dragon(self):
        print('\r\nDraw a dragon:')
        print('\tdraw the head')
        print('\tdraw the body')
        print('\tdraw the tail')
```

```
        print('\tdraw the claws')

        # additional step:
        print('\tdraw the eyes')

person = Child()
person.draw_dragon()
```

执行结果如下：

```
Draw a dragon:
    draw the head
    draw the body
    draw the tail
    draw the claws
    draw the eyes
```

这样的代码看起来就有问题，因为有大量的重复，而重复是低质量代码的标志之一。如何避免重复？我们能不能在子类方法实现中调用父类方法，然后再添上额外的步骤？

答案是肯定的！用 super 函数，我们可以显式地指定调用父类中的方法。

```
class Parent:
    def draw_dragon(self):
        print('\r\nDraw a dragon')
        print('\tdraw the head')
        print('\tdraw the body')
        print('\tdraw the tail')
        print('\tdraw the claws')

class Child(Parent):
    def draw_dragon(self):
        super().draw_dragon()
        print('\tdraw the eyes')

artists = [Parent(), Child()]
for artist in artists:
    artist.draw_dragon()
```

执行结果如下：

```
Draw a dragon
    draw the head
    draw the body
    draw the tail
    draw the claws

Draw a dragon
    draw the head
    draw the body
    draw the tail
```

```
    draw the claws
    draw the eyes
```

10.3.3　重写 __str__ 方法

假如我们设计了如下这个简单的类。

```
class Student:
    def __init__(self, id, name, major):
        self.id = id
        self.name = name
        self.major = major
```

当创建了一个对象时，我们想得到比较全面的描述信息是比较麻烦的。

```
>>> student1 = Student(1, 'Ryan', 'Computer Science')
>>> student1
<__main__.Student object at 0x101881e10>
```

我们想要看到的不是这个对象的 ID，而是这个对象对于人类更直观的信息。

```
>>> print('Student ' + str(student1.id) + ', ' + student1.name + ', majoring in ' +
    student1.major)
Student 1, Ryan, majoring in Computer Science
```

我们可以更进一步，让 Student 类重写 __str__ 方法，这样在很多编程场景中，调用代码会更加简洁。

```
class Student:
    def __init__(self, id, name, major):
        self.id = id
        self.name = name
        self.major = major

    def __str__(self):
        return '#' + str(self.id) + ', ' + self.name

student = Student(1, 'Ava', 'Art')
print(student)
```

执行结果如下：

```
#1, Ava
```

__str__ 方法的重写并不复杂，运用得当的话，会让调用代码更加清晰，调试排查也更方便。

10.3.4　重写运算符

假设有一个简单的订单类（为了方便描述，假定货币是人民币）。

```
class CustomerOrder:
    def __init__(self, amount):
        self.amount = amount
```

如果支持订单的合并，我们会有如下的代码。

```
order1 = CustomerOrder(500)
order2 = CustomerOrder(3000)

order_total_amount = CustomerOrder(order1.amount + order2.amount)
```

这看起来似乎也不太麻烦，因为这个例子只有一个参数，如果参数更多（想象一下多维坐标系可能涉及的参数个数），调用的代码会变得更复杂，很难阅读。

如果代码中可以用到如下操作符，程序逻辑会更清晰，调用代码也更简单。

```
order1 = CustomerOrder(500)
order2 = CustomerOrder(3000)

order_total_amount = order1 + order2
```

但是，以上代码会出错，因为 CustomerOrder 类现在还不支持加法运算符。

```
>>> TypeError: unsupported operand type(s) for +: 'CustomerOrder' and 'CustomerOrder'
```

自定义的类想要支持加号运算符，只需要重写一个 __add__ 方法，代码如下。

```
class CustomerOrder:
    def __init__(self, amount):
        self.amount = amount

    def __add__(self, other):
        return CustomerOrder(self.amount + other.amount)

order1 = CustomerOrder(100)
order2 = CustomerOrder(2000)

order_added = order1 + order2
```

如果想让类支持更多的操作符，我们可以根据表 10-1 来重写类的相应方法。

表 10-1　操作符和对应的重写函数

操作符	重写函数	含　义
+	__add__(self, other)	加
−	__sub__(self, other)	减
*	__mul__(self, other)	乘
/	__truediv__(self, other)	除
%	__mod__(self, other)	去模
<	__lt__(self, other)	小于
<=	__le__(self, other)	小于或等于

（续）

操作符	重写函数	含　义
= =	__eq__(self, other)	等于
! =	__ne__(self, other)	不等于
>	__gt__(self, other)	大于
>=	__ge__(self, other)	大于或等于

通过操作符重写，我们可以简化代码，还能在一定程度上提高程序逻辑的可读性。

```
if order1 > order2:
    ...
```

但是，对操作符的重写一定要慎重。比如，以下的代码让人不知所云。

```
order3 = order1 / order2
```

我们想要的不仅是代码简化，而且是在不影响程序逻辑可读性前提下的代码简化。如果重写的方法不容易让人理解，需要用文档来教会别人使用，那么这样的重写方法就没有必要实现。即使实现出来了，也很有可能沦为不受欢迎和不为人知的"垃圾"代码，徒增维护成本。

操作符的重写应该根据实际需求来设计，比如，设计一个用户类。

```
class User:
    def __init__(self, age, height, weight, income):
        self.age = age
        self.height = height
        self.weight = weight
        self.income = income
```

这个用户类是用在减肥程序里的，我们可能会有很多用户之间体重（或者 BMI）的比较，这种情况下，操作符重写可以围绕体重（或者 BMI）来进行，让我们可以很容易地进行如下操作。

```
if user1 > user2:
    print('user1 needs to work harder to lose weight than user2')
```

如果用户类是用在理财程序里，我们可能会有很多用户之间资产的比较，这种情况下，操作符重写可以围绕收入或者 wealth 来进行：

```
if user1 > user2:
    print('user1 is richer than user2')
```

如果用户类有不止一种比较场景，那么最好不要重写这类比较操作符，因为代码的调用方很有可能把比较操作符的意义弄混淆。这种情况下，我们应该考虑为每种比较场景设计单独的方法，用方法名来澄清设计意图，避免混淆。

10.4   深入了解函数

我们已经知道函数的基本概念，接下来，我们来对函数进行更深入的了解，由此可以发现它的更多魅力。

10.4.1   函数也是一种对象

我们知道如何定义一个字符串变量，用 type 函数可以确认它的类型。

```
>>> username = 'Ema'
>>> type(username)
<class 'str'>
```

我们也知道如何定义一个函数，同样可以用 type 函数来确认它的类型。

```
>>> def greet(name):
...    print('Hello ' + name)
...
>>> type(greet)
<class 'function'>
```

定义了函数之后，通过函数名加上括号操作符，我们可以调用这个函数。

```
>>> greet('Ema')
Hello Ema
```

我们也可以把这个函数赋值给另外一个变量，这个操作和字符串变量之间的赋值其实并没有什么差别。

```
>>> username
'Ema'
>>> student_name = username
>>> student_name
'Ema'

>>> greet2 = greet
>>> type(greet2)
<class 'function'>

>>> greet('Ema')
Hello Ema
```

理解了这一点，我们就对函数的理解更深入了一些：

- 函数本身可以被当作对象赋值和传递。既然字符串可以当作参数传递给函数，函数为什么不可以当作参数传递给另外一个函数？
- 我们在函数体里可以定义变量（局部变量），是不是也可以定义函数？

我们尝试在一个函数里调用另外一个函数，这是最常见的函数调用场景。

```
def salute(name):
    regards = 'Best regards!'
    print('Dear {}, nice to meet you!\r\n{}'.format(name, regards))

def greet(name):
    salute(name)

greet('Ema')
```

执行结果如下:

```
Dear Ema, nice to meet you!
Best regards!
```

接下来,把一个函数当作参数传递给另外一个函数来调用。

```
def formal_greeting(name):
    regards = 'Best regards!'
    print('Dear {}, nice to meet you!\r\n{}'.format(name, regards))

def greet(greeting_function, name):
    greeting_function(name)

greet(formal_greeting, 'Ema')
```

执行结果如下:

```
Dear Ema, nice to meet you!
Best regards!
```

看到这里,可能有人会有疑问了: greet 函数不会自己去调用 formal greeting 函数吗?为什么需要把它作为参数传给我来调用?这不是多此一举吗?

不是多此一举。对于 greet 函数而言,它其实并不知道将要调用的函数是哪个,也无须知道,这就做到了一定程度的代码隔离和灵活性。比如,通过传递给它不同的函数,它就可以执行不同的逻辑。

```
def formal_greeting(name):
    regards = 'Best regards!'
    print('Dear {}, nice to meet you!\r\n{}'.format(name, regards))

def casual_greeting(name):
    print('Hi {}'.format(name))

def greet(greeting_function, name):
    greeting_function(name)

greet(formal_greeting, 'Ema')
greet(casual_greeting, 'Ava')
```

执行结果如下:

```
Dear Ema, nice to meet you!
Best regards!
Hi Ava
```

利用函数的这些特性，我们可以实现很多有用的功能。

10.4.2　内嵌函数

内嵌函数是在函数体内定义的函数。我们先来看它是什么样，再来讨论它能解决什么问题。

来看一个内嵌函数的例子。

```
def greet(name):
    def salute(customer_name):
        print('Dear {}, nice to meet you!'.format(customer_name))

    salute(name)


greet('Ema')
```

执行结果如下：

```
Dear Ema, nice to meet you!
```

salute 是 greet 函数的内嵌函数，它是"局部"的。正如外界无法访问函数的局部变量一样，外界也无法直接访问函数的内嵌函数。

```
salute('Ema')
```

执行结果如下：

```
NameError: name 'salute' is not defined
```

函数不可以访问它的内嵌函数里的变量，因为那是内嵌函数里的"局部"变量。

```
def greet(name):
    def salute():
        regards = 'Best regards!'
        print('Dear {}, nice to meet you!\r\n{}'.format(name, regards))

    print(regards)


greet('Ema')
```

执行结果如下：

```
NameError: name 'regards' is not defined
```

函数的局部变量和参数可以被它的内嵌函数访问。

```
def greet(name):
```

```
    def salute():
        print('Dear {}, nice to meet you!'.format(name))

    salute()

greet('Ema')
```

执行结果如下：

```
Dear Ema, nice to meet you!
```

这其实不难理解。我们从两个方面来看：

1）从外往内看。内嵌函数也是函数，它的函数体内定义的变量是它的局部变量，所以，对于外界（包括包含它的函数）而言都是不可见的。

2）从内往外看。在内嵌函数的函数体内，它的包含函数里的变量对于它来说是更大作用域的变量，所以，内嵌函数是可以访问它们的。

看到这里，我们可能会有疑惑：为什么要内嵌？直接设计成两个独立的函数不就好了吗？

函数让我们可以把一块代码逻辑组织在一起，方便调用，减少代码重复，同时可以对外界隐藏细节。内嵌函数通过在一个函数的范围内组织更小单位的代码逻辑，也可以达到这个效果。

不得不承认，内嵌函数引入了一些复杂度。那么，它给我们带来的好处是不是真的值得引入这些额外的复杂度呢？

10.4.3　函数装饰器

Python 的函数装饰器本身是函数，也作用于函数。

回顾一下关于函数的几个特征要点：

1）函数是一种对象类型，从这个层面上来看，函数和字符串没有太大差别。

2）在 Python（以及其他一些高级编程语言）里，函数不仅可以接受传递给它的参数，它本身也可以作为参数传递给其他函数，也可以作为函数返回值。

3）我们可以在函数里定义函数，即内嵌函数。

先来看最简单的函数调用代码。

```
def greet(name):
    print('Hello {}!'.format(name))

greet('Ava')
```

执行结果如下：

```
Hello Ava!
```

如果希望 greet 函数在执行完正常的逻辑代码之后把日期打印出来，以知悉代码的执行时间，我们可以按以下方式做。

```
from datetime import datetime

def greet(name):
    print('Hello {}!'.format(name))
    print(' - Executed at {}'.format(datetime.now()))

greet('Ava')
```

执行结果如下：

```
Hello Ava!
 - Executed at 2019-10-25 20:19:29.618782
```

这样的代码简洁又明了。但是，如果打印执行日期是个通用的需求，我们需要让更多函数都支持这个需求，应该怎么做？我们可以把打印执行日期的代码抽出来放到一个独立的函数里，让每个需要支持的函数都来调用它即可。

```
from datetime import datetime

def log_time():
    print(' - Executed at {}\r\n'.format(datetime.now()))

def bye(name):
    print('Bye bye {}!'.format(name))
    log_time()

def greet(name):
    print('Hello {}!'.format(name))
    log_time()

greet('Ava')
bye('Ava')
```

执行结果如下：

```
Hello Ava!
 - Executed at 2019-10-25 20:25:12.518593

Bye bye Ava!
 - Executed at 2019-10-25 20:25:12.518637
```

这在代码层面是可以工作的，但是在设计上是有明显问题的。因为函数的设计应该是专注于它应该完成的核心任务，打印执行的日期显然不是它的"核心竞争力"，我们不应该把这样的代码直接加到它的函数体内，否则会有两个问题：

1）业务逻辑混乱，因为打印执行日期不是这个函数本身要完成的目标，而相应的代码却被加进函数体内了。

2）如果需求有变更，后续不需要打印执行日期了，我们需要到每个函数体内去把相应的代码删除，代价比较大。

函数装饰器可以改善这个设计。函数装饰器有三个特征：

- 它本身是一个函数。
- 它接受且只接受一个参数，这个参数也是一个函数。
- 它返回一个函数。

我们先来看函数装饰器是什么样子。

```python
from datetime import datetime

def function_time_logger(func):
    def wrapper():
        func()
        print(' - Executed at {}\r\n'.format(datetime.now()))

    return wrapper

def bye():
    print('Bye bye!')

def greet():
    print('Hello!')

timed_social = function_time_logger(greet)
timed_social()

timed_social = function_time_logger(bye)
timed_social()
```

执行结果如下：

```
Hello!
 - Executed at 2019-10-25 20:43:09.867487

Bye bye!
 - Executed at 2019-10-25 20:43:09.867521
```

在这个例子里，function_time_logger 就是一个函数装饰器，它装饰了另外一个函数，而被它装饰的函数无须知道它的存在。上面范例中的调用方法比较麻烦，Python 提供了更加简洁的语法，让我们可以更加容易地"装饰"。

```python
from datetime import datetime
```

```
def function_time_logger(func):
    def wrapper():
        func()
        print(' - Executed at {}\r\n'.format(datetime.now()))

    return wrapper


def bye():
    print('Bye bye!')


@function_time_logger
def greet():
    print('Hello!')


greet()
bye()
```

执行结果如下：

```
Hello!
 - Executed at 2019-10-25 20:50:54.092469

Bye bye!
```

在上面的例子中，我们必须把 bye 和 greet 两个函数的参数列表设置为空，没有带参数，因为函数装饰器"接受且只接受一个函数类型的参数"，我们无法把函数的参数带给函数装饰器。

```
from datetime import datetime


def function_time_logger(func, name):
    def wrapper():
        func(name)
        print(' - Executed at {}\r\n'.format(datetime.now()))

    return wrapper


@function_time_logger
def greet(name):
    print('Hello {}!'.format(name))


greet('Ava')
```

执行结果如下：

```
TypeError: function_time_logger() missing 1 required positional argument: 'name'
```

问题是，如果被装饰的函数不能带参数，那不是要极大限制了函数设计？我们要这函数装饰器有何用？

要解决这个问题也不难，我们还是让装饰器只接受一个参数（一个函数对象），但是装饰器的内嵌函数参数列表用可变参数，这样，装饰器就不在乎被装饰的函数有没有参数，有几个参数以及参数是什么样的。来看改进后的代码。

```python
from datetime import datetime

def function_time_logger(func):
    def wrapper(*args, **kwargs):
        func(*args, **kwargs)
        print(' - Executed at {}\r\n'.format(datetime.now()))

    return wrapper

@function_time_logger
def bye():
    print('Bye bye!')

@function_time_logger
def greet(name):
    print('Hello {}!'.format(name))

greet('Ava')
bye()
```

执行结果如下：

```
Hello Ava!
 - Executed at 2019-10-26 22:09:09.924591

Bye bye!
 - Executed at 2019-10-26 22:09:09.924633
```

到目前为止，我们已经可以看到，在不干扰函数正常业务逻辑的前提下，装饰器可以让我们对函数进行装饰，添加附加的功能。

10.4.4　不只是会装饰

利用装饰器来装饰函数，我们可以在避免重复代码、保持代码逻辑隔离的前提下添加新的功能。但是装饰器能做的，可不只是会装饰。我们来看最简单的函数装饰器的例子。

```python
from datetime import datetime

def function_time_logger(func):
    def wrapper(*args, **kwargs):
        func(*args, **kwargs)
        print(' - Executed at {}\r\n'.format(datetime.now()))

    return wrapper

@function_time_logger
```

```
def greet(name):
    print('Hello {}!'.format(name))


greet('Ava')
```

执行结果如下：

```
Hello Ava!
 - Executed at 2019-10-26 22:27:48.254821
```

在装饰器的内嵌函数里，我们先调用了作为参数传递给装饰器的函数对象，然后再进行了装饰。我们考虑一个问题：如果在内嵌函数里不调用这个函数对象，会出现什么现象？很显然，不调用的话，这个函数对象就不会被调用，它的函数逻辑不会被执行。神奇的是，从调用方看来，它们可是实实在在调用了代码。

```
from datetime import datetime


def function_time_logger(func):
    def wrapper(*args, **kwargs):
        print('haha')

    return wrapper


@function_time_logger
def greet(name):
    print('Hello {}!'.format(name))


greet('Ava')
```

执行结果如下：

```
haha
```

看到这里，大家有可能已经想到了装饰器的一个重要的应用场景：权限控制。代码调用方调用了相关的函数，但是我们通过装饰器对函数加了一个"门卫"，这个"门卫"可以根据一些信息来决定是把"客人"迎进门来，还是让"客人"走。

```
from datetime import datetime


def vip_only(func):
    def wrapper(*args, **kwargs):
        username = args[0]
        if username in ['Ava', 'Ema', 'Ryan']:
            func(*args, **kwargs)
            print(' - Executed at {}\r\n'.format(datetime.now()))
        else:
            print('Haha {}'.format(username))

    return wrapper
```

```
@vip_only
def greet(name):
    print('Hello {}!'.format(name))

greet('Ava')
greet('Ema')
greet('Li Ming')
```

执行结果如下：

```
Hello Ava!
 - Executed at 2019-10-26 22:41:59.729074

Hello Ema!
 - Executed at 2019-10-26 22:41:59.729131

Haha Li Ming
```

通过函数装饰器，我们可以很好地改进设计，还可以实现很多常见的功能，这是一个强大的语言特性。

10.4.5　用 Property 装饰器改进设计

来看一个简单的类。

```
from datetime import date

class Student:
    def __init__(self, name):
        self.name = name
        self.birth_year = date.today().year - 6

student1 = Student('Zhang')
print(student1.birth_year)
```

执行结果如下：

```
2014
```

这个类用于管理小学生信息，有两个成员变量，其中生日年份这个变量有默认值，是根据当年年份往前推算的。但是在现实中肯定有一些情况不适用于这个默认值，所以，我们应该支持 Student 实例修改它的 birth_year 成员变量。这看起来非常简单，我们可以轻易做到，直接给 birth_year 赋值就好了。

```
student1 = Student('Zhang')
print(student1.birth_year)print
```

执行结果如下：

```
2014
```

这种做法简单直接，但问题也很明显：birth_year 成员变量是 public 的，外界可以直接读取，也可以直接赋值。用户可能赋了合理的值，也可能给这个变量赋了一个不合理的值，而我们无法阻止。

```
student1 = Student('Zhang')
print(student1.birth_year)

student1.birth_year = 2060
print(student1.birth_year)
```

执行结果如下：

```
2014
2060
```

那如何改进呢？最常见的做法是把成员变量设置为私有，然后提供相应的 getter 和 setter 函数，在 setter 函数里做检查，筛查非法的赋值，避免非法的值被代入系统。

```
from datetime import date

class Student:
    def __init__(self, name):
        self.name = name
        self._birth_year = date.today().year - 6

    def get_birth_year(self):
        return self._birth_year

    def set_birth_year(self, new_year):
        if new_year > date.today().year:
            print("Too young as a student!!")
            return

        self._birth_year = new_year

student1 = Student('Zhang')
print(student1.get_birth_year())

student1.set_birth_year(2019)
print(student1.get_birth_year())

student1.set_birth_year(2030)
print(student1.get_birth_year())
```

执行结果如下：

```
2014
2019
Too young as a student!!
2019
```

这么做解决问题了没有？解决了。解决得好不好？还可以，但是不够好。

为什么说这种解决方案不够好呢？我们来比较以下两组代码。

第一组，使用 getter/setter。

```
print(student1.get_birth_year())
student1.set_birth_year(2019)
```

第二组，使用赋值符号。

```
print(student1.birth_year)
student1.birth_year = 2019
```

暂且抛开赋值验证不谈，单就代码的可读性而言，使用赋值符号的代码又清晰又直观。然而，由于代码的健壮性非常重要，我们需要对赋值加以控制，所以不得不引入 getter 和 setter。有没有办法让我们能够两者兼顾？有，用 @property 装饰器。

@property 是 Python 内置的一个函数装饰器，它可以让类的一个（或者一组）成员方法使用起来就像成员变量一样方便 [3]，来看以下代码。

```
from datetime import date

class Student:
    def __init__(self, name):
        self.name = name
        self._birth_year = date.today().year - 6

    @property
    def birth_year(self):
        return self._birth_year

    @birth_year.setter
    def birth_year(self, new_year):
        if new_year > date.today().year:
            print("Too young as a student!!")
            return

        self._birth_year = new_year

student1 = Student('Zhang')
print(student1.birth_year)

student1.birth_year = 2019
print(student1.birth_year)

student1.birth_year = 2070
print(student1.birth_year)
```

执行结果如下：

```
2014
```

```
2019
Too young as a student!!
2019
```

利用 @property 装饰器，我们可以提供更加可控的成员变量，可以控制这些变量的赋值，也可以控制这些变量的读取。比如，学生的年龄是动态值，每年都会增长一岁，我们可以提供如下所示一个动态计算得出的成员变量。

```
class Student:

    def __init__(self, name):
        self.name = name
        self._birth_year = date.today().year - 6

    @property
    def age(self):
        return date.today().year - self._birth_year

    @property
    def birth_year(self):
        return self._birth_year

    @birth_year.setter
    def birth_year(self, new_year):
        if new_year > date.today().year:
            print("Too young as a student!!")
            return

        self._birth_year = new_year

student1 = Student('Xu')
student1.birth_year = 2009
print(student1.age)
```

执行结果如下：

```
11
```

10.5 None 是什么

None 是一个特别的存在，它什么都不是，什么都做不了……既然如此，我们为什么需要 None？

None 的存在，是为了能够在编程场景中表达细微的区别，例如，超市的商品价格标签标注的价格为 0 元，和它的价格标签是空的，这两种情况在顾客看来是不同的。其实，"None 什么都不是"的说法是不严谨的，这个表达能帮助我们理解 None 的意义，但是，从编程语言的层面，None 是真真实实的存在，它是一个对象。

```
>>>type(None)
<class 'NoneType'>
```

如何判断一个变量是不是 None？我们可以用 ==，也可以用 is。

```
my_dream = None

if my_dream == None:
    print(" == None")

if my_dream is None:
    print(" is None")
```

两种方式都可以判断 None，我们是不是随便用哪种都可以？对于基础数据类型的变量，完全没有差别，任意一种都可以；对于类对象，有一些细微的差别，因为类是用户自定义的数据类型，用户有极大的自由度来定制类的结构和行为，其中之一，就是可以重写它的 == 这个操作符的行为。表 10-2 是 None 两种判断方式的比较。

表 10-2　None 的判断方式比较

判别方法	类　型	结　果
== None	基础类型	可靠
== None	类对象	不可靠
is None	基础类型	可靠
is None	类对象	可靠

所以，判断类对象是否为空的时候，应该用 is None，不要用 == None。

```
if my_variable is None:
    do_something()
```

10.6　Enum 是什么

Enum（Enumeration，枚举）是一组具名的值的集合，有两个含义：

1）它是一组值的集合，有确定的范围。

2）它包含的值是具名的，也就是说，每个值都有对应的名字，可以用于澄清这个值的意义。

比如，北京的电话区号是 010，上海的电话区号是 021……中国城市的电话区号是一个确定的集合，而数字串形式的区号并不容易记也不容易理解，比如，有多少人知道 0717 对应的是湖北宜昌，0452 对应的是齐齐哈尔？

枚举类型的用法比较简单，学习枚举的重点并不在于如何用，而是在于理解枚举类型解决了什么样的问题，我们如何用它来改善代码设计。

来看第一个场景：假设我们要写一个函数，这个函数接受一个参数，这个参数是一个字符编码格式的名称，比如 ascii、ansi、utf-8、utf-16、utf-32 等。

```python
def set_encoding(char_encoding):
    pass
```

作为这个函数的调用方，假设想指定这个函数的参数为 utf-8，我们可能有这样的疑问：这个参数到底应该是 utf-8，是 UTF-8，还是 Utf8？

```python
# this one?
set_encoding('utf-8')

# or this one?
set_encoding('UTF-8')

# or this one?
set_encoding('UTF_8')

# or this one?
set_encoding('Utf8')
```

调用方的意图是很确定的，但是可能会被参数的具体形式所困扰，经常用错，于是有抱怨。函数设计方的解决方案可能正式而官僚：加上文档，在文档里写清楚接受的参数应该是 utf-8，而不是 UTF-8 或者 utf8。有了这样的文档，调用方再有抱怨的时候，设计方就可以反击："你们不看文档吗？"

为了项目团队的顺利合作，函数设计方在文档之外，还可以改进函数的内部实现，不管用户指定的是 utf-8、UTF-8、Utf8 还是 UTF_8，函数内部都会当作 utf-8 来处理，这样，函数的调用方就不用担心输错了。但是，这样意味着函数的实现更加复杂，甚至需要用到正则表达式。

这种情况我们可以用 Enum 来改善设计。

```python
class EncodingEnum(Enum):
    UTF8 = "utf-8"
    UTF16 = 'utf-16'
    ASCII = 'ascii'

def set_encoding(char_encoding_enum):
    print(char_encoding_enum)

set_encoding(EncodingEnum.UTF8)
```

当然，由于 Python 语言的动态特性，我们并不能强制用户输入 EncodingEnum 类型的参数，他们仍然可以输入字符串甚至其他的参数。所以，我们最好给参数名加上 enum 的后缀，提醒调用方这个参数是一个枚举类型。

我们来看另外一个场景。假设我们要写一个函数，这个函数接受一个参数，这个参数是关于软件功能的优先级，是 1、2、3、4 中的某个值。我们可以简单地设计成如下所示。

```python
def set_priority(priority):
    pass
```

这样的设计很简洁，但是调用方可能有会几个疑问：

- 到底是值越大优先级越高，还是值越小优先级越高？
- 最大值是 4 还是 10？最小值是 0 还是 1？可不可以给负值？

通过 Enum，我们可以改善设计，澄清设计意图，减少使用的困惑。

```python
from enum import Enum

class Priority(Enum):
    URGENT = 1
    HIGH = 2
    NORMAL = 3
    LOW = 4

def set_priority(priority_enum):
    pass
```

值得注意的是，用 Enum 澄清设计意图，并不仅限用于自动化测试框架的设计，也同样适用于产品代码的设计。

10.7　Python 不支持常量

常量，是一个常见的编程概念，它是一个变量，但是它在被初始化赋值之后值就不能改变。常量的使用，主要有两个目的：

1）因为它是变量，所以它有名字，这可以澄清它的意义，增加代码的可读性。

2）因为它是不可变的变量，所以，如果有代码尝试修改它，编译器可以帮助排查这种违背我们意图的代码。

Java 有 final 关键字用于定义常量，C++ 有 const 关键字用于定义常量，但是 Python 没有设计这样的关键字。事实上，Python 语法不支持定义常量。当然，有一些方法可以让我们模拟常量，比如用函数、lambda、Enum 等，可以起到一定的效果，但是副作用也很明显，就是代码的可读性大为降低。

那我们如果想定义常量的话应该怎么办？在回答这个问题之前，我们先来读几段英文：

```
NASA's mission is to pioneer the future in space exploration, scientific
    discovery and aeronautics research.
```

即使不认识 NASA 这个词，我们也知道这是个比较特别的词，因为一般的英文单词不会全部大写。

```
Impartial caring is the core concept promoted by Mohism.
```

即使不认识 Mohism 这个词，我们也知道这个词应该比较特别，因为它并不在句首，但是首字母却是大写的，通常意味着它是一个人名、地名或者专有名词。

我们可以把这个思路借鉴到代码中来。普通的变量名中只会出现小写字母（加上可能的下划线和数字），如果一个变量名全部是大写字母，就表示这个变量是一个常量。也就是说，Python 不支持常量，名字全部大写的变量和其他的普通变量在本质上没有任何的不同，但是我们可以用字母大写的形式来做一个约定。

```
>>> PI = 3.1416
>>> TELEPHONE_AREA_CODE_WUHAN = '027'
>>> TELEPHONE_AREA_CODE_SHANGHAI = '021'
```

在写代码的时候，当我们想给一个变量重新赋值，如果发现这个变量的名字全部是大写字母，我们就要警觉，三思而后行。

10.8　随机数据和时间戳

随机数据和时间戳在自动化测试中经常被用到，因为它们的随机特性和变化特性可以用于避免相同数据造成的冲突。

random 是一个 Python 的模块，这个模块定义了几个相关的函数，比如 random 方法。

```
>>> import random
>>> random.random()
0.38603218317573392
>>> random.random()
0.6116015818830631
```

random 函数随机返回一个小于 1 的浮点数，我们可以在这个基础上计算得到想要的随机整数，比如得到最多五位数的随机整数值。

```
>>> r = random.random()
>>> r
0.09659964443161351
>>> int(r*10000)
965
```

但是这毕竟还是多绕了一步。利用 randrange 函数，我们对随机数的生成可以有更多的控制，包括直接生成整型的随机数。

```
>>> random.randrange(100)
59
>>> random.randrange(10000)
1984
```

对于 randrange 函数，如果只给定一个参数 X（整型数），我们得到的整型随机数 Y 的范围如下。

```
0 <= Y < X
```

如果给定三个参数，我们可以对随机数的生成有更精准的控制，包括范围的最小值、最大值和步进长度。

```
>>> random.randrange(0, 100, 1)
12
>>> random.randrange(50, 100, 1)
57
>>> random.randrange(0, 10000, 100)
1600
>>> random.randrange(0, 10000, 100)
7800
```

要特别注意的是，这里指定的最小值是包含在随机数产生范围内的，而最大值没有被包含在内。要验证这一点，我们可以用以下参数来尝试。

```
>>> random.randrange(0, 1, 1)
0
```

这行代码的运行结果永远是 0，因为 1 并不在选择范围内。

我们经常会碰到的一个编程场景，是在一个集合中随机抽取一个元素，比如公司年会的抽奖。我们可以把公司所有员工的员工号放在一个队列里，然后根据队列的长度，用 randrange 来生成一个随机的下标值，根据这个下标值，我们可以知道幸运的员工号。但是，其实 Python 对于这类问题有更快捷的解决方式，直接用 choice 函数。

```
>>> candidates = [10000, 10010, 10086]

>>> random.choice(candidates)
10086
>>> random.choice(candidates)
10010
>>> random.choice(candidates)
10010
>>> random.choice(candidates)
10010
>>> random.choice(candidates)
10000
```

时间戳是另外一种常用的伪随机数据，是将当前时间（包括毫秒部分）输出成字符串。时间戳并不是严格意义的随机数据，它可以用于唯一性要求不是非常高的情况，并且时间戳有一个重要的特性，就是能标识时间，这对于问题排查是很有意义的。

```python
from datetime import datetime

class QaRandom:
    TIMESTAMP_FORMAT = '%Y%m%d%H%M%S%f'

    @classmethod
    def timestamp(cls):
        return datetime.now().strftime(cls.TIMESTAMP_FORMAT)
```

要实现全球唯一标识符（guid/uuid），我们需要导入 uuid 模块。

```python
from datetime import datetime
import uuid

class QaRandom:
    TIMESTAMP_FORMAT = '%Y%m%d%H%M%S%f'

    @classmethod
    def timestamp(cls):
        return datetime.now().strftime(cls.TIMESTAMP_FORMAT)

    @classmethod
    def uuid(cls, name=''):
        if name:
            return uuid.uuid3(uuid.NAMESPACE_DNS, name)
        return uuid.uuid1()

print(QaRandom.uuid())
print(QaRandom.uuid('123456Abc'))
print(QaRandom.uuid('123456Abc'))
print(QaRandom.uuid('123456Abcd'))
```

执行结果如下：

```
d29b70ce-a462-11ea-9481-f01898672364
f0422251-b2dd-33df-9109-9a6cbaaaf5b7
f0422251-b2dd-33df-9109-9a6cbaaaf5b7
4f9fb9ce-f9c3-3f50-8495-996b944b28e1
```

10.9 自定义异常类型

我们先来看两个 Python 内置的异常类型的例子。

```
Exception: File not found at /var/etc/a.txt
FileNotFoundError: File not found at /var/etc/a.txt
```

比较这两个异常信息，我们可以看出 FileNotFoundError 能够更加精准地传达错误信息，这会让错误排查更加容易。

Python 内置的异常类型能够满足大部分的编程场景需求。但是，我们还可以通过创建自定义的异常类型，通过类型的名字更准确地表达错误信息。创建自定义的异常类型，其实就是基于已有的异常类型派生出新的类。

```python
class NegativeScoreError(ValueError):
    pass

class CouponExpiredError(Exception):
    pass

raise NegativeScoreError('-5 is not a valid score')
```

执行结果如下：

```
NegativeScoreError: -5 is not a valid score
```

创建自定义类型的语法很简单，但是有几点需要特别注意：

- 需要直接或者间接地从已有的异常类型派生。
- 类型的名字非常重要，需要清晰明了。
- 类型名需要有 Exception 或者 Error 后缀。

而最重要的，是想清楚我们是不是真的需要创建一种新的异常类型。如果类型被创造出来，但是在项目中没有被广泛接受和使用，就沦为"垃圾"代码，不仅不能提供价值，反而增加了软件系统的复杂度和代码量。

10.10　需要用强类型吗

如果我们尝试写如下的 Java 代码，会有编译错误。

```java
// Java code
Integer val = 2019;        // 声明变量的类型
val = 'Why change me!';    // 此处编译出错
```

但是，如下 Python 代码是没有问题的。

```python
val = 2019
val = 'Keep walking'
val = ['just', 'do', 'it']
```

Python 的变量是弱类型。也就是说，我们并不指定 Python 变量的类型，赋给变量什么类型的值都可以。很多有其他编程语言背景的程序员刚接触 Python 的时候，都对它的动态类型感到兴奋，觉得终于从静态类型的条条框框中解放出来了。但是事物都有两面，我们在享受灵活的同时，也在承受着灵活带来的混乱和协作问题。

比如，有如下的代码。

```
age = 18
aga = age + 1   # after a birthday
```

粗心的程序员可能误写成如下这样。

```
age = '18'
age = age + 1   # error
```

写代码的时候，bug 不可避免，没有谁可以写出完美无瑕的代码。但是，我们如果能尽早发现问题，就可以尽早解决，否则，解决的成本会越来越高。从 3.6 版本开始，Python 引入了类型系统。

```
age: int = 18
age = age + 1
```

函数参数和返回值也可以指定类型。

```
def greeting(name: str) -> str:
    return 'Hello ' + name
```

> 注
> 意　Python 的变量类型设计，是 Python 尝试解决弱类型问题的一种努力。但是，从个人角度来看，我不太喜欢用这个功能，因为我喜欢更大的自由度（当然也需要承担更大的风险）。弱类型是我喜欢 Python 的原因之一，如果这一点被改变了，那么，Python 是不是看起来和 Java 或者 C++ 这样的强类型语言越来越像了？如果写 Python 代码却没有享受到弱类型带来的"自由驰骋"的感觉，那和写 Java 代码有什么区别？

10.11　日志

"日志？我们有简单又万能的 print，为什么还需要日志？"如果你有这样的疑问，说明你碰到的问题的复杂度还不高，你应该暂时不需要用到日志，完全可以跳过这一节的内容。

那么，我们为什么需要用到日志？

我们来看一个生活场景。地铁中有语音播报，在不同的情况下有不同的播报内容。地铁到站了，播报内容大概是这样的："人民广场到了，开左边车门。"如果有紧急情况发生，播报内容大概是这样的："有紧急情况，列车紧急制动，请全体乘客立即撤离。"播报的同时可能还会同步触发警报和其他安全操作。

想象一下，如果地铁播报员在这两种情况下用的是同一种语调，是不是会感觉有点怪异？

使用日志（Logging）的一个好处，就是针对不同的情况记录不同级别的日志。当然，这只是好处之一，日志还能给我们带来更多。

- 可以根据设定决定什么级别的日志需要被记录。
- 可以很容易地加上时间戳。
- 可以很容易地注明是哪个模块的哪个部分写的 log。
- 可以很容易地设定 log 的统一格式。
- 可以设定 log 的去向，可以存成文件，或者写到数据库，而不只是写到 console。

先来看如下一段简单的代码。

```
import logging

logging.debug('Temperature: 20; ')
logging.info('Windy today.')
logging.warning('Typhoon today!')
logging.error('Bridge damaged!')
logging.critical('People killed!')
```

执行结果如下：

```
WARNING:root:Typhoon today!
ERROR:root:Bridge damaged!
CRITICAL:root:People killed!
```

Python 自带日志模块 logging，这个模块定义了一系列写日志的函数，分别对应不同级别的日志事件，如表 10-3 所示。logging 模块默认的日志记录级别是 WARNING。

表 10-3　日志级别及其使用场景

函　数	级　别	使用场景
debug	DEBUG	包含非常详尽的信息，可以帮助排查错误、定位问题
info	INFO	用户记录程序中重要的正常状态变化，比如新订单 XX 被创建、用户 YY 在什么时候登录了
warning	WARNING	通常用于提醒潜在的问题，比如磁盘空间剩余不多、网络访问量接近最大容量
error	ERROR	某些功能已经无法继续工作，需要得到及时处理
critical	CRITICAL	整个系统都无法工作

logging 模块有一个方法叫作 basicConfig，这个方法可以让我们来简单设置日志记录的参数。比如，设置记录日志的级别，或者把日志写到日志文件中而不是输出到默认的 console 里。

```
import logging
```

```
logging.basicConfig(filename='mylogs.log', level=logging.INFO)

logging.debug('Temperature: 20; ')
logging.info('Windy today.')
logging.warning('Typhoon today!')
logging.error('Bridge damaged!')
logging.critical('People killed!')
```

运行这段代码的时候，console 中不会有输出。但是当我们打开配置中指定的 mylogs. log 文件，我们可以看到相应的日志信息。

```
WARNING:root:Typhoon today!
ERROR:root:Bridge damaged!
CRITICAL:root:People killed!
```

basicConfig 方法简单易用，但是，如果我们想对日志有更多的控制，basicConfig 就不够用了，需要用到 Logging 模块的四个类，如表 10-4 所示。

表 10-4　Logging 模块重要的类

类　名	说　明
Logger	核心类
LogRecord	用于记录日志的"元"信息，比如日志信息、日志的来源、级别
Formatter	用于指定日志输出包含哪些数据，以什么样的格式呈现
Handler	用于决定日志以什么形式被记录，比如，是写到 Output 还是写到物理文件中，发邮件或访问一个网络地址

通过 getLogger 方法创建 Logger 类的实例如下所示。

```
log = logging.getLogger(__name__)
```

接下来写以下两条 log。

```
logger.warning('Disk runs low')
logger.error('Disk is full')
```

得到的结果如下所示。

```
Disk runs low
Disk is full
```

我们可以看到两条日志被输出到了 Console 中。如果想把日志输出到物理文件中，我们可以用 Handler 做到。

```
logger = logging.getLogger(__name__)

file_handler = logging.FileHandler('my.log')
logger.addHandler(file_handler)
```

```
logger.warning('Disk runs low')
logger.error('Disk is full')
```

运行这段代码，Console 里面不会有日志的输出，所有的日志会写到我们指定的 my.log 文件中。

```
Disk runs low
Disk is full
```

值得注意的是，我们指定 Handler 时的方法名叫作"addHandler"，而不是"setHandler"，这意味着我们可以指定多个 Handler，可以做到让日志同时输出到 Console 和物理文件中。

```
logger = logging.getLogger(__name__)

file_handler = logging.FileHandler('my.log')
logger.addHandler(file_handler)

stream_handler = logging.StreamHandler()
logger.addHandler(stream_handler)

logger.warning('Disk runs low')
logger.error('Disk is full')
```

Handler 可以指定日志级别，每个 Handler 都可以指定自己的日志级别。

```
stream_handler.setLevel(logging.WARNING)
```

从之前的日志输出可以留意到：我们可以看到日志内容，但是无法分辨哪一条是 Warning，哪一条是 Error。

```
Disk runs low
Disk is full
```

我们可以通过 Formatter 来指定日志输出的格式，通过格式约束，在日志中区分级别。

```
logger = logging.getLogger(__name__)

stream_handler = logging.StreamHandler()
stream_handler.setLevel(logging.WARNING)

stream_formatter = logging.Formatter('%(levelname)s:  %(message)s')
stream_handler.setFormatter(stream_formatter)

logger.addHandler(stream_handler)

logger.warning('Disk runs low')
logger.error('Disk is full')
```

输出的结果如下所示。

```
WARNING:  Disk runs low
ERROR:  Disk is full
```

从以上结果可知，Formatter 里用到的标记符号，可以让我们指定日志输出的内容和组织方式。

常用的标记如表 10-5 所示。

表 10-5 日志标记及其含义

标 记	代表意义	标 记	代表意义
%(levelname)s	日志的级别	%(funcname)s	日志的函数名
%(message)s	日志的内容	%(lineno)s	日志的代码行数
%(module)s	日志的模块名	%(asctime)s	日志的时间
%(filename)s	日志的文件名		

用如下一个简单的例子来演示。

```
log_demo, 2019-08-23 09:03:33,360, WARNING:  Disk runs low
log_demo, 2019-08-23 09:03:33,360, ERROR:  Disk is full
```

得到的结果能包含更多有用的信息。

```
log_demo, 2019-08-23 09:03:33,360, WARNING:  Disk runs low
log_demo, 2019-08-23 09:03:33,360, ERROR:  Disk is full
```

值得注意的是，当异常发生的时候，我们通常希望知道全面的信息来帮助调试排查。比如，尝试打开一个不存在的文件时会发生异常，我们可以用 logging 来记录日志。

```python
logger = logging.getLogger(__name__)

stream_handler = logging.StreamHandler()
stream_handler.setLevel(logging.WARNING)

stream_formatter = logging.Formatter('%(module)s, %(asctime)s, %(levelname)s:
    %(message)s')
stream_handler.setFormatter(stream_formatter)

logger.addHandler(stream_handler)

try:
    with open('file_not_exists.log') as f:
        f.readlines()
except Exception as err:
    logger.error(err)
```

执行结果如下：

```
log_demo, 2019-08-23 10:15:13,448, ERROR:  [Errno 2] No such file or directory:
    'file_not_exists.log'
```

error 方法支持一个参数 exc_info，当我们把这个参数指定为 true 时，可以得到完整的异常信息栈。

```
try:
    with open('file_not_exists.log') as f:
        lines = f.readlines()
        print(lines)
except Exception as err:
    logging.error(err, exc_info=True)
```

执行结果如下：

```
ERROR:root:[Errno 2] No such file or directory: 'file_not_exists.log'
Traceback (most recent call last):
  File "/Users/mxu/Workspace/pythonCourse/log_demo.py", line 36, in <module>
    with open('file_not_exists.log') as f:
FileNotFoundError: [Errno 2] No such file or directory: 'file_not_exists.log'
```

日志是软件产品重要的一环，它需要占用我们额外的精力去编写和维护相关代码，也在一定程度上降低了代码的可读性。但是当有问题发生时，高质量的日志能帮助我们重现"案发现场"，有效地排查问题。

10.12　本章小结

本章介绍了 Python 语言的一些高级特性以及面向对象设计的思想。这一章涉及的内容已经不限于代码实现，而是关于更好的设计，让程序员可以从容应对更复杂的编程场景。

在下一章中，我们会深入而全面地讨论如何针对业务需求设计自动化测试框架。

## 第 11 章

测试框架的设计和演进

测试框架存在的意义，是为了支持更高效的自动化测试。这里说的高效，有两个方面的含义。

1）测试用例的执行更高效，这需要测试框架经过精心的设计，但通常不是测试框架单方面可以做到的，还需要 Build/SRE 团队的支持，以及测试环境的硬件资源投入。

2）自动化测试用例编写和解决问题更高效。

在积累了很多自动化测试框架的开发经验之后，我们会发现自动化测试框架和软件产品在设计思想上并没有很大的差异，只是关注的重点不一样而已。

在这一章里，根据已经掌握的 Python 语言特性、PyTest 和 Selenium 的功能以及面向对象设计思想，我们来讨论测试框架设计和演进的思路，讨论的重点仍然是自动化测试，但是这些思路同样适用于软件产品的开发。

11.1　代码的可读性

计算机编程里有一组相关的概念，一个叫作 Prettify（美化），另一个叫作 Uglify（丑化）。

Prettify 的典型应用是在 JSON/XML/HTML 这些数据的呈现上，如果这类结构化的数据能够以结构化的层次结构呈现，我们就可以很容易地阅读。

不友好的 JSON：

```
...
[{"name": "Mac", "language":  "python", "major":  "computer
    application"},{"name": "Ava", "language":  "C++"},{"name": "Ryan",
    "language":  "Java"}]
...
```

友好的 JSON：

```
...json
[
```

```
{
    "name": "Mac",
    "language": "python",
    "major": "computer application"
},
{
    "name": "Ava",
    "language": "C++"
},
{
    "name": "Ryan",
    "language": "Java"
}
]
...
```

而 Uglify（以及 obfuscate/ 混淆）的应用场景，是在不改变代码逻辑的情况下让代码很难理解，以减少代码被剽窃抄袭的可能，起到保护代码作用。比如，以下代码很容易理解。

```
def get_user(username):
    pass

username = 'ava'
user = get_user(username)
```

以下代码和以上代码在功能上是同等的，但是非常难以理解。

```
def a121(rw24__fdx):
    pass

kwlekf_fw12q=    'ava'
II11LL    =a121(kwlekf_fw12q)
```

这个例子让我们更直观地看到代码可读性的重要性，从而引起一些反思：自己写的代码可能是不是也被"丑化"过，不忍直视？代码能正确工作，这仅仅是写代码的第一步；让代码具有良好的可读性，这是第二步。代码的可读性对于开发和测试是同等重要的。

11.1.1　统一的代码风格

统一的代码风格体现在一系列小的方面，不同的项目组可能会对这些方面做一些取舍。代码风格确定下来后，项目组就要尽量遵守这个规范，不要沦为形式，否则后续的代码维护会有比较大的成本。以下是项目实践中常见的 Python 代码风格。

- 代码缩进不要使用 tab，而是用空格符，一层缩进用 4 个空格符。
- 参数列表不要太长，参数不要超过 4 个，否则会让调用容易出错。
- 方法用全小写单词加上下划线来命名，比如 get_user()。
- 类名用大驼峰风格，比如 CustomerOrder。

- 一行不要放多个表达式。
- 尽量不要用 "import *"，这样容易引起名字冲突，也会导入可能并不需要的对象。
- 成员方法的第一个参数命名为 self。
- 类方法的第一个参数命名为 cls。
- 控制每一行的长度，总字符不要超过 72，否则会给代码阅读带来障碍。

11.1.2　丑陋的函数名

我们已经对 Python 的函数命名规范有了基本的了解，知道是以下划线分隔开的小写字母的组合，比如：

- get_user
- create_customer_order
- __validate_inputs（私有函数）

但是，符合命名规范只是基本的要求，在实际工作中，有很多工程师可能会写出符合规范但丑陋的函数名，给代码阅读和团队协作带来一些障碍。接下来，我们通过一些实际案例来分析。

1）根据用户 ID 获取用户信息。

```python
def get_specific_user(user_id):
    pass
```

这个函数看起来没有什么问题，但是我们仔细想想，为什么函数名中需要加上 specific？每个 user_id 对应的 user 都是 specific 的，完全没有必要在函数名中强调，否则会让函数名更长，但是却没有带来更多有用的信息，徒增干扰。对于这种"画蛇添足"型的函数名，我们应该把多余的"足"去掉。

```python
def get_user(user_id):
    pass
```

同样有"画蛇添足"问题的函数名还有很多。

```python
def update_target_order(order_data):
    pass
def delete_given_field(field_name):
    pass
def normalize_provided_params(params):
    pass
def pause_specified_user(user_id):
    pass
```

2）Git 操作，从一个 branch 分出一个新的 branch。

```
def create_branch_from_base_branch(self, base_branch_name, new_target_branch_name):
    pass
```

这个函数的第一个参数是 self，据此我们可以假定这是一个类的成员方法，所以它是有相关的语境的，是关于"Git 版本控制操作"。而在这个语境中，create a branch 一定是 from a base branch，所以 from a base branch 就是冗余信息，没有必要体现在函数名中。

```
def create_branch(self, base_branch_name, new_branch_name):
    pass
```

3）Jenkins 操作，根据 view url 获取这个 view 下面所有的 job。

```
def get_jobs_under_given_view_recursively(view_url):
    pass
```

这个函数名问题很多。

首先，given 这样的词在这里没有意义，是"画蛇添足"型的信息，应该去掉。

其次，under 这个词是中式英语，如果要用，也应该是"get jobs by view"，而不是"get jobs under view"。并且，"by view"也没有必要出现在这个函数名里，这也是"画蛇添足"型的信息，应该去掉。

根据以上分析，这个函数被重命名为如下。

```
def get_jobs_recursively(view_url):
    pass
```

但是这样还不够好，因为我们不应该把 recursively 这样的"开关"信息写到函数名里，而是应该作为一个参数放到参数列表里。

```
def get_jobs(view_url, recursive=True):
    pass
```

4）FTP 文件操作，根据指定的路径获取用户文件。

```
def download_user_files(remote_ftp_user_path):
    pass
```

这个函数的问题比较隐蔽。从函数名来看，它是要下载用户文件；从参数名来看，它需要的参数是 FTP 服务器端的用户文件夹路径。对于 download_user_files 函数而言，如果它的调用方提供了远端的路径，它的实现细节里真的有特别针对用户文件的操作吗？还是只是普通的 FTP 下载操作？

针对这类问题，我们可以改变参数的设计，比如，接受用户的 ID，在函数内提供从用户 ID 到服务器端用户文件夹路径的映射转换，这样，函数的设计会更加内聚，调用方的代码会更加简洁。

```
def download_user_files(user_id):
    remote_ftp_user_path = '{}/uploads'.format(user_id)
    pass
```

在实际工作中，这类问题并不鲜见，本书并不打算列举更多的错误范例。以上列举的这几类问题，在很多有多年编程经验的工程师身上也会出现，希望读者能加以重视。

11.1.3　糟糕的变量名

在《射雕英雄传》里，有一个"男团组合"叫作"江南七怪"，用代码来表示他们，大概是这样的：

```
jiangnan_7_men = []
```

从编程的角度来看，这个组合（变量）的名字取得不够好，因为不能适应江湖的纷争变化。比如：

- 团队中有人退出了，人数不够 7 人，这个组合还叫"七怪"？
- 郭靖觉得这个团队有前途，加入了这个团队，人数超过了 7 人，这个组合还叫"七怪"？

变量的命名符合命名规范只是满足了最基本的要求，在实际的工程实践中，我们需要做得更好，比如如下代码。

```
id = create_new_user(username)
```

在任何情况下，将 id 作为变量名都是不合适的。在计算机编程中，有大量的对象都有 id 属性，所以将 id 作为变量名过于通用，没有足够有区分度的描述性。我们需要定义更具体的名称来澄清这个变量的意义。

```
user_id = create_new_user(username)
order_id = create_order(product_id, amount)
jira_ids = get_jira_story_ids(owner_id)
```

再来看一段循环逻辑的代码。

```
for i in range(row_count):
    for j in range(column_count):
        cell[i][j] = 'xxx'
```

在讲解循环遍历的逻辑时，很多计算机入门教程用的是以上风格的代码，第一次循环的指示器名为 i，第二次循环的指示器名为 j，第三次循环的指示器名为 k。这种命名方式可以勉强被接受，因为这些遍历中变量的使用范围非常有限，一般不会引起明显的误解。但是，如果循环的逻辑比较复杂，我们应该为它们取更有描述性的名字。

```
for row_index in range(row_count):
```

```
for column_index in range(column_count):
    cell[row_index][column_index] = 'xxx'
```

同理，我们应该尽量避免用 m、n 这样的单字母来作为变量名。

最后，尽量避免用汉语拼音作为变量名。

```
xuehao = 20200001
dizhi = '上海外滩'
```

应该用简单的英文单词来命名。

```
student_id = 20200001
address = '上海外滩'
```

用汉语拼音命名变量会严重影响代码的可读性。首先，汉语拼音对非汉语世界的程序员很不友好，会很大一部分潜在的代码阅读和维护者排除在外。其次，汉语拼音对汉语世界的程序员也算不上友好，特别是对广大的南方地域的程序员也算不上友好，在区分"名称"的拼音到底是 minchen、mincheng、mingchen 还是 mingcheng 时，难度是相当大的。

当然，也有一些例外，比如一些特别具有中国特色的情况。

```
# 微信ID
wx_id = 'wx_123456789'

# 户口
hukou = '上海'
```

11.2　友好的函数设计

本节的内容是关于如何设计友好的函数接口，根据实际项目实践，专注于讨论测试框架中如何设计函数，以支持更高效的自动化测试。

11.2.1　简洁的接口

作为测试框架的设计者，我们需要考虑如何才能帮助自动化测试工程师高效地工作，简洁的接口是一个重要的考虑点，可以从几个不同的角度去努力。

1）合理设置函数的访问级别，把不对外提供服务的函数设置成私有函数，仅把对外提供服务的函数设置成公有函数。这么做带来的好处很明显，首先是封装带来重构的灵活度，调整内部实现不需要担心破坏接口；其次是可以提高自动化测试用例的编写速度，因为绝大部分的程序员写代码的时候用的都是集成开发环境，比如 PyCharm、VSCode，这样的集成开发环境有很好的代码自动补全功能。如果内部实现的函数被设置成了私有，那么 IDE 呈现出来的选项就会更简洁清晰，让代码的编写更加流畅，不容易出错。

2）相关的函数的名字结构要一致。比如，有一组相关的函数，它们根据指定的关键字分别到不同的搜索引擎获取搜索结果，比如其中搜索百度的函数名如下。

```
search_by_baidu(q)
```

如果测试工程师已经熟悉了这个函数，那么，如果他想使用其他搜索引擎进行搜索，肯定期望相关的函数名有相同的结构，如果这组函数中有一部分名字的结构和其他函数不相同，就会引起不必要的学习难度。

```
search_by_baidu(q)
search_by_google(q)
get_search_results_of_bing(q)    # why different?
search_by_yahoo(q)
```

3）函数名中避免冗余信息，在不引起歧义的前提下，函数名应该尽可能短。比如，对于一个订单类，增、删、改、查是最基本的操作，如果函数名这样设计：

```python
class CustomerOrder:

    @staticmethod
    def create_order(order_data):
        ...

    @staticmethod
    def query_order(order_id):
        ...

    def delete_order(self):
        ...

    def update_order(self, new_data):
        ...
```

那么，调用代码会是这样的（为了方便演示，调用参数被省略）：

```python
new_order = CustomerOrder.create_order()
new_order.update_order()
new_order.delete_order()
```

在实际工作中，有不少具有多年工作经验的工程师会设计出这样的代码。但是，这样的设计其实是有一些问题的，因为类的设计意图之一是把数据对象和它相关的操作内聚绑定，也就是说，在面向对象编程中，对象的操作是有上下文的。对于 CustomerOrder 类而言，create 肯定是创建一个新的订单对象，不会是创建一个用户，也不会是创建一个商品。所以，我们没有必要在函数名中再加上 order 的信息，因为这是没有必要的冗余信息。

去掉这些冗余信息之后，代码如下所示。

```python
class CustomerOrder:

    @staticmethod
    def create(order_data):
        ...

    @staticmethod
    def query(order_id):
        ...

    def delete(self):
        ...

    def update(self, new_data):
        ...

new_order = CustomerOrder.create()
new_order.update()
new_order.delete()
```

这类问题看似无关紧要，但是这很可能意味着工程师对面向对象设计的思想，特别是高内聚的设计思想的理解不够透彻。作为测试框架的设计者，我们要有服务意识，要不断思考如何让自动化测试工程师的工作可以更加顺畅和高效。

11.2.2　操作状态的处理

对于成功操作的返回状态，不同的 Restful API、Spark Job、Oozie Job 以及它们不同版本的表达方式可能不一致，可能是 Success，也可能是 SUCCESS、success 或者 Succeeded，等等。这些状态值的意义在自然语义上没有歧义，但是从代码的角度来看，它们是不同值的字符串，会给自动化测试代码带来不必要的复杂度，还可能引起测试用例的执行失败。

值得注意的是，这类问题不仅可能出现在自动化测试的代码中，也可能出现在被测试的软件系统中。如果问题出现在自动化测试代码中，测试团队应该自查，约定统一的表达方式去执行和强化。如果问题出现在开发的代码中，测试团队也应该积极沟通，尽量促使开发团队去改进，因为这样的问题会让自动化测试用例的编写效率降低，代码也很"丑陋"。

```python
if oozie_job.status.lower() == 'success' or oozie_job.lower() == 'succeeded':
    print('succeeded')
```

在开发团队改进这类问题之前，测试团队也可以自行尝试改进，用一个可以被重用的函数把这种"丑陋"的逻辑封装起来。

```python
def is_success_status(status):
    if not status:
        return False
```

```
    if status.lower() == 'success' or status.lower() == 'succeeded' or status.
        lower() == 'ok':
        return True

    return False

if is_success_status(oozie_job.status):
    print('yes!')
```

或者，在这个基础上，把判断的逻辑加在相关的类里。

```
class OozieJob:

    def __init__(self):
        self.status = ''
        self.xxx = ''

    def succeeded(self):
        if not self.status:
            return False

        if self.status.lower() in ['success', 'succeeded', 'ok']:
            return True

        return False
```

同理，一个操作的失败状态也可能出现这种混乱的局面，我们也可以用同样的思路来改进。在这个基础上，我们还可以为这样的类加上扩展的方法，方便自动化测试用例的使用。

```
class OozieJob:
    def __init__(self):
        self.status = ''
        ...

    def succeeded(self):
        if not self.status:
            return False

        if self.status.lower() in ['success', 'succeeded', 'ok']:
            return True

        return False

    def failed(self):
        if not self.status:
            return False

        if self.status.lower() in ['fail', 'failed']:
            return True
```

```
        return False

    def finished(self):
        if self.succeeded() or self.failed():
            return True

        return False
```

如果缺少这样的扩展方法，测试用例的代码会比较臃肿，且逻辑不够清晰。

```
if oozie_job.succeeded() or ooriz_job.failed():
    print('I am done!')
```

有兴趣的读者可以尝试再往前走一步，用 @Property 来让调用代码更加简洁。

这类问题不管是出现在测试代码里，还是出现在开发代码里，都应该引起重视，应该被积极改进，因为这类问题的后果会持续爆发，需要很多精力去维护，更严重的是，解决这类问题带来的麻烦不能给程序员太多成就感，会损害团队的工作积极性。

11.2.3　不要过度设计

在测试框架的设计中，我们要特别注意不要过度设计，因为这很有可能引入"垃圾"代码。这里说的"垃圾"代码并不是指质量低的代码，而是指利用率低、不值得花费精力去实现的代码逻辑。比如，在处理多媒体文件时候，我们需要把指定路径下所有的视频文件路径获取并返回，可以设计如下。

```
class MediaManager:
    def get_video_files(self, dir_path, recursive=True):
        ...
```

在设计了 get_video_files 函数之后，很多程序员会自然而然地想到把 get_image_files、get_audio_files、get_psd_files 函数也实现出来，即使暂时没有这些需求。然而，在设计自动化测试框架的时候，我们要提高警惕，如非必要，不要引入暂时还不需要的代码。

在设计这一系列函数之前，我们应该设计一个最基础的函数，参数全而烦琐，但是它足够通用。

```
class MediaManager:
    def get_files(self, dir_path, recursive=True, extensions=[]):
        '''
        :param dir_path: the directory path
        :param recursive: if to search files recursively into subdirectories
        :param extensions: filter for interested file types, leave it empty to
            get files of any type.
        :return: the file paths
        '''
        pass
```

这个函数是这一系列函数的基础，我们可以很容易地基于它创建新的函数，而且，也可以将这个函数直接设置为公有函数，提供给客户代码调用。

```
class MediaManager:
    def get_files(self, dir_path, recursive=True, extensions=[]):
        pass

    def get_video_files(self, dir_path, recursive=True):
        return self.get_files(dir_path, recursive, ['.avi', '.mpg', '.mov'])
```

在编写测试用例的时候，如果需要获取指定路径下所有的 Photoshop psd 文件，我们可以在 MediaManager 类里加上 get_psd_files 方法，但是，如果这样的需求并不普遍（可能只是很少的测试用例会用到），我们可以很容易用基础的方法做到。

```
media_manager.get_files(dir_path, recursive, ['.psd'])
```

或者，如果 get_video_files 方法里默认的三种视频文件类型不满足一些特殊的场景，我们也可以用基础的方法绕过去，而不需要去修改已有的代码。

```
media_manager.get_files(dir_path, recursive, ['.avi', '.mpg', '.mov', '.flv'])
```

这样的设计思路可以支持测试用例的编写快速完成，同时还不会引起测试框架代码量的膨胀，节省了维护成本。

11.2.4　防呆

防呆（Foolproof）是一种通用的工业设计思想，是通过预防约束手段，减少甚至消除使用者错误操作的可能性。作为测试框架的设计者，我们也要尽量做到这一点。

我们通过一个实际的例子来了解。如果测试组件中涉及 FTP 的下载，我们通常会为之创建 ftp 客户端的类。

```
class QaFtpClient:
    def download(self, remote_path):
        pass
```

对于 FTP 客户端，在从服务器端下载文件之前需要先建立连接，在使用完之后需要断开连接，所以，我们可以再添加两个公有函数，分别用于建立和断开连接。

```
class QaFtpClient:

    def connect(self):
        pass

    def download(self, remote_path):
        pass
```

```
    def disconnect(self):
        pass
```

在这个设计下，这个类的客户代码大致如下所示。

```
def test_ftp():
    ftp_client = QaFtpClient()

    ftp_client.connect()
    downloaded_file = ftp_client.download(remote_ftp_path)
    ...
    ftp_client.disconnect()
```

以上代码在大部分的情况下都不会出问题。但是，在一些更复杂的测试逻辑中，可能需要前后多次进行 FTP 的上传和下载，在这种情形下，我们会自然而然地想到复用 FTP 的连接。

```
def test_ftp():
    ftp_client = QaFtpClient()

    ftp_client.connect()

    downloaded_file1 = ftp_client.download('remote_path_1')

    do_some_logic()

    downloaded_file2 = ftp_client.download('remote_path_2')

    do_some_other_logic()

    # do yet another logic
    downloaded_file3 = ftp_client.download('remote_path_3')

    ftp_client.disconnect()
```

这么做看起来简洁而优雅，但是，FTP 的上传和下载操作之间的其他处理逻辑需要的时间是未知的，有可能一秒钟就完成了，也有可能需要几分钟甚至更长时间才能完成，如果客户端长时间没有操作，FTP 服务器端是会主动断开连接的，这样客户端的后续操作就会出错。

在 QaFtpClient 的用户看来，因为这个类提供了 connect 和 disconnect 函数，就意味着他们可以或者需要管理 FTP 连接，但是，其实他们的管理操作有很大的出错的可能。针对这种情况，我们可以把 connect 和 disconnect 函数设置为私有，在内部实现中保证连接总是可用，伪代码如下所示。

```
class QaFtpClient:

    def __init__(self):
```

```
        self._is_connected = False

    def _connect(self):
        pass

    def download(self, remote_path):
        if not self._is_connected:
            self._connect()

        return _do_download()

    def _disconnect(self):
        if self._is_connected:
            self._close()

def test_ftp():
    ftp_client = QaFtpClient()

    downloaded_file1 = ftp_client.download('remote_path_1')

    do_some_logic()

    downloaded_file2 = ftp_client.download('remote_path_2')

    do_some_other_logic()

    # do yet another logic
    downloaded_file3 = ftp_client.download('remote_path_3')
```

在工程实践中，防呆设计并不容易做好，因为需要比较长时间的观察和经验积累。作为测试框架的设计者，我们需要保持警惕，如果某个设计经常被误用，很有可能是防呆设计做得不够好，有改进的空间。

11.3　有效管理测试资源

企业级软件系统通常有比较多的资源组件，比如微服务、数据库、FTP、Redis、Spark Job、消息队列，等等，这些资源在测试的过程中会被用到或者被测试到，管理这些资源并不是一件容易的事情。

我们来讨论一些工程实践中可行的解决思路。

11.3.1　封装微服务

微服务（Micro-Service）架构是现在非常流行的软件架构，也是很成功的一种架构，其主要思想是把系统功能解耦，设计成可以独立部署的模块，模块之间用 Restful API 和消息队列交互通信。

　　假如，一个微服务以 Restful API 为接口，我们来分析如何更好地测试它。为了方便描述，我们用一个在线的测试数据服务来演示。http://dummy.restapiexample.com 是一个免费的网站，它提供一些 Restful API，返回模拟数据，比如这个 API 端点会返回一组模拟雇员信息。

```
curl https://jsonplaceholder.typicode.com/users
[
  {
    "id": 1,
    "name": "Leanne Graham",
    "username": "Bret",
    "email": "Sincere@april.biz",
    "address": {
      "street": "Kulas Light",
      "suite": "Apt. 556",
      "city": "Gwenborough",
      "zipcode": "92998-3874",
      "geo": {
        "lat": "-37.3159",
        "lng": "81.1496"
      }
    },
    "phone": "1-770-736-8031 x56442",
    "website": "hildegard.org",
    "company": {
      "name": "Romaguera-Crona",
      "catchPhrase": "Multi-layered client-server neural-net",
      "bs": "harness real-time e-markets"
    }
  },
  {
    "id": 2,
    "name": "Ervin Howell",
    "username": "Antonette",
    "email": "Shanna@melissa.tv",
    "address": {
      "street": "Victor Plains",
      "suite": "Suite 879",
      "city": "Wisokyburgh",
      "zipcode": "90566-7771",
      "geo": {
        "lat": "-43.9509",
        "lng": "-34.4618"
      }
    },
    "phone": "010-692-6593 x09125",
    "website": "anastasia.net",
```

```
      "company": {
        "name": "Deckow-Crist",
        "catchPhrase": "Proactive didactic contingency",
        "bs": "synergize scalable supply-chains"
      }
    }
]
```

在 Python 编程中，requests 是一个非常好用的 HTTP 客户端模块，我们用这个模块来进行相关的演示。要测试以上 API 我们可以编写以下代码。

```
import requests

def test_user_service_list():
    url = 'https://jsonplaceholder.typicode.com/users'
    resp = requests.get(url)
    assert resp.status_code == 200, 'Status code not 200'
    assert len(resp.json()) > 0, 'No data returned'
```

以上代码能实现，我们已经把 Restful API 的测试用 Python 代码运行起来了，这已经是一个很大的进展。但作为自动化测试工程师，我们可以往前再走得深入一点。接下来，我们来逐步分析和优化改进。

requests 的确是一个优秀的 HTTP 客户端模块，但是，让测试用例直接调用它不是一个好的思路。比如，接下来如果有更优秀更合适的模块出现，我们迁移到新的模块会很困难，因为测试用例里到处都是直接调用 requests 的代码。为了便于日后的代码重构和改进，我们可以在测试框架层面设计一个类，把 HTTP 调用的实现细节进行封装。

```
# -- framework.common.http.QaRestClient.py --
import requests

class QaRestClient:

    @staticmethod
    def get(url):
        return requests.get(url)
```

有了这个自定义的模块之后，测试用例可以按如下方式写。

```
from framework.common.http.QaRestClient import QaRestClient

def test_user_service_list():
    url = 'https://jsonplaceholder.typicode.com/users'
    resp = QaRestClient.get(url)
    assert resp.status_code == 200, 'Status code not 200'
    assert len(resp.json()) > 0, 'No data returned'
```

经过这样的重构以后，我们把 HTTP 客户端的调用细节进行了封装，为将来可能的升级和重构打好基础。但是，这种重构对于测试用例的编写带来的好处是有限的，我们还需要继续改进。

到目前为止，测试用例还是直接访问 Restful API，这要求自动化测试工程师需要对 API 很熟悉，知道 API 端点的地址，对相关的参数也需要有了解，才能正确调用。

企业级系统通常都是很庞大的，在微服务架构中，微服务之间需要协同工作，这些服务有可能是待测试的目标，也有可能是我们测试的手段（比如在集成测试中用于测试准备步骤）。举一个最简单的例子，对于一个电商系统，如果需要测试订单模块，我们可能需要用户模块来创建新用户，或者获取已有用户的信息，或者需要配送模块来判断地址是否在配送范围内。而作为测试团队，我们不太可能要求团队里每个人对每个模块都很熟悉，所以，我们需要对这些模块的调用进行封装，隐藏细节，提供更友好的接口。

所以，在 QaRestClient 的基础上，我们可以封装业务模块，代码如下所示。

```python
# -- framework.user.UserService.py --
from framework.common.http.QaRestClient import QaRestClient

class UserService:

    def __init__(self):
        self.url = 'https://jsonplaceholder.typicode.com/users'

    def get_users(self):
        resp = QaRestClient.get(self.url)
        if not resp or resp.status_code != 200:
            raise Exception('user service listing failed')

        return resp.json()
```

有了这样的封装以后，测试代码可以这么写：

```python
from framework.user.UserService import UserService

def test_user_service_list():
    users = UserService().get_users()
    assert len(users) > 0, 'No users returned'
```

这样的测试代码更加简化，接口更贴近业务逻辑，更易懂。但是，我们还可以做得更好。

以范例 API 为例，它会返回所有的用户数据，但是这个 API 本身并没有提供更多相关的功能支持，比如用户的搜索查找等。如果这些操作在测试过程中需要经常用到，我们就需要在测试用例中根据调用的返回值做筛选，这会让测试用例代码看起来臃肿杂乱。针对这种情况，测试框架可以对模块调用进行封装和加强，让测试用例的编写更加高效。

```python
# -- framework.user.UserServiceClient.py --
from framework.common.http.QaRestClient import QaRestClient

class UserServiceClient:

    def __init__(self):
        self.url = 'https://jsonplaceholder.typicode.com/users'

    def list_users(self):
        return QaRestClient.get(self.url)
        if not resp or resp.status_code != 200:
            raise Exception('user service listing failed')

        return resp.json()
# -- framework.user.UserService.py --
from framework.user.UserServiceClient import UserServiceClient

class UserService:
    def __init__(self):
        self._service_client = UserServiceClient()

    def get_users(self):
        resp = self._service_client.list_users()
        if not resp or resp.status_code != 200:
            raise Exception('user service listing failed')

        return resp.json()

    def get_user_count(self):
        users = self.get_users()
        return len(users)

    def find_users_by_name(self, user_name):
        users = self.get_users()
        found_users = []
        for user in users:
            if user['name'].find(user_name) >= 0:
                found_users.append(user)
        return found_users
```

在这里，大家可以看到我们创建了独立但相关的模块，一个叫作 UserServiceClient，它是对 API 的简单封装，不做更多业务逻辑方面的设计；另外一个叫作 UserService，它是在 UserServiceClient 的基础上，针对业务逻辑设计接口，让自动化测试更加高效和可读，做到了这一点后，自动化测试的编码效率才能实现高水准。

这样的思路对于微服务系统的测试框架的设计很有帮助，在工程实践中有广泛的应用。

11.3.2　统一的资源入口

对于企业级软件系统来说，黑盒测试通常是不够的。

比如，对于微服务架构的系统，Restful API 是测试的一个重点，我们会发出 HTTP 请求，得到 HTTP 返回后验证结果。但是，这其中涉及的业务逻辑可能比较复杂，链路比较长，在 HTTP 请求被接收到结果被返回之间，可能涉及一系列组件的调用和数据更新，比如 MySQL、ActiveMQ、Spark、FTP、log 文件，等等。

作为测试工程师，在测试用例失败的情况下，如果我们只能提供 HTTP 请求的返回值，不能提供其他有帮助的信息来协助解决问题，那我们的工作价值就会大打折扣。如果软件系统是异步系统，Restful API 的调用很可能只是返回一个消息的 ID，表示请求被接收了，在这种情况下，调用相关组件获取测试用例执行的关键信息就成了测试必须要做到的事情。所以，常见的做法是在 HTTP 请求被发送之后，我们依次调用相应的组件，获取业务逻辑链路中的关键状态和信息，让我们清楚地知道一个测试用例的执行涉及的中间状态。

于是，我们可能有如下这样的伪代码。

```
def test_new_order():
    message_id = OrderService().create_new_order(order_data)

    # wait for message to be handled
    qa_mq = QaActiveMq()
    qa_mq.wait_message_to_be_picked_up(message_id)

    order_id = qa_mq.get_order_id(message_id)

    actual_order_data = QaMySql().orders.query_by_id(order_id)
    assert actual_order_data['amount'] == order_data['amount']
```

这样设计的代码可以工作，但是，这要求测试工程师很清楚每个组件相关的类，以及它们的初始化方法，否则就无法用这些组件来完成相应的工作，对测试工程师是一个很大的挑战。为了应对这种情况，我们可以创建测试资源的入口类 TestResource，从这个类出发，我们链式访问系统的所有组件。经过这样的设计以后，调用方的伪代码如下所示。

```
def test_new_order(resources):
    message_id = resources.order_service.create_new_order(order_data)

    # wait for message to be handled
    resources.mq.wait_message_to_be_picked_up(message_id)

    order_id = resources.mq.get_order_id(message_id)

    actual_order_data = resources.database.orders.query_by_id(order_id)
    assert actual_order_data['amount'] == order_data['amount']
```

相应的 TestResource 的设计伪代码如下所示。

```python
# TestResource.py
class TestResource:

    def __init__(self):
        self._order_service = None
        self._db_mysql = None
        # ...
        self.initialize()

    def __del__(self):
        self.cleanup()

    def initialize(self):
        ...

    def cleanup(self):
        ...

    @property
    def user_service(self):
        if not self._user_service:
            self._user_service = UserService()
        return self._user_service

    @property
    def order_service(self):
        if not self._order_service:
            self._order_service = OrderService()
        return self._order_service

    @property
    def database(self):
        if not self._db_mysql:
            self._db_mysql = QaMysql()
            self._db_mysql.connect()

        return self._db_mysql
```

有了 TestResource 的设计，在写测试用例的时候，自动化测试工程师就不需要花很多精力在测试组件的创建和初始化上面，可以更快速地进入正题，更专注于测试逻辑，从而提高工作产出。

11.3.3 资源的延迟加载

在上一节我们讲到了统一的资源入口设计。这种设计让测试工程师可以快速进入正题，对于测试用例中需要用到的组件，我们可以从统一的资源入口"信手拈来"。但是，大部分情况下，一个测试用例只会访问系统的一部分组件，而不是全部组件。如果设计不当，统一的资源入口可能会导致没有必要的组件初始化，造成两个方面的问题。

- 测试用例执行的速度被拖慢，因为有不必要的组件被初始化了，这需要花额外的时间。
- 测试用例的结果受影响。比如，新用户注册的测试并不会涉及订单模块，但是如果订单模块的初始化出错，却会造成新用户注册的测试无法执行，导致出错。

所以，我们需要特别设计，做到资源组件的延迟加载（Lazy Initialization，也称作懒加载）。也就是说，只有当资源第一次被真正使用的时候，资源才会被初始化。

我们一起来看代码的演进过程。如果在 TestResource 的初始化函数里进行所有组件的初始化，那么在测试用例中不会被用到的组件也会被初始化，这会浪费很多时间，也增加了无谓出错的可能。

```
# test resource:
class TestResource:
    def __init__(self):
        self.database = QaMysql()
        self.database.connect()
        ...


# test case:
def test_case_1(resources):
    ...
    resources.user_service.create_new_user(user_data)
    ...
```

要支持延迟加载，我们可以定义私有成员，然后通过公开的成员方法对外提供访问。

```
# test resource:
class TestResource:
    def __init__(self):
        self._db_mysql = None
        ...

    def database(self):
        if not self._db_mysql:
            self._db_mysql = QaMySql()
            self._db_mysql.connect()
        return self._db_mysql


# test case:
def test_case_1(resources):
    ...
    resources.user_service().create_new_user(user_data)
    ...
```

只有当一个组件第一次被真正用到的时候，它才会被初始化，避免了系统的无谓消耗。再进一步结合学习过的 @property 装饰器的知识，我们可以提供更加友好的接口，让测试工程师调用起来更加自然顺手。

```
# test resource:
class TestResource:
    def __init__(self):
        self._db_mysql = None
        ...

    @property
    def database(self):
        if not self._db_mysql:
            self._db_mysql = QaMySql()
            self._db_mysql.connect()
        return self._db_mysql

    @property
    def user_service(self):
        if not self._user_service:
            self._user_service = QaUserService()
        return self._user_service

# test case:
def test_case_1(resources):
    ...
    resources.user_service.create_new_user(user_data)
    ...
```

在测试框架的设计中，延迟加载是一个很常见的设计思路，它能很好地平衡易用和效率。考虑到自动化测试会被反复执行，它能为我们节省的时间是很可观的。

11.3.4　保证资源的释放

一般来说，测试系统会涉及多种类型的模块。有一些模块不需要特别的资源释放过程，比如 Restful API；有一些模块需要资源释放，比如 FTP 连接的断开、数据库连接的断开、浏览器的关闭、文件句柄的关闭等。

对于资源释放的支持，有几个重要的方面需要考虑。

- 资源的释放方式需要尽量一致。
- 尽量在测试框架的层面保证资源的释放，尽量不要让测试用例来处理。

要做到以一致的方式来进行资源的释放，我们可以让所有的资源类都继承同一个基类（Python 没有 Interface 的功能支持），并且重写基类中的特定方法。

```
class TestResourceItem:
```

```
def initialize(self):
    ...

def cleanup(self):
    raise NotImplementedError("Please ensure proper cleanup of XXXYYY")
```

对于无须资源释放的组件，需要重写 cleanup 方法，提供一个空函数体。

```
class UserService(TestResourceItem):
    def __init__(self):
        self._service_client = UserServiceClient()

    def cleanup(self):
        ...
```

对于需要资源释放的组件，需要重写这个方法，并且实现相应的资源释放逻辑。

```
class QaMysqlClient(TestResourceItem):
    def __init__(self):
        ...

    def cleanup(self):
        # close the Mysql connection
        pass
```

我们也可以把 TestResourceItem 类设计得更加"温和"，在 cleanup 函数中不抛出异常，而是打印出一行日志，告知这个函数可能需要被重写。这样的话，不需要资源释放的类就不需要提供空函数体的重写函数。

```
class TestResourceItem:
    def initialize(self):
        ...

    def cleanup(self):
        print("Please ensure proper cleanup of this resource")

class UserService(TestResourceItem):
    def __init__(self):
        self._service_client = UserServiceClient()
```

这种"温和"的设计可以在一定程度上简化代码，但是，强烈建议在工程实践中不要这么做，还是建议用抛出异常这种更加显式的方式来提示，因为这更能保证这个步骤不会被忽略。有了这样的设计之后，我们就可以以一致的方式来处理资源的释放。

```
class TestResource:
    def __init__(self):
        self._user_service = None
        self._app_ui = None
        self._accounts = None
        self._db_mysql = None
```

```
        self._active_components = []

    def __del__(self):
        self.cleanup()

    def cleanup(self):
        for resource_item in self._active_components:
            resource_item.cleanup()

    @property
    def user_service(self):
        if not self._user_service:
            self._user_service = UserService()
            self._active_components.append(self._user_service)
        return self._user_service
```

接下来，我们再进一步分析资源释放逻辑的设计。

```
for resource_item in self._active_components:
    resource_item.cleanup()
```

这是一个简单的遍历，如果其中某个资源组件的 cleanup 方法调用中出了问题，抛出了异常，那么程序就会终止，后续的遍历不会被执行，它们的资源不会被释放。为了避免这种情况，我们可以捕获异常，输出日志，保证所有的 cleanup 都被调用。

```
for resource_item in self._active_components:
    try:
        resource_item.cleanup()
    except Exception as err:
        print(err)
```

这种设计更加"宽容"，但是我们需要特别注意，因为异常被"温和"地处理了，所以可能会被忽略，导致问题开始积累，成为隐患。

11.3.5　支持多环境测试

从开发环境到测试环境，再到生产环境，绝大部分的情况下，我们编写的自动化测试用例不会只针对单一的测试环境运行。

测试用例在针对这些不同的环境执行时，测试逻辑是相同的，但是每个环境中涉及的资源组件的属性值是不同的，比如测试环境的网络地址，数据库的地址、端口等。测试框架需要能很好地应对这种需求，让测试用例的编写可以专注于测试的逻辑，而不用担心测试环境的切换对结果造成影响。

我们可以对每个目标环境维护一个 property 文件，把跟环境相关的属性值写在其中。在测试初始化的阶段，测试框架读取环境变量，确定本次测试针对的环境的名称，根据名称来读取相应的 property 文件，用读取到的属性值来初始化相关的测试组件。

假如有两个环境，一个叫作 staging，一个叫作 prod，分别对应 staging 测试环境和生产环境，我们可以分别为它们维护一个 property 文件。

```
# staging.properties
[userservice]
user.service.url=http://staging.mycompany.com/users

[phoneservice]
phone.service.url=http://staging.mycompany.com/phones

[mongo]
mongodb.url=staging.mycompany.com:27017
# prod.properties
[userservice]
user.service.url=http://www.mycompany.com/users

[phoneservice]
phone.service.url=http://www.mycompany.com/phones

[mongo]
mongodb.url=www.mycompany.com:27017
```

在 property 文件准备就位的情况下，我们来看如何读取和使用它。

首先，创建 QaEnv 类，这个类的初始化函数会读取一个环境变量 test.env，以此来确定加载哪个 property 文件。

```python
class QaEnv:

    TEST_ENV_KEY = 'test.env'

    def __init__(self):
        self.env = self.get_env()
        self.properties = self.load_properties()

    def get_env(self):
        return os.environ.get(QaEnv.TEST_ENV_KEY)

    def load_properties(self):
        test_env = self.get_env()
        if not test_env:
            raise Exception("test.env environment variable not found")

        property_filepath = Path(__file__).parent.joinpath("properties").
            joinpath(test_env + ".properties")

        separator = "="
        properties = {}
        with open(str(property_filepath)) as f:
```

```
            for line in f:
                if separator in line:
                    name, value = line.split(separator, 1)
                    properties[name.strip()] = value.strip()

        return properties

    def get_property(self, property_key):
        return self.properties[property_key]
```

其次，有了这个设计，测试组件的初始化就跟具体的环境解耦了，QaEnv 会保证给它一个正确的值，测试组件只需要用这个值初始化自己即可。

```
from framework.common.env.QaEnv import qa_env

class PhoneService:

    def __init__(self):
        self.url = qa_env.get_property("user.service.url")
```

一些项目组有数量庞大的各种测试环境，这些测试环境通常由相同的模板创建，有着非常类似的组件属性值，在这种情况下，我们也可以考虑在测试框架中创建 property 模板，根据模板来创建对应的 property 值，而不是为每个环境维护一份 property 文件。

11.3.6　容忍不稳定的测试环境

在理想情况下执行测试用例的时候，如果执行结果为失败，我们应该把执行结果如实标记为失败。但是，在真实的项目实践中，有很多因素会导致测试用例执行的失败，有可能真的存在 bug；也有可能是因为测试环境造成的干扰，比如测试环境的硬件配置不够高、负载过大，造成部分服务请求被拒或者超时，或者网络环境不够好，网络延时比较大（这在跨国团队中比较常见）。要彻底解决测试环境带来的干扰是很困难的，但是我们可以做一些尝试去改善。

1）如果测试用例执行的失败大概率是因为测试环境引起来的，我们可以重新执行测试用例。这是一个相对容易的做法，但是只能是临时方案，因为它不能从根本上解决问题，并且与测试自动化的初衷背道而驰。

2）如果测试环境的问题反复出现，我们可以向管理层反映，争取更强的硬件资源和更好的网络连接，减少此类问题发生的概率，毕竟相对于人力成本，硬件的成本更低。这是一个可行的方案，在很多情况下也确实可以在一定程度上解决问题。但是，在现实情况中，不是所有的项目组都能争取到预算来升级测试环境。另外，即使硬件再便宜，我们决定在硬件上投入更多预算之前也要三思，应该看看是否可以从软件层面把硬件资源利用得更好。

我们可以尝试改进测试框架，用代码来改善这个问题。在以下范例中，UserService 会访问一个 Restful API，取得 JSON 格式的数据后返回。

```python
import requests

class QaRestClient:

    @staticmethod
    def get(url):
        return requests.get(url)

class UserService:
    def get_users(self):
        url = 'http://localhost:5352/api/ops/users'
        response = QaRestClient.get(url)
        if response.ok:
            return response.json()

        raise Exception('Error {}: {}'.format(response.status_code, response.reason))
```

在碰到网络请求失败的情况下（response 的 ok 属性为 False），这段代码会抛出异常，真实反映执行结果。

但是，我们测试的重点是运行在测试环境中的软件产品，不是测试环境本身，在工程实践中，我们需要对测试环境更加宽容。对于 Restful API 的设计，不同的 HTTP 返回代码有确定的含义，表 11-1 所示是最常见的部分返回代码的含义。

表 11-1　HTTP Code 含义

HTTP Code	含　义
200	OK
400	Bad Request
400	Unauthorized
403	Forbidden
408	Request Timeout
429	Too Many Requests
500	Internal Server Error
503	Service Unavailable
509	Bandwidth Limit Exceeded
598	Network read timeout error
599	Network connection timeout error

分析上表后可以看出，有一些错误发生后，我们重试的意义不大，比如 400、403。但是有一些错误的产生是因为服务器忙，或者网络慢，对于这些情况，重新发送请求可能就可以得到正确的响应。

根据这个思路，我们来改进代码。当然，我们并不想每个模块自己来处理这样的重试逻辑，因为这会带来大量的重复代码，我们需要从比较底层的 HTTP 客户端模块中去改进。

```python
import requests
import time

class QaRestClient:

    MAX_RETRIES = 3
    RETRY_INTERVAL_SECONDS = 5

    retry_status_codes = {
        408: "Request Timeout",
        429: "Too Many Requests",
        509: "Bandwidth Limit Exceeded",
        598: "Network read timeout error",
        599: "Network connection timeout error"
    }

    @classmethod
    def get(cls, url, max_retries=None):
        response = requests.get(url)
        if response.status_code not in cls.retry_status_codes.keys():
            return response

        if max_retries is None:
            time.sleep(cls.RETRY_INTERVAL_SECONDS)
            return cls.get(url, cls.MAX_RETRIES)

        if max_retries <= 0:
            return response

        time.sleep(cls.RETRY_INTERVAL_SECONDS)
        return cls.get(url, max_retries-1)
```

在进行了以上重构之后，当 HTTP 请求的返回状态是一些值得重试的特定状态值时，QaRestClient 会自动重试一定次数，这可以尽量减少环境问题对测试结果的影响。而且，这个设计对于测试用例而言是透明的，测试用例并不需要特别为这样的重试逻辑新增代码。

在不增加测试环境硬件投入的情况下，以上设计在项目实践中可以明显改善测试结果的可靠性。当然，这个设计与敦促测试环境的硬件改善并不冲突，测试团队在改进测试框架的同时，仍然应该积极沟通，争取更好的测试环境，双管齐下。

11.4 不要引入 getter 和 setter

有 Java 和 Spring 框架编程背景的读者一定对 getter 和 setter 非常熟悉，这种设计的引入，是为了隐藏内部细节，提高封装性，再加上 Spring 这样的 Java 编程框架广泛流行造成的设计思路的影响，私有的属性及其相关的公有 getter 和 setter 似乎成了标准的编程范式。

```
class Car:
    def __init__(self, model_name):
        self._model = model_name

    def set_model(self, new_model):
        self._model = new_model

    def get_model(self):
        return self._model
```

但是，对于 Python 编程来说，真的是这样吗？

首先，Python 对于私有成员的访问控制是比较宽松的，也就是说，Python 的私有对象，其实并不是封装得那么严实的。

其次，getter 和 setter 的设计引入了复杂度，而这种复杂度会让客户代码更加烦琐，可读性降低。比如，用 setter 和 getter，我们的代码是如下这样的。

```
car = Car('model 3')

print(car.get_model())

car.set_model('model s')
print(car.get_model())
```

如果直接用公有属性，我们的代码是如下这样的。

```
class Car:
    def __init__(self, model_name):
        self.model = model_name

car = Car('model 3')

print(car.model)

car.model = 'model s'
print(car.model)
```

显而易见，公有属性的设计带来了更简洁的代码。当然，setter 方法通常可以做到属性设置的检查，这是公有属性无法做到的，对于这种情况，我们可以用 @property 函数装饰器来改进。

再者，在绝大部分情况下，自动化测试框架都是内部系统，是更加可控的环境，不会直接暴露于外部用户面前。在这种情况下，对于公有属性可能带来的误用，我们完全可以通过内部培训和代码审查来避免，而这些投入，相对于更简洁易读的代码带来的更高的工作效率而言，是非常值得的。

对于常见的编程最佳实践，我们应该努力去学习，理解它们的思路和应用场景，这些前人总结的经验对于我们提升技术水平是非常有效的。但是，我们也要保持清醒的头脑，不要只是模仿和跟随，不要照本宣科，人云亦云。

11.5　一次收集多个断言错误

有无数的测试教程告诉我们：不要在一个测试用例里写多个断言，因为这样就意味着测试用例的颗粒度太大。测试用例应该专注，一个用例应该只测试一个功能点。

这个说法没有错，这是无数工程师的经验总结，我们应该以此为目标。但是在实际的项目实践中，如果要百分之百做到这一点，代价可能会比较大，可能导致有比较多雷同的测试用例，测试执行需要更多的时间，影响测试和产品发布的效率。特别是对于现在流行的大数据系统而言，单个操作的执行需要 10min 以上是很常见的，在这样的前提下，我们应该重新评估是否可以在单个测试用例中设置多个断言。

举两个例子来说明。

1）如果业务逻辑涉及 HDFS/HBase 的读写，我们需要测试数据的插入、读取、更新、回滚、删除等操作。在测试用例的设计中，为了保证测试基准的一致性，更新操作的前提可能是插入一定的数据，所以，插入操作是更新测试的一部分。如果我们严格遵循"一个测试用例只测试一个功能点"的要求，插入操作会在很多测试用例中重复，如果这个操作比较费时，测试时间就会成倍地增加。那么，我们是不是应该考虑在测试完插入功能点之后，在同一条测试用例中继续测试更新？

2）更新操作通常都涉及不同属性的更新，我们当然可以为每个单个属性的更新设计一个独立的测试用例，但是这就意味着大量高度类似的测试用例，以及相应成倍增长的测试时间。更重要的是，即使只是测试单个属性的更新，也不太可能做到一个测试用例只有一个断言，因为我们不仅需要确认更新的属性被正确修改，还需要确认没有属性被意外地修改，单个断言是很难做到这一点的。

以上两个例子有一些差别。第一个例子中涉及的多个 assert 有前后顺序，如果前面的 assert 失败了，后面的逻辑不会被执行，也没有必要执行；第二个例子中的多个 assert 是并列关系，我们希望把相关的一组验证都完成，得到更全面的验证报告，而不是在第一个验证失败后就把后面所有的验证都跳过。在这一节中，我们来看如何做到这一点。

比如，我们想做如下一组相关的验证。

```
def test_error_collector():
    assert 1 + 2 == 4, "error 1"
    assert 6 - 2 == 2, "error 2"
```

```
assert 2 * 2 == 8, "error 3"
assert 6 / 2 == 2, "error 4"
```

很显然，以上的代码是无法做到一次搜集四个 assert 结果的，因为第一个 assert 就会失败，后续的 assert 没有机会执行。要解决这个问题，最简单的思路是用一组条件判断来搜集可能的断言失败，汇总之后用一条 assert 语句来完成验证。

```
def test_error_collector():
    error_messages = ""
    if 1 + 2 != 4:
        error_messages = '\nerror 1'

    if 6 - 2 != 2:
        error_messages += '\nerror 2'

    if 2 * 2 != 8:
        error_messages += '\nerror 3'

    if 6 / 2 != 2:
        error_messages += '\nerror 4'

    assert not error_messages, 'Validation failed because:' + error_messages
```

执行结果如下：

```
E       AssertionError: Validation failed because:
E           error 1
E           error 2
E           error 3
E           error 4
E       assert not '\nerror 1\nerror 2\nerror 3\nerror 4'
```

这种方案可以解决问题，也容易理解，只是写起来比较烦琐，我们需要找到更简洁的方式，可以设计一个 ErrorCollector 类。

```
class ErrorCollector:

    def __init__(self):
        self.errors = []

    def assert_equals(self, actual, expected, error_description):
        if actual == expected:
            return

        error_description += '\n   actual:  {}\n   expected: {}'.
            format(actual, expected)
        self.errors.append(error_description)

    def assert_string_contains(self):
        pass
```

```
    def assert_list_contains(self):
        pass

    def evaluate(self):
        if not self.errors:
            return

        joint_error_message = '{} assertion failures found:'.format(len(self.errors))
        for error in self.errors:
            joint_error_message += '\n  - ' + error

        raise AssertionError(joint_error_message)
```

在测试用例中，我们就可以用这个类的实例来搜集多个错误。

```
def test_error_collector():

    error_collector = ErrorCollector()

    error_collector.assert_equals(1 + 2, 4, 'addition does not work')
    error_collector.assert_equals(6 - 2, 3, 'deduction does not work')
    error_collector.assert_equals(2 * 3, 6, 'times does not work')
    error_collector.assert_equals(8 / 4, 5, 'division does not work')

    error_collector.evaluate()
```

执行结果如下：

```
E       AssertionError: 3 assertion failures found:
E         - addition does not work
E           actual:   3
E           expected: 4
E         - deduction does not work
E           actual:   4
E           expected: 3
E         - division does not work
E           actual:   2.0
E           expected: 5
```

一次搜集多个可能的断言错误，虽然在测试理论中被认为是不好的做法，但在工程实践中还是有很多场景需要这么做。

11.6　日志的支持和改进

测试用例实现自动化以后，我们通常会在持续集成系统（如 Jenkins）中针对独立的测试系统自动执行测试。在这种情况下，我们需要有日志记录测试执行过程中的关键信息，让后续的调试排查可以清楚地知道测试执行了哪些步骤以及关键的信息是什么，帮助我们定位问题。

对于测试用例的自动化执行，日志是一个非常重要的方面。

```
print('Login with user {}'.format(user.name))
user_login(user)
print('Login succeeded')
```

对于更复杂的集成测试，其测试的步骤可能比较多。针对这种情况，我们可以在测试框架的层面加以设计，让日志信息更容易些，也更容易读。

设计一个 QaLogger 类，包含几个简单的方法。

```
class QaLogger:

    def __init__(self):
        self._step_index = 0
        self._last_log = None

    def info(self, text):
        print(text)
        self._last_log = text

    def step(self, text):
        self._step_index += 1
        print('\nStep {}: {}'.format(self._step_index, text))
        self._last_log = text

    def step_done(self):
        print('Step {}  done!'.format(self._step_index))
```

设计了 QaLogger 类以后，我们可以让测试用例的日志代码更加简化。

```
logger = QaLogger()

def test_put_new_order():
    logger.step('login...')
    app.home.login()
    logger.step_done()

    logger.step('close wizard...')
    app.wizard.close()
    logger.step_done()

    logger.step('put new order')
    app.order.create_new_order()
    logger.step_done()

    ...
```

在这种设计下，测试执行的日志会更有条理、更清晰，从而帮助提高错误排查的效率。

```
pytest_tutorial_test.py::test_put_new_order
Step 1: login...
Step 1  done!
Step 2: close wizard...
Step 2  done!

Step 3: put new order
Step 3  done!
```

以上代码中日志的输出用的是 print 语句，但是这不影响我们理解本节演示的设计思想。在本节的基础上，配合已经了解到的 Python 日志模块的特性，我们就可以设计出好用又强大的自定义日志模块。

11.7　减少重复执行的负面影响

当测试用例实现自动化后，我们会根据需要反复执行（比如执行回归测试）。反复执行测试用例有一些问题需要我们考虑周全，否则可能会对待测试系统造成影响，也有可能对测试结果造成影响。

1）在设计测试用例时，在执行完毕之后要尽量保证测试创建的数据被正确清除。比如在电商系统里，测试用例如果创建了新用户，那么在测试执行完成之后，新用户应该被清除掉，不应该留在测试系统里，否则，不断地有"垃圾"数据（数据库、文件系统等）遗留在系统里，会占用系统资源，日积月累，会拖慢测试系统的运行，甚至会耗尽资源。

2）利用随机数据，避免测试遗留数据对后续测试执行带来的影响。比如，测试电商系统的货品上架功能时，我们可以每次都用固定的数据。

- 商品名称：蓝牙键盘。
- 商品价格：100.00 元。
- 库存数量：1000 个。

当货品上架操作完成之后，我们需要查询数据库，确认商品名为"蓝牙键盘"的价格是不是为 100.00 元、库存数量是不是 1000 个。如果之前一轮测试的结果是成功的，但是测试数据未被正确清除，那么在测试系统中就遗留了这一条"垃圾"数据。在后续的回归测试执行中，如果上架功能有 bug，商品上架的操作显示操作成功但是数据并没有成功写入数据库。如果系统里没有"垃圾"数据，测试用例的数据库查询结果应该能帮我们发现问题，觉察出商品入库的数据库写入操作没有成功，但是因为系统里有遗留数据，数据库查询"意外"地拿到了期望的值，从而让 bug 溜走。

要解决这类问题，我们首先要尽量保证每轮测试的数据都能在测试结束的阶段被正确清除，避免影响后续测试的结果。此外，我们还可以用随机数据从更多的角度来避免问题的发生。比如，测试商品上新的时候，我们可以用随机数生成半随机的测试数据。

- 商品名称：蓝牙键盘 1q2w3e999（以蓝牙键盘配合随机生成的字符串作为商品名称）。
- 商品价格：33.50 元（指定一个范围，在这个范围内随机选择一个作为商品价格）。
- 库存数量：240 个（指定一个范围，在这个范围内随机选择一个正整数值作为商品库存数量）。

在可行的情况下，随机字符串尽量用时间戳（比如 20200202_201100111），而不是纯随机字符串（比如 1q2w3e999），因为时间戳字符串在尽可能保证唯一的情况下，还可以携带时间信息，对后续分析问题有帮助。通过这个设计，我们可以把遗留数据对测试重复执行结果的影响降到了最低。

3）自动化测试生成的关键数据需要有特征，有两个方面需要注意。

- 需要能清晰地体现出这是自动化测试生成的数据。比如，自动生成的测试用户名包含 auto-user 这样的字符串、自动生成的测试商品名包含 auto-commodity 这样的字符串等。
- 需要能很容易地追踪到是哪个测试用例生成的数据。比如，测试用户注册，生成的用户名包含 user-registration 这样的字符串；测试订单取消，订单的备注里标注 cancel-order 这样的字符串。

在"垃圾"数据已经产生的前提下，项目团队需要这样的数据特征才能进行数据清理，也能更容易地追踪到生成"垃圾"数据的测试用例并加以解决，堵住"垃圾"数据生成的源头。

11.8　数据驱动测试的设计

通过之前章节的学习，我们已经知道如何用数据（参数）驱动测试，我们提供了一种可行的方案，但是解决得不够优雅，在工程实践中有一些问题，我们来逐一分析。

11.8.1　让 PyTest 支持中文 ID

我们已经知道在 PyTest 中如何设置测试用例的 ID。

```
@pytest.mark.parametrize(
    "input_str, expected_str",
    [
        pytest.param("a bc", "abc", id="whitespace in the middle can be removed"),
        pytest.param("ab ", "ab", id="whitespace at the end can be removed")
    ]
)
def test_remove_whitespaces(input_str, expected_str):
```

```
    actual = remove_whitespaces(input_str)
    assert actual == expected_str
```

我们想要用中文来指定测试用例 ID。

```
@pytest.mark.parametrize(
    "input_str, expected_str",
    [
        pytest.param("ab ", "ab", id="尾部的空白字符可以被正确删除")
    ]
)
def test_remove_whitespaces(input_str, expected_str):
    actual = remove_whitespaces(input_str)
    assert actual == expected_str
```

但是中文（以及其他非 ASCII 字符）ID 会被 PyTest 转换成如下的字节序列。

```
\u5c3e\u90e8\u7684\u7a7a\u767d\u5b57\u7b26\u53ef\u4ee5\u88ab\u6b63\u786e\u5220\u9664
```

这个问题已经存在很久了，PyTest 近期还没有打算解决这个问题，我们不妨来尝试自己解决。当我们跟进 pytest.param 的源码时，可以看到它的实现是如下这样的。

```
def param(*values, **kw):
    return ParameterSet.param(*values, **kw)
```

再继续跟进 ParameterSet.param 方法的源码，是如下这样的。

```
class ParameterSet(namedtuple("ParameterSet", "values, marks, id")):
    @classmethod
    def param(cls, *values, marks=(), id=None):
        if isinstance(marks, MarkDecorator):
            marks = (marks,)
        else:
            assert isinstance(marks, (tuple, list, set))

        if id is not None:
            if not isinstance(id, str):
                raise TypeError(
                    "Expected id to be a string, got {}: {!r}".format(type(id), id)
                )
            id = ascii_escaped(id)
        return cls(values, marks, id)

    # ...
```

出问题的是下面这行代码，它把我们指定的中文 ID 转换为字节序列。

```
id = ascii_escaped(id)
```

我们把这行代码注释掉，就可以快速地解决这个问题。这个方案非常简单，但是涉及修改 PyTest 的源码。在不能修改 PyTest 源码的情况下，我们需要用到面向对象的知识来修正这个问题。

　　首先，从 ParameterSet 派生出一个子类，命名为 QaParameterSet。

```
class QaParameterSet(ParameterSet):
    ...
```

基于对 Python 继承机制的理解，我们可以在测试用例中用它来替代 PyTest 的 ParameterSet 类来做参数化测试。

```
@pytest.mark.parametrize(
    "input_str, expected_str",
    [
        QaParameterSet.param("a bc", "abc", id="whitespace in the middle can be removed"),
        QaParameterSet.param("ab ", "abd", id="尾部的空白字符可以被正确删除")
    ]
)
def test_remove_whitespaces(input_str, expected_str):
    actual = remove_whitespaces(input_str)
    assert actual == expected_str
```

接下来，我们重写 QaParameterSet 的 param 方法，重写方法的实现基本是复制了官方源码，只是把 ascii_escaped 方法的调用注释掉。

```
class QaParameterSet(ParameterSet):
    @classmethod
    def param(cls, *values, marks=(), id=None):
        if isinstance(marks, MarkDecorator):
            marks = (marks,)
        else:
            assert isinstance(marks, (tuple, list, set))

        if id is not None:
            if not isinstance(id, str):
                raise TypeError(
                    "Expected id to be a string, got {}: {!r}".format(type(id), id)
                )
            # id = ascii_escaped(id)
        return cls(values, marks, id)
```

在这个设计下，我们用面向对象设计的思路，做类的派生和方法的重写，解决了 PyTest 对中文支持不友好的问题。

```
whitespace in the middle can be removed
尾部的空白字符可以被正确删除
```

这个例子对设计测试框架的思路是一个很好的展示。测试框架可以帮助我们更容易地做软件测试，但是它本身也是由代码写成的，当碰到问题的时候，我们也需要用代码和软件设计的思路去解决和改进。

11.8.2 更优雅的参数化测试

每个测试函数需要的参数很有可能不一样，而且，也很有可能需要不断地调整和重构，在这种情况下，把参数一一列在参数列表里的话，重构的代价会比较大，不是一个明智的选择。

要改进这个问题也不难，只要把参数设计成容器类型就可以了，比如使用 dict 类型，测试函数中需要的参数都从这个 dict 对象中读取，可以做到"以不变应万变"。

```
@pytest.mark.parametrize("test_definition", [
        ParameterSet.param({input: " \t ab", "expected": "ab"}, id="Adjacent
            whitespaces can be removed as expected"),
        ParameterSet.param({input: " ab \t c", "expected": "abc"}, id="Separated
            whitespaces can be removed as expected")
    ]
)
def test_remove_whitespaces(test_definition):
    actual = remove_whitespaces(test_definition['input'])
    assert actual == test_definition['expected']
```

通过这个设计，测试函数的参数列表只有一个 dict 类型参数，得到了大幅简化。但是，准备这个参数的过程并不简单，因为 dict 中会出现大量的引号，key 需要用引号括起来、字符串类型的值需要用引号括起来、特殊字符需要做转义处理，等等，不易阅读和书写，容易出错，并且在以上设计中，代码和数据混杂比较严重，不太好维护。我们需要想办法继续改进。

观察以上代码，我们可以发现两点：

- @pytest.mark.parametrize() 接受两个参数，第一个参数只是为了设定测试函数的参数名，第二个参数是一个 list，这个 list 中每个元素都是通过 ParameterSet.param 函数生成的。
- 追踪 Pparam 函数，发现它是一个类方法，它返回一个 ParameterSet 对象，源码如下所示。

```
class ParameterSet(namedtuple("ParameterSet", "values, marks, id")):
    @classmethod
    def param(cls, *values, marks=(), id=None):
        if isinstance(marks, MarkDecorator):
            marks = (marks,)
        else:
            assert isinstance(marks, (tuple, list, set))

        if id is not None:
            if not isinstance(id, str):
                raise TypeError(
```

```
                    "Expected id to be a string, got {}: {!r}".format(type(id), id)
                )
            id = ascii_escaped(id)
        return cls(values, marks, id)
```

这个类方法在 11.8.1 节中已经有过初步的分析。现在，从跟踪到的代码来看，我们可以尝试用更加可定制化的方式为 @pytest.mark.parametrize 提供一个 ParameterSet 类型的 list。

我们从 ParameterSet 派生出子类，然后仿照 param 方法给这个子类加上新的类方法。

```
class QaParameterSet(ParameterSet):
    @classmethod
    def dict_param(cls, *values, marks=()):
        if isinstance(marks, MarkDecorator):
            marks = (marks,)
        else:
            assert isinstance(marks, (tuple, list, set))

        return cls(values, marks, values[0]['description'])
```

有了这个子类之后，参数化的测试函数就可以这么写如下所示代码。

```
@pytest.mark.parametrize("test_definition", [
        QaParameterSet.dict_param({"description": "Adjacent whitespaces can be
            removed as expected", "input": " \t ab", "expected": "ab"}),
        QaParameterSet.dict_param({"description": "Separated whitespaces can be
            removed as expected", "input": " ab \t c", "expected": "abc"})
    ]
)
def test_remove_whitespaces(test_definition):
    actual = remove_whitespaces(test_definition['input'])
    assert actual == test_definition['expected']
```

请注意，QaParameterSet.dict_param 方法是不要求额外的 id 参数的，因为这个 id 值会根据 dict 的 description 属性自动生成，从而简化调用。

当然，以上设计还没有解决数据和代码混杂以及大量引号引起的书写和阅读问题，所以，我们还需要进一步设计，扩展 QaParameterSet 类，让它可以根据 YML 文件路径自动生成一个 ParameterSet list。

这是一个 YML 范例文件：

```
---
- description: Adjacent whitespaces can be removed as expected
priority: p1
input: " \t ab"
expected: ab
- description: Separated whitespaces can be removed as expected
priority: p2
```

```
input: " ab \t c"
expected: abc
```

以下所示为 QaParameterSet 类的代码：

```python
import pytest
from _pytest.mark import ParameterSet, MarkDecorator
import yaml

class QaParameterSet(ParameterSet):
    @classmethod
    def dict_param(cls, *values, marks=()):
        if isinstance(marks, MarkDecorator):
            marks = (marks,)
        else:
            assert isinstance(marks, (tuple, list, set))

        return cls(values, marks, values[0]['description'])

    @classmethod
    def yml_params(cls, yml_path=''):
        with open(yml_path, 'r') as f:
            tests = yaml.load_all(f)

            test_definitions = []
            for test_case in tests:
                test_definitions.append(QaParameterSet.dict_param(test_case))

            return test_definitions


def remove_whitespaces(input_str):
    # a buggy implementation
    return input_str.strip()

@pytest.mark.parametrize("test_definition", QaParameterSet.yml_
    params('resources/tests.yml'))
def test_remove_whitespaces(test_definition):
    actual = remove_whitespaces(test_definition['input'])
    assert actual == test_definition['expected']
```

有了这样的设计以后，我们就可以用一致的方式来应对不同的测试函数，不用过多担心参数的调整，不用特别处理测试用例 ID，数据和代码的耦合问题也解决了。

11.8.3　用 YML 取代 JSON

在上一节的代码演示中，读者应该注意到了一点：测试数据是以 YML 文件格式存放的，而不是 JSON 文件格式。同为结构化数据文件格式，JSON 比 YML 有更高的流行度。但是，在自动化测试的领域，特别是结构化的测试用例数据部分，很多时候 YML 是比

JSON 更优的选择。

客观地说，JSON 的结构清晰，易于阅读，也容易被代码解析，是结构化数据文件格式的一个很好的选择，有非常广泛的应用。来看一个 JSON 文件的范例。

```
[
  {
    "description": "Adjacent whitespaces can be removed as expected",
    "priority": "p1",
    "input": " \t ab",
    "expected": "ab"
  },
  {
    "description": "Separated whitespaces can be removed as expected",
    "priority": "p2",
    "input": " ab \t c",
    "expected": "abc"
  }
]
```

接下来，我们对比相应的 YML 文件。

```
---
- description: Adjacent whitespaces can be removed as expected
  priority: p1
  input: " \t ab"
  expected: ab
- description: Separated whitespaces can be removed as expected
  priority: p2
  input: " ab \t c"
  expected: abc
```

对比下来，我们可以看到有几个明显的区别：

1）YML 格式的 key 不需要用引号包起来，更容易书写。当 key 的数量更多的时候，这个优势就会更明显。

2）YML 格式的行尾就是 item 的结束点，不需要用逗号分隔开。如果大家维护过比较大的 JSON 文件，就能体会这个设计带给我们的体验改善。

3）YML 支持注释。这一点非常重要，也非常有用。

本书并不打算深入讲解 YML 的语法，只是指出 YML 相对于 JSON（或者 MXL）的主要差异，并且提出利用这种差异来改进测试框架和自动化测试的思路。

11.8.4　面向对象的测试数据

在之前的代码演示中，我们做到了测试数据和测试逻辑的分离，测试函数接收一个 dict 类型的参数，测试逻辑中需要的参数都从这个 dict 中读取。

```
@pytest.mark.parametrize("test_definition", QaParameterSet.yml_
    params('resources/tests.yml'))
def test_remove_whitespaces(test_definition):
    actual = remove_whitespaces(test_definition['input'])
    assert actual == test_definition['expected']
```

在测试逻辑中，因为输入参数是 dict 类型，我们访问相应的属性都需要用到中括号和引号，这是 Python 的语法决定的。

```
test_definition['input']
test_definition['expected']
test_definition['priority']
test_definition['client']
```

这样的代码不太好写，一是因为需要额外书写中括号和引号，二是容易把 key 写错。针对这个问题，我们可以考虑为测试数据创建专门的类，这样，我们的测试代码可以简化成如下形式。

```
@pytest.mark.parametrize("test_definition", QaParameterSet.yml_
    params('resources/tests.yml'))
def test_remove_whitespaces(test_definition):
    actual = remove_whitespaces(test_definition.input)
    assert actual == test_definition.expected
```

这样就更容易书写和阅读。更重要的是，IDE 的代码自动补全功能还可以帮助我们更快速地写代码。

```
class TestDefinition:

    def __init__(self):
        self.description = ''
        self.priority = ''
        self.input = ''
        self.expected = ''

    @classmethod
    def from_dict(cls, dict_data):
        obj = cls()
        obj.description = dict_data['description']
        obj.priority = dict_data['priority']
        obj.input = dict_data['input']
        obj.expected = dict_data['expected']

        return obj

# ...

@pytest.mark.parametrize("test_definition", QaParameterSet.yml_
    params('resources/tests.yml'))
```

```
def test_remove_whitespaces(test_definition):
    test_definition = TestDefinition.from_dict(test_definition)

    actual = remove_whitespaces(test_definition.input)
    assert actual == test_definition.expected
```

在这里，我们并没有继续扩展 ParameterSet，使之直接返回 TestDefinition 对象，而是让它继续返回 dict 对象，让测试函数来完成从 dict 到 TestDefinition 对象的转换。考虑的因素如下：

1）避免对 PyTest 的改造过多，给后续的框架维护带来大的压力。

2）不同的测试函数需要的测试数据结构不一样，所以，我们需要创建相应的 TestDefinition 类型。如果我们希望 ParameterSet 直接返回 TestDefinition 类型对象，就不可避免地进一步增加了复杂度，不易维护。

3）有一些测试函数用到的参数并不多，直接用 dict 对象也可以接受，在这种情况下，我们没有必要为它创建 TestDefinition 类型。

在工程实践中，我们通常会创建一个基类，叫作 TestDefinition，这个类包含的属性是对于测试用例通用的属性，比如：

- description
- priority
- date_created
- date_updated
- test_link_id
- owner
- ……

大家可以根据项目实际来决定哪些属性是通用属性以及哪些属性是必需项，在这个基础上，每个测试用例再根据需要派生和定制自己需要的 TestDefinition 子类。

11.9　接受一定程度的重复代码

自动化测试代码也是代码，自然也需要追求 DRY（Don't Repeat Yourself，不要重复自己）的思想，避免重复代码。这是一个目标，但不是绝对的标准。如果逻辑比较复杂，为了应对不同的测试数据，逻辑分支就会比较多，这虽然在一定程度上减少了重复代码，但是增加了代码阅读的难度和维护的成本，代价可能更大。

如果一个数据驱动的测试函数有超过两个逻辑分支，就应该考虑新建独立的测试函数和数据，用一定程度的重复代码来减少代码阅读的难度，这在实际工程中是完全可以接受的。

重复代码带来的问题是相同的代码存在于多处，如果代码逻辑需要更新（特别是有 bug 需要修复、更新的紧迫性比较强的时候），我们需要在多处更新，工作量比较大，并且容易有遗漏。对于重复代码，有几个建议供读者参考：

1）跟测试逻辑无关的测试框架底层代码要追求 DRY，尽量避免重复代码。

2）跟测试逻辑相关的代码可以接受重复代码，并且如果一个函数中有超过两个逻辑分支，建议创建独立的函数，用函数名、参数列表来澄清意图。

3）重复代码需要被仔细测试，减少风险，不要把一段糟糕的代码到处复制。

4）函数的功能要内聚、紧凑，这样才能支持高效的、搭积木式的自动化测试用例的编写，让重复代码的副作用大幅减少。

11.10 本章小结

经过前面章节的学习铺垫，我们已经对编码有了很好的认识。这一章的重点已经不是代码，而是设计，是工程实践的经验总结。

在进入高阶技术水平，开始设计和维护测试框架的时候，我们需要考虑的不只是自己要写出高质量的代码，还要考虑使用框架的自动化测试工程师，帮助他们高效地进行测试自动化的工作。

## 第 12 章

实战 12306 之高阶篇

到目前为止，我们已经对 Python 编程语言、PyTest 测试框架、Selenium 工具和测试框架的常见设计思路有了比较深入的了解，我们关注的重点已经从编码转向设计和团队协作。在这一章里，我们将从更高的层面继续深入讨论实战范例。

12.1 就近原则

我们来看如下一段代码。

```python
class LeftTicketPage:
    ...

    def get_displayed_trains(self):
        trains = []

        WebDriverWait(self.browser, 20).until(expected_conditions.presence_of_
            element_located((By.CSS_SELECTOR, "#queryLeftTable > tr.bgc")))

        elements = self.browser.find_elements_by_css_selector("#queryLeftTable > tr")
        for elem in elements:
            train_info = elem.get_attribute("datatran")
            if not train_info:
                continue

            trains.append(train_info)

        return trains
```

我们已经对这段代码的逻辑很熟悉了：等待余票查询的结果加载完成，然后遍历相关的页面元素，获取到被显示的车次，放入一个列表中返回。

那么，这段代码有值得改进的地方吗？

软件开发有一个重要但是经常被忽视的原则，叫就近原则，是指在编写代码的时候，应该尽量把相关的操作紧密地放在一起，比如：

- 代码注释和它所注释的代码要紧密摆放在一起。
- 影响循环的变量或逻辑应该尽量靠近循环体。
- 让变量的声明和变量第一次使用的位置尽可能靠近。

在以上代码中，变量 trains 的声明和它第一次被使用之间，有一个页面数据加载等待的逻辑，这会有几个潜在的问题。

1）在循环体中第一次看到变量 trains 被使用的时候，我们有可能已经忘记了这个变量是什么，忘记了它在循环开始之前是什么状态，所以我们可能需要往回去查看代码，这是代码可读性不够好的表现。

2）从变量 trains 被声明的那一刻起，它的声明周期就开始了，这个函数体里后续的代码理论上都可以访问和修改它。所以，我们需要很仔细阅读后续的代码，确认它们是否对这个变量做过修改。如果有，是做了什么修改，是否是意外的不当修改，这会引起阅读代码时的不必要焦虑，这也是代码可读性不够好的表现。

3）如果页面数据的等待失败了，在指定的 20s 内没有等到数据加载完成，程序就不会继续执行下去，在这种情况下，在等待逻辑之前声明 trains 变量就没有意义了。

所以，我们应该在等待逻辑结束之后再声明变量 trains，并且紧接着就用到它。

```python
class LeftTicketPage:
    ...

    def get_displayed_trains(self):
        WebDriverWait(self.browser, 20).until(expected_conditions.presence_of_
            element_located((By.CSS_SELECTOR, "#queryLeftTable > tr.bgc")))

        trains = []
        elements = self.browser.find_elements_by_css_selector("#queryLeftTable > tr")
        for elem in elements:
            train_info = elem.get_attribute("datatran")
            if not train_info:
                continue

            trains.append(train_info)

        return trains
```

这个改动看起来只是简单的代码位置调整，不改变程序逻辑，但是这会提高代码的可读性，减少出错的可能。这是一种软技能，体现的是良好的编程习惯。

12.2　用 Enum 澄清设计意图

在筛选车型的页面，我们可以看到有 6 个复选框，分别是"高铁 / 城际""动车""直达""特快""快速""其他"。在之前的代码范例中，实现勾选车型的代码实现是如下这样的。

```python
def select_train_type(self, train_type_code):
    elem = self.browser.find_element_by_css_selector(
        "#_ul_station_train_code > li > input.check[value='{}']".format(train_
            type_code))

    if not elem.is_selected():
        elem.click()

    return self
```

验证筛选结果的代码实现是如下这样的。

```python
def test_train_type_filter():
    ...

    train_type = 'T'
    page.select_train_type(train_type)

    filtered_trains = page.get_displayed_trains()
    ...

    for train in filtered_trains:
        assert train.startswith(train_type)
```

这样"直白"的设计需要自动化测试工程师对列车车型的代号很熟悉，知道 T 对应"特快"、G 对应"高铁 / 城际"，否则，写自动化测试代码的时候就需要查阅相关的信息，工作效率会受到影响。这种情况很适合用 Enum 来改进设计。

```python
from enum import Enum
class TrainTypeEnum(Enum):
    GaoTie = 'G'      # GC-高铁/城际
    DongChe = 'D'     # D-动车
    ZhiDa = 'Z'       # Z-直达
    TeKuai = 'T'      # T-特快
    KuaiSu = 'K'      # K-快速
    QiTa = 'QT'       # 其他
```

勾选车型复选框的代码可以重构如下。

```python
def select_train_type(self, train_type_enum):
    print("Select train type by '{}'".format(train_type_enum.name))
    elem = self.browser.find_element_by_css_selector(
        "#_ul_station_train_code > li > input.check[value='{}']".format(train_
            type_enum.value))

    if not elem.is_selected():
        elem.click()

    return self
```

验证筛选结果的代码实现可以重构如下。

```
def test_train_type_filter():
    ...
    filter_train_type = TrainTypeEnum.TeKuai
    page.select_train_type(filter_train_type)

    ...

    for train in filtered_trains:
        assert train.startswith(filter_train_type.value)
```

可以用 Enum 改进设计的编程场景非常多，比如：

- 一周七天，每天的英文缩写。
- 一年十二个月，每个月的英文缩写。
- 中国每个城市的电话区号。
- 奔驰车车型代号（E 代表中级轿车，S 代表高级轿车，SLK 代表小型跑车……）。
- 汽车车牌代码（鄂 A 代表武汉，鄂 E 代表宜昌，粤 E 代表佛山……）。
- 大学专业分类目录（计算机科学与技术专业的专业代码是 080901，外国语言文学类中的乌兹别克语的专业代码是 050258……）。

12.3　支持链式表达

在演示范例中，我们需要连续做几个操作：

- 指定起始站点。
- 指定目的站点。
- 选择出发日期。

测试用例中的代码实现是如下这样的。

```
page.select_station_from('上海')
page.select_station_to('北京')
page.select_departure_date(1)
```

这些方法有一个共同的特征：它们是一个业务逻辑上的一个小环节，任务是"做"而不是"取"，在逻辑上不需要返回操作的结果。对于这类方法，如果用链式表达，代码可以更加流畅且不牺牲可读性。

```
page.select_station_from('上海').select_station_to('北京').select_departure_date(1)
```

要支持这样的链式表达，我们只需要让这些方法返回对象本身。旧的设计是如下这样的。

```
class LeftTicketPage:
    ...

    def select_station_from(self, station_name):
        self.browser.find_element_by_id('fromStationText').click()
        self._select_station_from_pop_list(station_name)

    def select_station_to(self, station_name):
        self.browser.find_element_by_id('toStationText').click()
        self._select_station_from_pop_list(station_name)

    def select_departure_date(self, gap_days_from_today=1):
        elements = self.browser.find_elements_by_css_selector("div#date_range >
            ul > li")
        elements[gap_days_from_today].click()
```

在新的设计中，在函数体中返回 self，即对象本身。

```
class LeftTicketPage:
    ...

    def select_station_from(self, station_name):
        self.browser.find_element_by_id('fromStationText').click()
        self._select_station_from_pop_list(station_name)

        return self

    def select_station_to(self, station_name):
        self.browser.find_element_by_id('toStationText').click()
        self._select_station_from_pop_list(station_name)

        return self

    def select_departure_date(self, gap_days_from_today=1):
        elements = self.browser.find_elements_by_css_selector("div#date_range >
            ul > li")
        elements[gap_days_from_today].click()

        return self
```

在类的设计中，让方法支持链式表达可以让调用代码更加流畅且优美。

12.4　简化函数名

在做基于 Selenium 的自动化测试过程中，很多时候我们会被冗长的函数名所困扰，
比如：

```
browser.find_element_by_css_selector("#_ul_station_train_code > li > input.
    check[value='T']")
```

```
browser.find_elements_by_css_selector('ul.popcitylist > li')
```

```
browser.find_element_by_class_name('table')
```

Selenium 需要这样的长函数名来区分和澄清设计意图，但在事实上这确实会降低代码的可读性。要改善这个问题，我们可以尝试简化函数名和部分复杂的函数调用。首先，工程团队需要达成共识，在不指定元素定位方式的情况下，默认的元素定位方式是 CSS Selector 还是 XPath。假定达成的共识是默认使用 CSS Selector，那就意味着这样的方法是等价的。

```
browser.find_element_by_css_selector("#_ul_station_train_code > li > input.
    check[value='T']")
browser.get_element("#_ul_station_train_code > li > input.check[value='T']")
browser.find_elements_by_css_selector('ul.popcitylist > li')
browser.get_elements('ul.popcitylist > li')
```

要支持这样的短名函数，我们只需要在 Web Driver 对象被创建出来后，随即给它动态地加上两个方法，分别用相应的 CSS Selector 的函数对象赋值给它们即可。

```
class LeftTicketPage:
    PAGE_URL = 'https://kyfw.12306.cn/otn/leftTicket/init'

    def __init__(self):
        self.browser = webdriver.Chrome(executable_path=chromedriver_binary_path)
        self.browser.get(LeftTicketPage.PAGE_URL)

        # bind css selector methods to new methods with shorter name
        self.browser.get_element = self.browser.find_element_by_css_selector
        self.browser.get_elements = self.browser.find_elements_by_css_selector
```

通过本书对 Python 的动态特性的介绍，我们不难理解以上代码。通过这个改进，我们的调用代码可以更加简化。改进之前的代码如下所示。

```
self.browser.find_element_by_id('fromStationText').click()
elements = self.browser.find_elements_by_css_selector("div#date_range > ul > li")
elements = self.browser.find_elements_by_css_selector("#queryLeftTable > tr")
```

改进之后的代码如下所示。

```
self.browser.get_element('#fromStationText').click()
elements = self.browser.get_elements("div#date_range > ul > li")
elements = self.browser.get_elements("#queryLeftTable > tr")
```

12.5　封装复杂逻辑

上一节讨论了简化函数名。在这一节里，我们来讨论一个延伸话题：如何封装复杂逻辑，简化调用代码。

我们已经对 Selenium 的显式等待有了了解，也已经知道如何在项目实践中应用它。

```
from selenium.webdriver.common.by import By
from selenium.webdriver.support import expected_conditions
from selenium.webdriver.support.wait import WebDriverWait

class LeftTicketPage:
    ...

    def get_displayed_trains(self):
        WebDriverWait(self.browser, 20).until(expected_conditions.presence_of_
            element_located((By.CSS_SELECTOR, "#queryLeftTable > tr.bgc")))

    ...
```

在编写 Selenium 的显式等待代码时，我们会感受到这行代码不好写，调用关系复杂，参数众多，但是我们真正关心的并不多。针对这种情况，我们可以重构代码，封装复杂的逻辑，以提供更友好的调用方式。

在 LeftTicketPage 类中添加一个成员方法，叫作 wait，用它来封装显式等待的逻辑。

```
class LeftTicketPage:
    def __init__(self):
        self.browser = webdriver.Chrome(executable_path=chromedriver_binary_path)
        ...

    def wait(self, css_selector, wait_seconds=20):
        WebDriverWait(self.browser, wait_seconds).until(expected_conditions.
            presence_of_element_located((By.CSS_SELECTOR, css_selector)))

    def get_displayed_trains(self):
        self.wait("#queryLeftTable > tr.bgc")
        ...
```

有了这个 wait 方法，LeftTicketPage 类中的等待逻辑就很容易实现了，不需要关注 Selenium 显式等待的代码细节。

wait 方法简化了 LeftTicketPage 类的显式等待代码调用，但是，这个方法并不只是适用于这一个页面，而是一个通用需求，在所有的 PO 类中都可能用到。所以，我们需要更合理地安排代码，让这类通用的逻辑有更广大的用武之地。

新建一个独立的类，名为 ChromeDriver，它继承自 Selenium 中 Chrome 版本的 Web-Driver 类。

```
from selenium.webdriver.chrome.webdriver import WebDriver as GoogleWebDriver
from selenium.webdriver.common.by import By
from chromedriver_py import binary_path as chromedriver_binary_path
```

```python
from selenium.webdriver.support import expected_conditions
from selenium.webdriver.support.wait import WebDriverWait

class ChromeDriver(GoogleWebDriver):

    def __init__(self):
        super().__init__(executable_path=chromedriver_binary_path)

        self.get_element = self.find_element_by_css_selector
        self.get_elements = self.find_elements_by_css_selector

    def wait(self, css_selector, wait_seconds=20):
        WebDriverWait(self, wait_seconds).until(expected_conditions.presence_of_
            element_located((By.CSS_SELECTOR, css_selector)))
```

在以上代码中，我们不仅将 wait 方法作为成员方法放到了这个 ChromeDriver 类中，还将上一节中讨论过的简化函数名的设计也包含进来了，放在这个类的初始化函数中。有了这个类，所有的 PO 类设计就都可以进一步优化，调用更加简单，而且模块引用部分也极大地简化了。

```python
class LeftTicketPage:
    PAGE_URL = 'https://kyfw.12306.cn/otn/leftTicket/init'

    def __init__(self):
        self.browser = ChromeDriver()
        self.browser.get(LeftTicketPage.PAGE_URL)

    def __del__(self):
        if self.browser:
            self.browser.close()

    def get_displayed_trains(self):
        self.browser.wait('#queryLeftTable > tr.bgc')
        ...
```

12.6　单例设计模式

在上一节中，我们看到了封装 Web Driver 实例的创建过程，这让 PO 类的设计大幅简化。

```python
from selenium.webdriver.chrome.webdriver import WebDriver as GoogleWebDriver
class ChromeDriver(GoogleWebDriver):
    def __init__(self):
        super().__init__(executable_path=chromedriver_binary_path)
        ...
class LeftTicketPage:
    PAGE_URL = 'https://kyfw.12306.cn/otn/leftTicket/init'
```

```
    def __init__(self):
        self.browser = ChromeDriver()
        self.browser.get(LeftTicketPage.PAGE_URL)

    def __del__(self):
        if self.browser:
            self.browser.close()

    ...
```

在这个设计中，每一个 PO 对象（比如 LeftTicketPage）的创建，都有一个对应的 Web Driver 实例的创建。如果我们的代码中涉及多个 PO 对象，就会有多个 WebDriver 实例的创建和销毁，这是没有必要的，因为我们需要的只是一个 Web Driver 实例，它应该根据 PO 对象的不同，访问不同的 URL。

要做到这一点，我们可以创建一个全局的 Web Driver 实例，然后建议所有 PO 类复用这个实例。PO 类的设计者可以选择不采纳这个建议，不复用全局变量，而是自行创建新的 Web Driver 实例。

要更稳妥地解决这个问题，我们需要用到单例设计模式（Singleton Design Pattern）[4]。这是一个非常经典的设计模式，它会对对象的创建过程进行控制，限制某个类最多只能创建一个实例。在一些编程场景中，我们希望某些对象在整个系统中是独一份的，以便更好地协调对象的状态，单例设计模式是处理这类需求的绝佳方案。接下来，我们来分析思路和代码实现。

1）我们已经了解过在函数体中定义内嵌函数，其实我们也可以在类中定义内嵌的类。

```
class OuterSpace:
    class InnerSpace:
        def __init__(self):
            print("I am inner space")

    def __init__(self):
        print("I am outer space")


outer_space = OuterSpace()
inner_space = OuterSpace.InnerSpace()
```

执行结果如下：

```
I am outer space
I am inner space
```

内嵌的意义在于限制范围，同时约定从属和层级关系。在以上例子中，InnerSpace 是从属于 OuterSpace 的一个类，所以，我们创建它的实例的时候，需要显式地指定它的名字空间。

```
inner_space = OuterSpace.InnerSpace()
```

2）就像用双下划线的命名方式来限制类成员的访问权限一样，我们也可以用双下划线的方式来命名内嵌类，这样，内嵌类就是私有的，对外界不可见。

```
class OuterSpace:
    class __InnerSpace:
        def __init__(self):
            print("I am inner space")

    def __init__(self):
        print("I am outer space")

inner_space = OuterSpace.InnerSpace()
```

执行结果如下：

```
AttributeError: type object 'OuterSpace' has no attribute 'InnerSpace'
```

3）我们已经了解过类变量，一个类的类变量在这个类的所有实例中是共享的，是独一份的，并且类变量也可以是私有的。

```
class OuterSpace:
    class __InnerSpace:
        def __init__(self):
            print("I am inner space")

    __inner_space_instance = None
```

4）重写 OuterSpace 类的构造函数 __new__，定制它的行为。

```
class OuterSpace:
    class __InnerSpace:
        def __init__(self):
            print("I am inner space")

        def greet(self):
            print("Hello from inner space")

    __inner_space_instance = None

    def __new__(cls):
        if not OuterSpace.__inner_space_instance:
            OuterSpace.__inner_space_instance = OuterSpace.__InnerSpace()

        return OuterSpace.__inner_space_instance

space = OuterSpace()
space.greet()
```

执行结果如下：

```
I am inner space
Hello from inner space
```

这样设计后，真正提供实际功能的类被设计成私有的内嵌类，对外界不可见，只能被它的外层类所管理。外层的类并不提供实际的功能，只是专注于封装。通过对构造函数的改造，保证所有构造函数的调用都返回同一份内嵌类实例，从而达到单例的目的。

通过以上分解剖析，我们就可以理解如下 Web Driver 的单例设计了。

```python
from selenium.webdriver.chrome.webdriver import WebDriver as GoogleWebDriver
from chromedriver_py import binary_path as chromedriver_binary_path


class ChromeDriver:

    class __ChromeDriver(GoogleWebDriver):
        def __init__(self):
            super().__init__(executable_path=chromedriver_binary_path)

        # more methods ....

    __instance = None

    def __new__(cls):
        if not ChromeDriver.instance:
            ChromeDriver.instance = ChromeDriver.__ChromeDriver()

        return ChromeDriver.__instance
```

这个设计涉及的代码量并不大，但是需要我们对编程语言的特性有很好的理解，包括内嵌类、类变量、权限控制、构造函数和函数重写等。

12.7 异常和断言的使用场景的区别

在编程实践中，有大量需要用到异常（Exception）的场景，而涉及自动化测试的时候，又会有大量需要用到断言的场景。

PyTest 在执行测试用例的时候，判断执行成功还是失败的标准很简单：如果测试用例代码顺利执行结束，则执行结果为成功；如果有异常未被捕获，不管是基础的 Exception 类型还是它的派生类型（比如失败的断言抛出的 AssertionError 类型），则执行结果为失败。

在项目实践中，很多测试用例的执行步骤比较多，需要经过比较多的准备步骤才能进行测试用例真正关注的验证部分。测试用例关注部分的验证用断言来做，在项目实践中基本没有异议。但是，在测试用例的准备阶段，我们也应该做一些阶段性的验证，以确认准备工作在顺利进行，这些阶段性的验证也应该用断言来做吗？

在演示范例中，我们需要先指定车站、出发日期，得到查询结果后，才能开始执行我们真正关注的车型筛选测试。

```
class TestLeftTicketPage:

    def test_train_filter(self):
        page = LeftTicketPage()

        page.select_station_from('上海')
        page.select_station_to('北京')
        page.select_departure_date(1)

        all_trains = page.get_displayed_trains()

        filter_train_type = TrainTypeEnum.TeKuai

        page.select_train_type(filter_train_type)
        filtered_trains = page.get_displayed_trains()

        for train in all_trains:
            if train.startswith(filter_train_type.value):
                assert train in filtered_trains

        for train in filtered_trains:
            assert train.startswith(filter_train_type.value)
```

在指定了出发日期之后，页面应该显示所有可以预定的车次。如果由于某种原因（比如存在 bug，导致页面数据加载失败，或者指定的车站之间没有任何列车在运行），数据列表为空，在这种情况下，后续的断言没有机会执行，测试的结果为成功，这显然不是我们想要的结果。所以，在全部的车次数据加载完成后，我们需要判断是否有有效数据供筛选。

- 是否有车次数据被加载。
- 是否有待筛选的车型车次被加载。

我们有两种方案可以做到这一点。

第一种方案，用异常来处理。

```
...
all_trains = page.get_displayed_trains()

if not all_trains:
    raise Exception("No trains are displayed, nothing for filtering")

filter_train_type = TrainTypeEnum.TeKuai

target_type_found = False
for train in all_trains:
    if train.startwith(filter_train_type.value):
```

```
        target_type_found = True

if not target_type_found:
    raise Exception("No '{}' trains are displayed for filtering".format(filter_
        train_type.name))
```

第二种方案，用断言来处理。

```
...
all_trains = page.get_displayed_trains()

assert all_trains, "No trains are displayed, nothing for filtering"

filter_train_type = TrainTypeEnum.TeKuai

target_type_found = False
for train in all_trains:
    if train.startwith(filter_train_type.value):
        target_type_found = True

assert target_type_found, "No '{}' trains are displayed for filtering".
    format(filter_train_type.name)
```

这两种方案的差别并不大，有多年工作经验的测试工程师也不能清晰地区分它们的应用场合。针对这个情况，工程团队可以约定一个简单而有效的做法：只有在做测试用例关注部分的验证时才用断言，准备阶段的所有验证都用异常（非 AssertionError 类型）。这样，在分析失败的测试结果时，如果看到是 AssertionError 类型的问题，就知道是测试用例的逻辑验证失败；如果看到是其他类型的异常，就可以快速地知道：测试准备步骤就出错了，还没有到我们真正关注的验证部分。

这样的区分看起来不是那么重要，但是，当测试环境不太稳定、测试用例的数量比较大或者项目快速推进需要清晰的测试结果和分析报告时，这种区分就变得重要了。

12.8　测试用例的维护

很多软件产品经历的时间跨度很大，在这个过程中，不断有新的功能推出，有相应的测试用例被创建、执行和维护，经年累月，测试用例的数量可能会变成一个很庞大的数字。

测试用例的数量大，对于自动化测试来说不是太大的问题，因为执行效率很高。在工程实践中，更大的问题在于测试用例的维护，具体表现在几个方面：

1）项目历史久远，加上团队变动比较大，有一些测试用例一直被测试团队执行，但是，已经没有人能清晰地解释它们的意义了。

2）用户需求发生了改变，软件产品的功能侧重点有了相应的调整，但测试用例没有相应地更新，可能导致低价值的测试一直被执行，占用了宝贵的测试资源。

在车型筛选的使用场景中，除了已经成为很多人出行首选的高铁车型，还有逐渐变得不那么重要的车型。随着时间的推移，到了某个时间点，一定会有测试工程师有疑问：

- 绿皮车是什么？
- "T"表示"特快"车型，但是"特快"看起来并不是很快啊，为什么叫特快？
- 测试用例用的是"上海"到"北京"来做"直快"车型的筛选，有可能到了 2025 年，Z282 车次被正式取消，上海到北京将没有"直快"车次可选，我们如何更新这个测试用例？

在现在看来，这些问题似乎不难回答，这是因为 12306 网站跟我们的生活息息相关。如果软件系统的业务逻辑更加复杂，行业应用更加冷门，技术更替更加频繁，对专业知识的要求更高，那测试用例的维护就会变得更加困难。

在工程实践中，我们可以通过一些手段来应对。首先，测试工程师在创建测试用例的时候，测试用例的描述不能敷衍，对关键的信息要有详细准确的描述，不能假设维护人员知晓所有的上下文，也不能假设自己几年后还在团队里，还能回答相关的问题。

其次，测试工程师在维护年代久远的测试用例的时候，应该主动沟通，理解测试点，重新评估测试用例的重要性和优先级，更新测试用例。

在很多情况下，测试团队把更多的精力放在新功能的测试上，但旧的测试维护也同样重要。作为测试工程师，我们需要主动去了解维护测试的价值，如果费时费力维护的测试用例是过时的，是低价值的，那我们的工作就没有价值了。

12.9　本章小结

本章讲解了实战 12306 网站演示范例的高级部分，包括演示如何用 Enum 改进设计、如何支持链式表达、如何简化函数名、代码的就近原则、单例设计模式以及异常和断言的使用场景区别。

要做好高级工程师和架构师的角色，我们需要打磨设计思路和软技能。将这些思路和软技能应用到项目中，团队成员未必能第一时间意识到"此处有设计"，但是一定可以感受到精心设计带来的如沐春风的感觉，从而让项目可以更加高效顺畅地进行。

术　语　表

英文全称	缩略语	中文说明
Application Programming Interface	API	应用程序编程接口
assert	/	Python 关键字，主要用于调试代码，在自动化测试中特别用于判断逻辑的正确性
bug	/	程序错误或缺陷
Command-Line Interface	CLI	命令行界面
dict	/	字典，Python 的一种数据类型，用于表达"键值对"类型的数据结构
fixture	/	在软件测试领域，是指测试用例创建其所依赖的前置条件以及清理测试现场的操作或代码
getter	/	在类的设计中，针对私有数据成员的取值方法
key	/	键，在讨论编程数据类型时，很多时候特指"键值对"情况中"键"的部分
list	/	列表，一种序列数据类型
map	/	一种数据结构的通用名称，用于表达"键值对"类型的数据结构
pip	/	Python 官方推荐的包管理工具，用于安装和管理 Python 标准库之外的包和依赖
set	/	集合，Python 的一种数据结构
setter	/	在类的设计中，针对私有数据成员的赋值方法
tab	/	制表符，标签
terminal	/	终端，本书特指苹果计算机系统的一个命令行工具，可以用于与系统交互
tuple	/	元组，Python 的一种数据结构，用于表达不可变的序列
unicode	/	统一码，一种字符编码，满足跨语言、跨平台的文本处理需求
value	/	值，在讨论编程数据类型时，很多时候特指"键值对"情况中"值"的部分
web	/	建立在互联网上的一种网络服务

参考文献

[1] 邱鹏，陈吉，潘晓明. 移动 App 测试实战：顶级互联网企业软件测试和质量提升最佳实践 [M]. 北京：机械工业出版社，2015.

[2] MYERS G J, BADGETT T, SANDLER C. The Art of Software Testing[M]. New Jersey: John Wiley & Sons, 2012.

[3] SLATKIN B. Effective Python[M]. New York: Pearson, 2016.

[4] BADENHORST W. Practical Python Design Patterns[M]. Berkeley: Apress, 2017.

后　记

在 IT 行业，优秀的手工测试工程师数不胜数，他们凭借自己出众的经验进行软件测试，保证软件质量，那我们为什么还要追求自动化测试？因为自动化测试能提供巨大的想象空间。

测试工程师的工作职责是保证产品质量，自动化测试只是实现的方式之一，甚至不是必要项。但是，当测试工程师开始尝试写出最简单的脚本时，这就是一个巨大的进步，因为这意味着尝试把自己从简单重复的手工劳动中解放出来。

当测试工程师不满足于只写简单的脚本，开始尝试设计可重用的代码和模块时，对面向对象设计思想有了更多的了解，这又会经历一轮技术上的提升。而这样的思路和经验，对于测试和开发也是同样适用的。

当测试工程师开始关注测试的整体流程、工具的设计、团队协作、沟通和产品反馈时，"测试工程师"这个标签已经不足以描述这个角色了，这才是真正的"全栈"。

计算机编程是一门强调动手实践的学科，很多时候，我们只注重看和学，忽略了动手实践。再加上市面上大量软件框架的流行，让编程新手也可以在很短的时间内做出像样的东西来，让编程看起来门槛极低，毫无难度。但是，只有动手去实践，我们才能真正体会软件开发，才能体会到用 20% 的时间做出 80% 效果的产品原型之后，要付出怎样的努力才能完善最后的 20%。

即使只了解了编程的皮毛，也仍然是了不起的进步，我们可以尝试自动发送邮件、批量处理表格文档，成为一个更高效、利落的文员，成为更高效的硬件工程师、老师、淘宝卖家、客服……艺多不压身，多掌握一项技能，多学一样本领，我们就可以少说一句求人的话，多一些职场和人生的可能性。

与大家共勉！

混沌工程：复杂系统韧性实现之道

书号：978-7-111-68273-8　作者：Casey Rosenthal　Nora Jones　定价：119.00元

混沌工程开创者、Netflix公司前混沌工程经理撰写；通过谷歌、微软和LinkedIn等行业专家的真实故事系统阐释混沌工程核心实践，美亚全五星好评。

混沌工程是对系统的容错设计进行验证，保障系统稳定性的新方法！

Casey Rosenthal和Nora Jones是该领域的杰出人物，他们在Netflix公司合作期间开创了"混沌工程"这一学科。在本书中，他们不仅阐述了混沌工程的目标、方法和价值，还促进了各行业的从业者针对该主题展开交流。本书内容丰富，立足于发展史，面向未来，是打开混沌工程之门的黄金之钥。